T0222206

Stochastik rezeptfrei unterrichten

Norbert Henze · Kai Müller · Judith Schilling

Stochastik rezeptfrei unterrichten

Anregungen für spannende Lehre über den Zufall

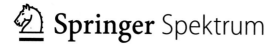 Springer Spektrum

Norbert Henze
Institut für Stochastik
Karlsruher Institut für Technologie (KIT)
Karlsruhe, Deutschland

Kai Müller
Fachbereich Mathematik
Seminar für Ausbildung
und Fortbildung der Lehrkräfte
Heidelberg, Deutschland

Judith Schilling
Fachbereich Mathematik
Technische Universität Darmstadt
Darmstadt, Deutschland

ISBN 978-3-662-62743-3   ISBN 978-3-662-62744-0   (eBook)
https://doi.org/10.1007/978-3-662-62744-0

Die Deutsche Nationalbibliothek verzeichnet diese Publikation in der Deutschen Nationalbibliografie; detaillierte bibliografische Daten sind im Internet über http://dnb.d-nb.de abrufbar.

Illustrationen: Peter Sobik, Hohenstadt
Planung/Lektorat: Iris Ruhmann
Springer Spektrum ist ein Imprint der eingetragenen Gesellschaft Springer-Verlag GmbH, DE und ist ein Teil von Springer Nature.
Die Anschrift der Gesellschaft ist: Heidelberger Platz 3, 14197 Berlin, Germany

Vorwort

Warum haben wir für den Titel dieses Buchs das ins Auge springende Adverb „rezeptfrei"
gewählt? Der Grund ist ganz einfach: Das eigentliche Kerngeschäft der Mathematik, nämlich Begriffe klar zu definieren und Konzepte in den Vordergrund zu stellen sowie Beweise
zu führen, ist in der Schule immer weiter zugunsten schwammiger Formulierungen und um-
fangreicher Textaufgaben mit oft nur vermeintlichem Anwendungsbezug zurückgedrängt
worden. So ist etwa der Binomialkoeffizient mittlerweile kaum mehr als ein Hantieren mit
Fakultäten und eine Taste auf dem Rechner, und man findet verstärkt die Formulierung
„Man kann zeigen, dass ..." (siehe [16] für eine ernüchternde Bestandsaufnahme). Mathematikunterricht darf jedoch nicht zu einer Rezeptvermittlung degenerieren, die gerade von
interessierten Schülerinnen und Schülern als langweilig empfunden wird.

Dieses Praxisbuch für angehende und ausgebildete Lehrkräfte an Gymnasien setzt hier
einen Kontrapunkt. Es bietet nicht nur ein solides fachliches Fundament, sondern stellt
auch zahlreiche tragfähige Ideen für einen lebendigen, anregenden Unterricht ab Klasse 9 bereit. Ob es um Rekorde bei Temperaturdaten, einen verwirrten Passagier, ein faires
Glücksrad mit unterschiedlich großen Sektoren, Experimente mit dem blinden Verknoten
von Schnüren oder Überraschendes bei Mustern in Bernoulli-Versuchen geht, immer steht
ein spannendes Problem im Vordergrund, das zum Denken anregt und Freude beim Finden der Lösung vermittelt. Haptische Elemente zur Schüleraktivierung lassen stochastische
Vorgänge und die damit einhergehende Mathematik im besten Wortsinn begreifen. Konkrete Unterrichtsvorschläge werden ergänzt durch fachliche Tiefbohrungen, die aufzeigen, was
jeweils mathematisch dahintersteckt. Diese Tiefbohrungen sind somit eine unschätzbare
Hilfe, und zwar nicht nur im Referendariat.

Die Stochastik gilt oft als anspruchsvoll. Hierzu trägt sicherlich bei, dass sie Denkweisen
beinhaltet, die in anderen Teilgebieten der Mathematik wie etwa der Geometrie oder der
Analysis nicht vorkommen. Gerade das begeistert aber manche Schülerinnen und Schüler,
und wie im täglichen Leben gilt auch hier, dass die zu leichten Dinge langweilig sind.
Das Erzeugen von Langeweile durch Vorenthalten von anspruchsvollem und Freude bei
der Lösungsfindung vermittelndem Denken ist aber geradezu eine Versündigung an der
heranwachsenden Generation.

Die Stochastik bietet ein reiches Feld an Aufgaben, anhand derer Problemlösefähigkeit herangebildet werden kann. Spezifisch ist dabei, dass es viele Fragestellungen gibt, bei deren Lösung starke Aha-Effekte auftreten, weil die gewonnenen Erkenntnisse der ursprünglichen Intuition massiv zuwiderlaufen. Aber ein gutes Gespür für Meister Zufall – wir nennen es *Stochastik-Gen, Stochastik-Gespür, Stochastik-Instinkt* oder *Stochastik-Riecher* – kann man trainieren, und zwar völlig rezeptfrei. Lassen Sie sich diesbezüglich überraschen und schon gleich zu Beginn von den in Abschn. 1.1 aufgeführten Beispielen mitnehmen! Gerade im Stochastikunterricht kann herausgestellt werden, dass Mathematik nicht gleichbedeutend mit Rechnen ist.

Dieses Buch macht richtig Lust auf Stochastik, und diese Lust wird sich auf Ihre Schülerinnen und Schüler übertragen. Da diese heute verstärkt „digital unterwegs sind", gibt es in diesem Buch zahlreiche Links auf Erklärvideos, die zusätzliche Einsichten vermitteln. Natürlich übertragen sich Lust und Begeisterung nur, wenn auch Ihnen als Lehrkraft das Thema Freude macht. Auch hierzu will das Buch beitragen. Selbst wenn Sie an der Universität keine Stochastikvorlesung gehört haben, werden Sie mit diesem Buch Freude an diesem Teilgebiet der Mathematik entdecken und diese unbedingt weitergeben wollen. Hierzu trägt sicherlich auch bei, dass die Kernkapitel 2 bis 8 völlig unabhängig voneinander gelesen werden können.

Das Buch ist wie folgt aufgebaut: Das erste Kapitel beginnt mit Beispielen, die Ihre Neugier auf Stochastik wecken sollen. Abschn. 1.2 und 1.3 bilden ein fachliches Fundament für den schulischen Stochastikunterricht. Auf diese Abschnitte können Sie bei Bedarf zurückgreifen, und in Abhängigkeit von Ihrem Stochastikvorwissen wird Ihnen dabei sicherlich das eine oder andere bekannt vorkommen. Es ist aber durchaus empfehlenswert, nach dem Lesen von Abschn. 1.1 gleich mit einem der Kap. 2 bis 8 zu beginnen. In jedem dieser Kapitel steht ein spannendes Problem im Mittelpunkt. Neben dem mathematischen Kern finden Sie sowohl eine mathematische Tiefbohrung als auch konkrete Vorschläge für eine Behandlung im Unterricht. Die am Anfang dieser Kapitel stehenden Tabellen vermitteln einen Überblick über dazu wichtige Eckdaten, wie etwa zur Klassenstufe, zu den Voraussetzungen, zum zeitlichen Umfang und zur Idee der Unterrichtseinheit. Als „Schüleraktivität" gekennzeichnete Kästen enthalten Aufträge, die Sie Ihrer Klasse als Kopien austeilen oder digital zur Verfügung stellen können. Randbemerkungen geben unter anderem Tipps für die praktische Umsetzung vorgestellter Zufallsvorgänge, oder sie weisen auf historische Zusammenhänge hin. Abgeschlossen werden die Kapitel durch „rezeptfreies Material" in Form von Links zu Videos sowie durch weiterführende Aufgaben für Ihre Schülerinnen und Schüler. Lösungsvorschläge zu den Aufgaben sind im Anhang zu finden.

Im Anschluss an diese Kapitel mit konkreten Vorschlägen für den Stochastikunterricht gibt es vier mit einem Stern gekennzeichnete Kapitel. In Kap. 9, 10 und 11 werden weitere spannende Fragestellungen untersucht und Vorschläge für die Behandlung in der Schule gemacht. Die hier behandelten Themen eignen sich insbesondere für Leistungs- und Vertiefungskurse. Sehen Sie diese Kapitel als weitere Anregungen für den Unterricht an, obwohl Ihnen vermutlich einige der vorgestellten Ideen (noch) nicht bekannt sind.

Das letzte Kapitel ist der momentan in der Schule als Schlüsselkonzept geltenden Binomialverteilung gewidmet. Dieses Kapitel enthält nicht nur das fachliche Hintergrundwissen, über das Sie als Lehrkraft hinsichtlich dieser Verteilung verfügen sollten, sondern es gibt auch diverse Anregungen, wie man Sachverhalte begründen kann, ohne auf ein „Man kann zeigen, dass ..." zurückgreifen zu müssen. Das Buch schließt mit einem dreiteiligen Anhang. Teil A enthält kurze Abschnitte, die der fachlichen Vertiefung dienen. Hier werden sowohl technische Hilfsmittel wie einfache Reihen vorgestellt als auch tiefere Einsichten z. B. zum Erwartungswert vermittelt. Zu einigen dieser Abschnitte gibt es auch Videos, in denen die Inhalte ausführlich erklärt werden. In Anhang B finden sich Lösungsvorschläge zu allen Aufgaben, und Anhang C enthält ein Verzeichnis aller Videos mit Links auf das digitale Video- und Audioarchiv (DIVA) des Karlsruher Instituts für Technologie (KIT).

In einigen Kapiteln verwenden wir den Begriff „Mathe-AG". Damit meinen wir sowohl schulische Arbeitsgruppen, die sich außerhalb des regulären Unterrichts treffen, um gemeinsam Mathematik zu betreiben, als auch jegliche Art von Vertiefungskursen oder anderen mathematischen Zusatzangeboten, die je nach Bundesland ganz unterschiedliche Namen tragen.

Bevor wir allen danken, die zur Entstehung dieses Werkes beigetragen haben, sind zwei kurze Anmerkungen unerlässlich: Aus Gründen der Lesbarkeit verwenden wir von jetzt ab durchgehend die Begriffe *Lehrkraft* (weiblich) und *Schüler* (männlich). Und zu guter Letzt: Was die momentan allgegenwärtigen Kompetenzen betrifft, sehen wir als wichtigste unter ihnen das Denken an, und in diesem Buch geht es vor allem um das Modellieren, das Problemlösen und das Begründen.

Danksagung: An dieser Stelle möchten wir all denen danken, die uns bei der Anfertigung dieses Buches unterstützt haben. Herr Peter Sobik hat Illustrationen in Form von Bleistiftzeichnungen erstellt, wobei kein noch so ausgefallener Wunsch offenblieb. Die Digitalisierung dieser Illustrationen ist Herrn Fabian Hartenstein und Herrn Jonathan Hostadt zu verdanken. Frau Prof. Dr. Katja Krüger, Herr Prof. Dr. Lutz Mattner, Herr Prof. Dr. Torsten Schatz und Herr Reimund Vehling haben nicht mit Anregungen und hilfreichen Bemerkungen gegeizt, und auch Frau Laura Reitberger und Frau Elena Maier haben wertvolle Hinweise gegeben. Vom Verlag Springer Spektrum danken wir insbesondere Frau Bianca Alton, Frau Iris Ruhmann und Frau Regine Zimmerschied. Frau Alton und Frau Ruhmann haben die Idee zu diesem Buch wohlwollend aufgegriffen und uns nützliche Ratschläge gegeben, und das Korrekturlesen von Frau Zimmerschied hat uns die Augen geöffnet, wie viele Unzulänglichkeiten in einem als „perfekt" geglaubten Manuskript noch entdeckt werden können.

Unser größter Dank gilt jedoch unseren Familien – und hier insbesondere Edda, Emil und Erik – für ihr Verständnis dafür, dass wir oft selbst sonntags schwer vom Schreibtisch wegzubekommen waren. Ihnen ist dieses Buch gewidmet.

Pfinztal, Tiefenbach und Griesheim,
im Januar 2021

Norbert Henze, Kai Müller, Judith Schilling

Inhaltsverzeichnis

1

Einstimmung und fachliche Basis

Mit diesem Einstiegskapitel möchten wir zunächst richtig Lust auf die Stochastik wecken. Daher ist der erste Abschnitt dem Thema „stochastisch denken" gewidmet. Im zweiten und dritten Abschnitt haben wir mathematische Definitionen und Sätze inklusive konkreter Beispiele und Erklärungen aufgeführt, die eine fachliche Grundlage darstellen und bereits die eine oder andere Einsicht vermitteln. Dabei gehen wir zunächst auf wichtige stochastische Grundbegriffe ein. Anschließend wenden wir uns der Kombinatorik zu und zeigen durch eine begriffliche Einführung der Binomialkoeffizienten, wie etwa der allgemeine binomische Lehrsatz oder das Gesetz der oberen Summation ohne Rechnung einsichtig werden.

1.1 Stochastisch denken

Die Stochastik bietet ein breites Feld an interessanten Problemstellungen, die für den Unterricht gut geeignet sind. Die folgenden Beispiele zeigen, wie ein „Stochastik-Gen", „Stochastik-Gespür" oder „Stochastik-Instinkt" abseits zum Teil rezeptartig angewendeter Pfadregeln „tickt". Diese „Stochastik-Nase" hat insbesondere einen hochempfindlichen Geruchssinn für Symmetriebetrachtungen. Die Antworten auf die jeweils aufgeworfenen Fragen finden sich (auch) in den jeweils angegebenen Videos.

▶ Vorteil für den, der anfängt?

In einer Schachtel liegen drei rote und drei schwarze Kugeln, wobei die roten Kugeln Bernd und die schwarzen Stefan zugeordnet sind. Bernd und Stefan ziehen blind abwechselnd jeweils eine Kugel, wobei diese Kugel nicht in die Schachtel zurückgelegt wird. Gewonnen hat derjenige, dessen drei Kugeln zuerst sämtlich gezogen wurden. Dieser stochastische Vorgang endet also frühestens nach drei und spätestens nach fünf Ziehungen. Ist Bernd im Vorteil, wenn er als Erster zieht?

Die Stochastik-Nase schnuppert kurz und stellt fest: „Nein, denn jede der sechs Kugeln hat *aus Symmetriegründen* die gleiche Chance, als *letzte* gezogen zu werden." Es ist also egal, wer beginnt. Jeder hat die gleiche Gewinnchance. Diese Chance ändert sich auch nicht, wenn anstelle von drei roten und drei schwarzen Kugeln allgemein n rote und n schwarze Kugeln vorliegen würden (siehe hierzu auch das Video 1.1). ◀

▶ Einsen vor der ersten Sechs

Ein fairer Würfel wird so lange geworfen, bis die erste Sechs auftritt. Wie wahrscheinlich ist es, vorher genau eine Eins zu werfen?

Das Stochastik-Gespür blendet einfach Unwesentliches aus: Die Zweien, Dreien, Vieren und Fünfen sind belanglos; ihr Auftreten vergeudet nur Zeit. Außerdem sind die Eins und die Sechs völlig gleichberechtigt. *Wenn* eine von beiden gewürfelt wird, dann jede mit gleicher (bedingter) Wahrscheinlichkeit $\frac{1}{2}$. Nehmen wir doch einfach eine Münze und schreiben auf die eine Seite eine Eins und auf die andere eine Sechs. Dann hat sich nach genau zwei Würfen dieser Münze entschieden, ob genau eine Eins vor der ersten Sechs auftritt. Die Münze muss dafür beim ersten Wurf eine Eins zeigen und danach eine Sechs, und die Wahrscheinlichkeit hierfür ist $\frac{1}{2} \cdot \frac{1}{2} = \frac{1}{4}$. Mit diesem einfachen „Münzenmodell" ist dann auch einsichtig, dass mit der Wahrscheinlichkeit $1/2^{k+1}$ genau k Einsen vor der ersten Sechs geworfen werden, $k = 0, 1, 2, \dots$. Deutet man das Auftreten einer Sechs als Treffer und das einer Eins als Niete, so schält sich nach gedanklicher Eliminierung des Ballasts der nicht interessierenden Zahlen 2, 3, 4 und 5 eine Folge unabhängiger Bernoulli-Versuche mit Trefferwahrscheinlichkeit $\frac{1}{2}$ heraus, und die Anzahl der Einsen vor der ersten Sechs steht für die Anzahl der Nieten vor dem ersten Treffer.

Eine rechenintensive Lösung dieser Aufgabe ist natürlich auch möglich. Dazu führt man die Ereignisse $A_j = \{$„die erste Sechs kommt im j-ten Wurf"$\}$, $j = 1, 2, \dots$, sowie $B = \{$„genau eine Eins vor der ersten Sechs"$\}$ ein und und rechnet mithilfe der Formel von der totalen Wahrscheinlichkeit

$$P(B) = \sum_{j=1}^{\infty} P(A_j) P_{A_j}(B) = \frac{1}{4}$$

aus. Eine begriffliche *Einsicht* in die Lösung gewinnt man hierdurch jedoch nicht (siehe auch das Video 1.2). ◀

▶ Drei-Schubladen-Paradoxon von J. Bertrand

Das folgende klassische Problem wurde von dem französischen Mathematiker J. Bertrand (1822–1900) im Jahr 1889 formuliert: Jedes von drei gleich aussehenden Kästchen hat zwei Schubladen. Kästchen 1 enthält in jeder der Schubladen eine Goldmünze, Kästchen 2 in jeder der Schubladen eine Silbermünze, und bei Kästchen 3 liegt in einer der Schubladen eine Gold- und in der anderen eine Silbermünze. Es wird rein zufällig ein Kästchen gewählt und aufs Geratewohl eine der beiden Schubladen geöffnet, wobei sich eine Goldmünze zeigt. Mit welcher Wahrscheinlichkeit ist in der anderen Schublade auch eine Goldmünze?

Dieses Paradoxon findet sich begrifflich gleichwertig in verschiedenen Varianten. Eine davon ist die Folgende: Von drei Spielkarten ist eine beidseitig weiß, eine zweite beidseitig rot, und von einer dritten Karte ist eine Seite rot und eine weiß. Es wird rein zufällig eine Karte gewählt und aufs Geratewohl eine Seite (als Oberseite) auf einen Tisch gelegt. Sie sei weiß. Mit welcher Wahrscheinlichkeit ist auch die Unterseite weiß?

Es sei verraten, dass die vielfach gegebene Antwort $\frac{1}{2}$ falsch ist. Weiteres hierzu findet sich im Video 1.3. ◀

▶ Größer oder kleiner?

Wie groß ist die Wahrscheinlichkeit, dass bei der Ziehung der Lottozahlen 6 aus 49 die vierte gezogene Zahl größer als die zweite Gewinnzahl ist? Wie groß ist die Wahrscheinlichkeit, dass die zweite gezogene Zahl die größte der ersten vier ist? Wie das Stochastik-Gen hier argumentiert, zeigt das Video 1.4.   ◀

▶ Das siebte Los

In einer Trommel sind zwei Gewinnlose und acht Nieten. Nach gutem Mischen werden alle Lose der Reihe nach rein zufällig ohne Zurücklegen gezogen und nebeneinandergelegt. Man sieht den Losen nicht an, ob sie Nieten oder Gewinnlose sind. Dazu müsste man sie z. B. aufrollen oder etwas freirubbeln. Mit welcher Wahrscheinlichkeit ist das siebte Los ein Gewinnlos? Mit welcher Wahrscheinlichkeit enthalten die ersten neun Lose schon beide Gewinnlose? Die Sichtweise des Stochastik-Gespürs hierzu findet sich im Video 1.5.   ◀

Einigen Schülern fällt das Lösen solcher Aufgaben leichter als anderen, manche haben schnell eine zündende Idee, andere besitzen eine hohe geistige Beweglichkeit (vgl. [5], [32]). Diese Beweglichkeit im Denken hilft, Gegebenes aus verschiedenen Perspektiven zu betrachten, sich auf das Wesentliche zu konzentrieren oder sich ähnliche Aufgaben in Erinnerung zu rufen und damit Problemstellungen erfolgreich anzugehen. Diese Schüler verfügen also schon über einen gewissen Stochastik-Instinkt. Indem man ganz unterschiedliche Lösungsstrategien – die nichts mit Rezepten zu tun haben – bewusst macht, kann dieser Instinkt trainiert werden (siehe [37]).

In vielen Situationen unterstützen bewährte Hilfsmittel wie Baumdiagramme oder Tabellen, Gegebenes zu ordnen und dadurch die Aufgabenstellung besser zu verstehen. Mannigfache Beispiele hierzu finden sich in Kap. 2, 3, 4, 7 und 8. Auch Fallunterscheidungen können nützlich sein, um in einer kompliziert wirkenden Situation den Überblick zu behalten. Beispiele hierzu finden sich in Kap. 2 und 3. Für die Stochastik ist der Transfer in die Modellebene von großer Bedeutung. So werden etwa viele Probleme zunächst in die Situation einer Urnenziehung übersetzt, bevor gerechnet wird. Wie einige der obigen Beispiele verdeutlichen, spielt auch die Suche nach Symmetrien eine große Rolle. Symmetriebetrachtungen können oft langatmige Rechnungen vermeiden und nachhaltige Einsichten bewirken. Wie etwa in Kap. 3, 5, 6 und 7 aufgezeigt wird, ersetzen Symmetriebetrachtunge in manchen Fällen auch die Arbeit mit Baumdiagrammen. Grundsätzlich ist es wichtig, Schüler dafür zu sensibilisieren, wann eine Situation mithilfe von Symmetrieargumenten analysiert werden kann und wann nicht.

In den folgenden Kapiteln wird das *Stochastik-Gen*, die *Stochastik-Nase*, das *Stochastik-Gespür*, der *Stochastik-Instinkt* oder wie immer wir diesen spezifischen „Stochastik-Riecher" nennen wollen, an ganz unterschiedlichen Stellen ins Spiel kommen. Lassen Sie sich überraschen!

1.2 Stochastische Grundlagen

Um Stochastik mit Freude und Selbstsicherheit unterrichten zu können, ist die Kenntnis der mathematischen Grundlagen dieses Gebiets natürlich unverzichtbar. Deshalb haben wir auf den folgenden Seiten die für den Schulalltag wichtigsten Inhalte der Stochastik zusammengetragen und fundiert dargestellt. Für eine fachwissenschaftliche Vertiefung empfehlen wir die Lehrbücher [15] und [17]. In [27] wird die Stochastik der Sekundarstufe I aus fachdidaktischer Sicht beleuchtet. Dort werden auch konkrete Unterrichtsvorschläge für die Doppeljahrgangsstufen 5/6, 7/8 und 9/10 vorgestellt.

Grundräume, Ergebnismengen

Die Menge aller möglichen Ergebnisse eines *stochastischen Vorgangs* bezeichnen wir mit dem griechischen Buchstaben Ω (sprich: Omega) und nennen diese Menge *Grundraum* oder *Ergebnismenge*. Manchmal finden sich für einen stochastischen Vorgang auch verschiedene andere Begriffe wie z. B. *Zufallsexperiment*, *Zufallsversuch* oder *Zufallsvorgang* (für eine kritische Reflexion siehe [27], S. 219). In Schulbüchern wird der Grundraum oft auch mit dem Buchstaben S bezeichnet.

▶ Mögliche Grundräume für den Fall eines Münzwurfs sind $\Omega = \{\text{Wappen}, \text{Zahl}\}$, $\Omega = \{W, Z\}$ oder $\Omega = \{0, 1\}$. Im letzten Fall legt man z. B. fest, dass die 0 dem Wappen und die 1 der Zahl entspricht. Wenn man die Zahl als Treffer und das Wappen als Niete auffasst, bietet sich auch der Grundraum $\Omega = \{\text{Treffer}, \text{Niete}\}$ an.   ◀

▶ Warten wir beim wiederholten Werfen einer Münze auf den ersten Treffer, so ist der Grundraum $\Omega = \mathbb{N}$ geeignet, um die Anzahl der dafür nötigen Würfe zu beschreiben.   ◀

Es ist immer der erste Schritt einer stochastischen Modellierung, über eine passende Wahl von Ω nachzudenken. Läuft ein stochastischer Vorgang in n zeitlich aufeinanderfolgenden Stufen ab, und sind auf jeder Stufe nur zwei Ergebnisse möglich, so bietet sich – wenn man diese Ergebnisse mit 1 und 0 codiert – für Ω die 2^n-elementige Menge

$$\Omega := \left\{ \omega = (a_1, \ldots, a_n) : a_j \in \{0, 1\} \text{ für } j = 1, \ldots, n \right\} \tag{1.1}$$

aller n-Tupel aus Einsen und Nullen an. Mit dieser Festlegung von Ω beschreibt a_j das Ergebnis der j-ten Stufe des stochastischen Vorgangs.

▶ Wir betrachten das zehnmalige Werfen einer Münze und legen fest, dass die 0 dem Wappen und die 1 der Zahl entspricht. In diesem Fall ist der Grundraum Ω in (1.1) mit $n = 10$ naheliegend. Ein mögliches Ergebnis ist hier $\omega = (1, 0, 0, 0, 0, 1, 0, 1, 1, 0)$. Es wurde also zuerst Zahl geworfen, anschließend viermal Wappen, dann einmal Zahl, einmal Wappen und schließlich noch zweimal Zahl und einmal Wappen.   ◀

Der Vorteil dieser Codierung besteht darin, dass die Summe $a_1 + \ldots + a_n$ die Anzahl der insgesamt erzielten Treffer angibt, wenn man das Ergebnis 1 als *Treffer* ansieht, was auch immer in einer konkreten Situation ein Treffer sein mag.

▶ Interpretiert man etwa in obigem Beispiel die Zahl als Treffer, so erhält man durch Summieren der Einträge des Tupels $\omega = (1, 0, 0, 0, 0, 1, 0, 1, 1, 0)$, dass insgesamt vier Treffer aufgetreten sind. ◀

Ereignisse

Bei einem stochastischen Vorgang interessiert oft nur, ob dessen Ergebnis zu einer *gewissen Teilmenge* von Ergebnissen gehört. Ist Ω eine endliche oder abzählbar-unendliche Menge, so heißt *jede* Teilmenge von Ω *Ereignis*. Ist A ein Ereignis, so besagt die Sprechweise *das Ereignis A tritt ein bzw. nicht ein*, dass das als Ergebnis eines stochastischen Vorgangs interpretierte Element ω von Ω zu A gehört bzw. nicht zu A gehört. Hierdurch identifiziert man die Menge A als mathematisches Objekt mit dem anschaulichen Ereignis, dass ein Element aus A als Ergebnis des stochastischen Vorgangs realisiert wird. Extreme Fälle sind dabei das *sichere Ereignis* $A = \Omega$ und die leere Menge $A = \emptyset = \{\ \}$ als *unmögliches Ereignis*. Jede einelementige Teilmenge $\{\omega\}$ von Ω heißt *Elementarereignis*.

▶ Beim Werfen eines Würfels mit dem Grundraum $\Omega = \{1, 2, 3, 4, 5, 6\}$ beschreiben

- $A = \{2, 4, 6\}$ das Ereignis, eine gerade Zahl zu werfen,
- $B = \{1, \ldots, 6\} = \Omega$ das sichere Ereignis, eine Zahl zwischen 1 und 6 werfen,
- $C = \{1\}$ das Elementarereignis, eine Zahl zu werfen, die kleiner als 2 ist. ◀

Die Konvention, eine Teilmenge A von Ω mit dem Ereignis zu identifizieren, dass ein Element aus A als Ergebnis des durch Ω beschriebenen stochastischen Vorgangs realisiert wird, gestattet die Verwendung mengentheoretischer Operationen. Sind $A, B, A_1, A_2, \ldots,$ A_n Ereignisse, so ist

- $A \cap B$ das Ereignis, dass A und B *beide* eintreten,
- $A \cup B$ das Ereignis, dass *mindestens eines* der Ereignisse A oder B eintritt,
- $A_1 \cap \ldots \cap A_n$ das Ereignis, dass *jedes* der Ereignisse $A_1, \ldots, A_n$ eintritt,
- $A_1 \cup \ldots \cup A_n$ das Ereignis, dass *mindestens eines* der Ereignisse $A_1, \ldots, A_n$ eintritt.

Das *Komplement* $\overline{A} = \Omega \setminus A$ von A beschreibt das oft auch mit A^c bezeichnete *Gegenereignis zu A*, dass A *nicht* eintritt. Ereignisse A und B heißen *disjunkt* oder *unvereinbar*, falls $A \cap B = \emptyset$ gilt. Die (die Gleichheit $A = B$ nicht ausschließende) Teilmengenbeziehung $A \subset B$ bedeutet, dass aus dem Eintreten des Ereignisses A das Eintreten von B folgt.

▶ Beim einmaligen Würfelwurf mit dem Grundraum $\Omega = \{1, 2, 3, 4, 5, 6\}$ und den Ereignissen $A = \{2, 4, 6\}$ und $B = \{1, 2, 5\}$ gelten

- $A \cap B = \{2\}$,
- $A \cup B = \{1, 2, 4, 5, 6\}$,
- $\overline{A} = \{1, 3, 5\}$.   ◄

Mit der Konvention, dass das Durchschnittszeichen ∩ stärker bindet als das Vereinigungszeichen ∪, gelten für mengentheoretische Verknüpfungen die üblichen Regeln wie zum Beispiel:

- $A \cup B = B \cup A$, $A \cap B = B \cap A$ *Kommutativ-Gesetze*
- $(A \cup B) \cup C = A \cup (B \cup C)$, $(A \cap B) \cap C = A \cap (B \cap C)$ *Assoziativ-Gesetze*
- $A \cup B \cap C = (A \cup B) \cap (A \cup C)$
  $A \cap (B \cup C) = A \cap B \cup A \cap C$,   *Distributiv-Gesetze*
- $\overline{A \cup B} = \overline{A} \cap \overline{B}$, $\overline{A \cap B} = \overline{A} \cup \overline{B}$ *Regeln von De Morgan*

Dabei haben wir die oben formulierte Konvention bei den Distributivgesetzen verwendet. In der Sprache von Ereignissen besagt die erste Regel des englischen Mathematikers A. De Morgan (1806–1871), dass genau dann nicht mindestens eines der Ereignisse A und B eintritt, wenn weder A noch B eintritt.

Abschließend sei gesagt, dass im Fall einer überabzählbaren Menge Ω wie z. B. der Menge $\mathbb{R}$ der reellen Zahlen oder der Menge $\Omega = \{(a_n)_{n \geq 1} : a_n \in \{0, 1\}$ für $n \geq 1\}$ aller 0-1-Folgen im Allgemeinen nicht jede Teilmenge von Ω in dem Sinne ein *Ereignis* ist, dass man ihr eine Wahrscheinlichkeit zuweisen kann, die den Grundpostulaten des auf S. 8 vorgestellten Kolmogorovschen Axiomensystems genügt (siehe z. B. [17], S. 18). Man fordert aber für jeden Wahrscheinlichkeitsraum, dass das System derjenigen Teilmengen von Ω, die sich Ereignisse nennen dürfen, eine *σ-Algebra* ist. Eine σ-Algebra enthält die Menge Ω und mit jeder Menge auch deren Komplement. Zudem enthält eine σ-Algebra mit je abzählbar vielen Mengen $A_1, A_2, \ldots$ auch deren Vereinigung $\cup_{j=1}^{\infty} A_j$. Weiteres zu σ-Algebren findet sich z. B. in [17], Abschn. 8.2.

Zufallsvariablen

Ist Ω ein abzählbarer Grundraum, so heißt *jede Abbildung $X : \Omega \to \mathbb{R}$* von Ω in die Menge der reellen Zahlen eine (reellwertige) *Zufallsvariable* (auf Ω) (vgl. [15], Kap. 3). Synonym hierfür ist auch der Begriff *Zufallsgröße* üblich. Wir werden in diesem Buch beide Begriffe verwenden. Für $\omega \in \Omega$ heißt $X(\omega)$ *Realisierung* von X zum Ausgang ω (des durch Ω modellierten stochastischen Vorgangs). Zufallsvariablen definieren Ereignisse. So stehen etwa $\{X \leq t\} := \{\omega \in \Omega : X(\omega) \leq t\}$ und $\{X = t\} = \{\omega \in \Omega : X(\omega) = t\}$ für die Ereignisse, dass X einen Wert annimmt, der höchstens gleich bzw. gleich einer reellen Zahl t ist. Analog sind $\{X > t\}$ und $\{s \leq X \leq t\}$ ($s < t$) etc. definiert.

▶ Modelliert $\Omega := \big\{(i,j) : i,j \in \{1,\ldots,6\}\big\}$ die Menge der möglichen Ergebnisse beim zweifachen Würfelwurf, so beschreibt die durch $X((i,j)) := i+j$, $(i,j) \in \Omega$, definierte Zufallsvariable $X : \Omega \to \{2,\ldots,12\}$ die Summe der gewürfelten Augenzahlen. Beispielsweise lassen sich die Ereignisse $\{X \le 3\}$ bzw. $\{X = 5\}$ explizit als

$$\{X \le 3\} = \{(1,1),(1,2),(2,1)\},$$
$$\{X = 5\} = \{(1,4),(2,3),(3,2),(4,1)\}$$

angeben.   ◀

Da Zufallsvariablen *Abbildungen* mit dem gleichen Definitionsbereich sind (und nicht – wie der Name fälschlicherweise suggeriert – „Variablen"), kann man sie (elementweise auf Ω) addieren und mit Skalaren multiplizieren, d. h., man setzt für Zufallsvariablen X und Y sowie eine reelle Zahl a

$$(X+Y)(\omega) := X(\omega)+Y(\omega) \quad \text{sowie} \quad (aX)(\omega) := aX(\omega), \quad \omega \in \Omega.$$

Die Menge aller Zufallsvariablen auf Ω bildet somit einen Vektorraum über $\mathbb{R}$. In gleicher Weise definiert man das Produkt XY, das Maximum $\max(X,Y)$ und das Minimum $\min(X,Y)$. Häufig kommt es auch vor, dass Ereignisse aus mehreren Zufallsvariablen gebildet werden. So setzt man etwa $\{X \le Y\} := \{\omega \in \Omega : X(\omega) \le Y(\omega)\}$.

Eine wichtige Zufallsvariable ist die für ein Ereignis $A \subset \Omega$ durch

$$\mathbf{1}_A(\omega) := \begin{cases} 1, & \text{falls } \omega \in A, \\ 0, & \text{sonst,} \end{cases}$$

($\omega \in \Omega$) definierte *Indikatorfunktion* $\mathbf{1}_A$ von A. Häufig schreibt man hierfür auch $\mathbf{1}\{A\}$ und nennt $\mathbf{1}_A$ bzw. $\mathbf{1}\{A\}$ den *Indikator* von A. Da Indikatoren nur die Werte 0 und 1 annehmen, gelten (stets elementweise auf Ω) die Rechenregeln

$$\mathbf{1}_A^2 = \mathbf{1}_A, \quad \mathbf{1}_{A \cap B} = \mathbf{1}_A \mathbf{1}_B, \quad \mathbf{1}_{\overline{A}} = 1-\mathbf{1}_A.$$

Sind $A_1,\ldots,A_n$ Ereignisse, so modelliert die *Indikatorsumme* oder *Zählvariable*

$$X := \mathbf{1}\{A_1\}+\ldots+\mathbf{1}\{A_n\}$$

die Anzahl der eintretenden Ereignisse unter $A_1,\ldots,A_n$. Für jedes $k \in \{0,1,\ldots,n\}$ ist $\{X = k\}$ das Ereignis, dass genau k der Ereignisse $A_1,\ldots,A_n$ eintreten. Definiert man etwa im Fall der in (1.1) stehenden Menge Ω für jedes $j \in \{1,\ldots,n\}$ das Ereignis A_j durch $A_j := \{(a_1,\ldots,a_n) \in \Omega : a_j = 1\}$ und deutet dieses Ereignis als „Treffer im j-ten Versuch", so beschreibt obige Indikatorsumme die Trefferanzahl aus n Versuchen.

Ist Ω eine überabzählbare Menge, so sind nur diejenigen Abbildungen $X : \Omega \to \mathbb{R}$ Zufallsvariablen, die in dem Sinne *messbar* sind, dass für jedes reelle t die Menge $\{\omega \in \Omega : X(\omega) \le t\}$ ein Ereignis ist (vgl. etwa [15], S. 296).

Das Axiomensystem von Kolmogorov

Das aus dem Jahr 1933 stammende und von A. N. Kolmogorov (1903–1987) formulierte Axiomensystem der Stochastik definiert *nicht*, was Wahrscheinlichkeiten inhaltlich sind, sondern legt nur fest, welche Grundpostulate (Axiome) im Umgang mit Wahrscheinlichkeiten auf jeden Fall gelten sollten.

Bezeichnet $\mathcal{P}(\Omega)$ die Potenzmenge einer Menge Ω und damit das System *aller Teilmengen* von Ω, so ist ein allgemeiner *Wahrscheinlichkeitsraum* ein Tripel $(\Omega, \mathcal{A}, \mathrm{P})$. Hierbei sind Ω eine beliebige nichtleere Menge, $\mathcal{A} \subset \mathcal{P}(\Omega)$ eine σ-Algebra und $\mathrm{P} : \mathcal{A} \to \mathbb{R}$ eine auf $\mathcal{A}$ definierte reelle Funktion mit folgenden Eigenschaften:

a) $\mathrm{P}(A) \geq 0, \qquad A \in \mathcal{A}$ *Nichtnegativität*

b) $\mathrm{P}(\Omega) = 1$ *Normierung*

c) $\mathrm{P}\left(\bigcup_{j=1}^{\infty} A_j \right) = \sum_{j=1}^{\infty} \mathrm{P}(A_j)$ σ-*Additivität*

für jede Folge $(A_j)_{j \in \mathbb{N}}$ *paarweise disjunkter* Mengen aus $\mathcal{A}$

Die Mengen aus $\mathcal{A}$ heißen *Ereignisse*. Die Funktion P heißt *Wahrscheinlichkeitsmaß*. Die Zahl $\mathrm{P}(A)$ heißt *Wahrscheinlichkeit* von A.

Diese Definition orientiert sich an Eigenschaften relativer Häufigkeiten. Ist Ω eine abzählbare Menge, so gilt $\mathcal{A} = \mathcal{P}(\Omega)$, und man schreibt dann kurz (Ω, P) anstelle von $(\Omega, \mathcal{P}(\Omega), \mathrm{P})$. In diesem Fall nennt man (Ω, P) einen *diskreten Wahrscheinlichkeitsraum*. Ein für die Schule wichtiger Spezialfall ist der nach dem französischen Physiker und Mathematiker P. S. Laplace (1749–1827) benannte *Laplacesche Wahrscheinlichkeitsraum*. In diesem Fall ist Ω eine endliche Menge, und es gilt

$$\mathrm{P}(A) = \frac{|A|}{|\Omega|}, \quad A \subset \Omega. \tag{1.2}$$

Dabei bezeichnet allgemein $|M|$ die Anzahl der Elemente einer endlichen Menge M. Man modelliert einen stochastischen Vorgang mithilfe eines solchen *Laplace-Raums*, wenn jedes Element von Ω als Ausgang dieses Vorgangs für „gleich möglich" erachtet wird. Diese Vorstellung drückt sich dann in Formulierungen wie *faire Münze*, *unverfälschter Würfel*, *rein zufälliges Ziehen* oder ähnlich aus. Der in (1.2) stehende Quotient $|A|/|\Omega|$ kann als Anzahl der für das Eintreten von A günstigen Fälle, geteilt durch die Anzahl aller möglichen Fälle, interpretiert werden. Die Behandlung von Laplace-Modellen erfordert Techniken der Kombinatorik. Unverzichtbar sind in diesem Zusammenhang Kenntnisse über k-Permutationen sowie k-Kombinationen mit und ohne Wiederholung einer n-elementigen Menge und deren Anzahlen (siehe z. B. [15], Kap. 8).

Unmittelbare Folgerungen aus den Axiomen a), b) und c) sind unter anderem $\mathrm{P}(\emptyset) = 0$, die (endliche) *Additivität*

$$\mathrm{P}(A_1 \cup \ldots \cup A_k) = \mathrm{P}(A_1) + \ldots + \mathrm{P}(A_k)$$

für jedes $k \geq 2$ und jede Wahl paarweise disjunkter Ereignisse $A_1, \ldots, A_k$, die *Regel von der komplementären Wahrscheinlichkeit*

$$P(\overline{A}) = 1 - P(A)$$

sowie das *Additionsgesetz*

$$P(A \cup B) = P(A) + P(B) - P(A \cap B)$$

für zwei Ereignisse. Induktiv ergibt sich hieraus die auch *Siebformel* genannte *Formel des Ein- und Ausschließens*

$$P\left(\bigcup_{j=1}^{n} A_j\right) = \sum_{k=1}^{n} (-1)^{k-1} S_k$$

von J. Poincaré (1854–1912) und J. J. Sylvester (1814–1897). Dabei ist

$$S_k := \sum_{1 \leq i_1 < \ldots < i_k \leq n} P\left(A_{i_1} \cap \ldots \cap A_{i_k}\right)$$

die $\binom{n}{k}$ Summanden umfassende Summe aller Wahrscheinlichkeiten von Durchschnitten von jeweils k der Ereignisse $A_1, \ldots, A_n$ (siehe z. B. [15], Kap. 11).

Bedingte Wahrscheinlichkeiten

Sind A und B Ereignisse mit $P(A) > 0$, so definiert man – motiviert durch relative Häufigkeiten (siehe etwa [15], S. 101) – die *bedingte Wahrscheinlichkeit von B unter der Bedingung A* zu

$$P_A(B) := \frac{P(B \cap A)}{P(A)}.$$

Dabei ist anstelle von $P_A(B)$ auch die Schreibweise $P(B|A)$ verbreitet. Meist wird jedoch nicht $P_A(B)$ über obigen Quotienten berechnet, sondern $P(B \cap A)$ aus $P(A)$ und $P_A(B)$ über die Gleichung

$$P(B \cap A) = P(A)P_A(B). \tag{1.3}$$

Diese Berechnungsmöglichkeit ergibt nur dann Sinn, wenn sowohl $P(A)$ als auch $P_A(B)$ bekannt sind und $P(B \cap A)$ bestimmt werden soll. Eine solche Situation liegt immer dann vor, wenn sich die Ereignisse A und B auf die erste bzw. die zweite Stufe eines zweistufigen stochastischen Vorgangs beziehen. In diesem Zusammenhang ist dann Gleichung (1.3) nichts anderes als die *erste Pfadregel* (siehe [15], Abschn. 15.6).

Wir betonen ausdrücklich, dass die manchmal auch als *Produktregel* bezeichnete erste Pfadregel *kein mathematischer Satz* ist, sondern ein *Modellierungsbaustein* für einen mehrstufigen Vorgang, der über die Prozentrechnung motiviert ist: Tritt in 40 % aller Fälle ein Ereignis A und und in 80 % *dieser* Fälle das Ereignis B ein, so treten beide Ereignisse in 32 % *aller* Fälle ein. In der Sichtweise des Modellierungsbausteins ist $P_A(B)$ in (1.3) (neben $P(A)$) aufgrund der Rahmenbedingungen des stochastischen Vorgangs *gegeben*.

Im Baumdiagramm wird diese (gegebene) bedingte Wahrscheinlichkeit an demjenigen Pfeil notiert, der vom Knoten A zum Knoten B führt (siehe Abb. 1.1).

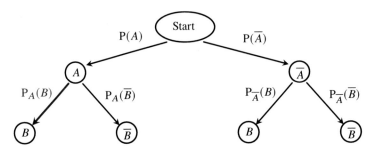

Abb. 1.1. Erste Pfadregel (Produktregel)

In Verallgemeinerung zu (1.3) gilt die *allgemeine Multiplikationsregel*

$$P(A_1 \cap \ldots \cap A_n) = P(A_1)P(A_2|A_1)P(A_3|A_1 \cap A_2)\ldots P(A_n|A_1 \cap \ldots \cap A_{n-1}),$$

die auch als erste Pfadregel in einem n-stufigen stochastischen Vorgang interpretiert werden kann. Hierbei sind $A_1,\ldots,A_n$ Ereignisse mit der Eigenschaft $P(A_1 \cap \ldots \cap A_{n-1}) > 0$, und wir haben die Bedingung der Übersichtlichkeit wegen hier nicht als Index geschrieben, sondern die alternative Notation verwendet.

Im Zusammenhang mit bedingten Wahrscheinlichkeiten ist folgender Sachverhalt von grundlegender Bedeutung: Sind $A_1,\ldots,A_n$ paarweise disjunkte Ereignisse mit jeweils positiver Wahrscheinlichkeit und der Eigenschaft $\Omega = A_1 \cup \ldots \cup A_n$, und ist B ein Ereignis, so gilt wegen $B = B \cap A_1 \cup \ldots \cup B \cap A_n$, der Additivität von P sowie (1.3) mit $A = A_k$ die *Formel von der totalen Wahrscheinlichkeit*

$$P(B) = \sum_{k=1}^{n} P(A_k)P_{A_k}(B). \tag{1.4}$$

Für den Fall, dass Ω die Ergebnisse eines zweistufigen stochastischen Vorgangs modelliert, bei dem die Ereignisse $A_1,\ldots,A_n$ gerade alle „Fälle" für die erste Stufe darstellen und sich das Ereignis B auf die zweite Stufe bezieht, ist die letztlich nur eine Fallunterscheidung vornehmende Formel von der totalen Wahrscheinlichkeit nichts anderes als die aus der Schule bekannte *zweite Pfadregel* oder *Summenregel*. Da P σ-additiv ist, kann auch eine Zerlegung von Ω in abzählbar-unendlich viele paarweise disjunkte Ereignisse $A_1, A_2, \ldots$ vorliegen. Formel (1.4) gilt dann mit der Modifikation, dass der obere Summationsindex n durch ∞ zu ersetzen ist.

Man beachte, dass die zweite Pfadregel im Gegensatz zur ersten Pfadregel ein mathematischer Satz ist, der sich als endliche Additivität eines Wahrscheinlichkeitsmaßes aus dem Kolmogorovschen Axiomensystem ergibt.

Die bedingte Wahrscheinlichkeit $P_B(A_j)$ erhält man mit $P_B(A_j) = \frac{P(A_j)P_{A_j}(B)}{P(B)}$ und (1.4) zu

$$P_B(A_j) = \frac{P(A_j)P_{A_j}(B)}{\sum_{k=1}^{n} P(A_k)P_{A_k}(B)}, \quad j = 1, \ldots, n.$$

Diese *Bayes-Formel* ist nach Th. Bayes (1702–1761) benannt.

▶ In einer Urne U_1 seien vier rote Kugeln, in einer Urne U_2 drei rote Kugeln und eine schwarze Kugel, und in der Urne U_3 befinden sich je zwei rote und zwei schwarze Kugeln. Es wird rein zufällig eine der Urnen gewählt, und aus dieser werden rein zufällig mit einem Griff zwei Kugeln gezogen; beide seien rot. Mit welcher Wahrscheinlichkeit erfolgte der Griff aus Urne U_2?

Wir bezeichnen mit A_j das Ereignis, dass Urne U_j gewählt wird ($j = 1, 2, 3$), und B sei das Ereignis, dass beide gezogenen Kugeln rot sind. Aufgrund der rein zufälligen Wahl der Urne gilt dann $P(A_j) = \frac{1}{3}$, $j = 1, 2, 3$. Weiter gelten $P_{A_1}(B) = 1$, $P_{A_2}(B) = \frac{1}{2}$ und $P_{A_3}(B) = \frac{1}{6}$, denn bei nur einer der sechs gleich wahrscheinlichen Auswahlen von zwei der vier Kugeln sind beide Kugeln rot. Die Bayes-Formel liefert jetzt

$$P_B(A_2) = \frac{P(A_2)P_{A_2}(B)}{\sum_{k=1}^{3} P(A_k)P_{A_k}(B)} = \frac{\frac{1}{3} \cdot \frac{1}{2}}{\frac{1}{3}\left(1 + \frac{1}{2} + \frac{1}{6}\right)} = \frac{3}{10}$$

für die bedingte Wahrscheinlichkeit $P_B(A_2)$.   ◀

Bedingte Wahrscheinlichkeiten bergen viele Fallstricke. Einer davon ist das insbesondere im Jahr 1991 kontrovers diskutierte *Drei-Türen-Problem* oder *Ziegenproblem*.

▶ Das Drei-Türen-Problem

In einer Spielshow befindet sich hinter einer rein zufällig gewählten Tür ein Auto, hinter zwei anderen jeweils eine Ziege. Der Kandidat wählt rein zufällig eine Tür aus, die jedoch verschlossen bleibt. Der Spielleiter darf das Auto nicht zeigen, gibt aber eine Ziege zu erkennen. Der Kandidat kann nun bei seiner Wahl bleiben oder zur anderen verschlossenen Tür wechseln. Er erhält dann den Preis hinter der von ihm zuletzt gewählten Tür.

Die mit einem meisterhaften Stochastik-Instinkt ausgestattete Journalistin Marilyn vos Savant (*1946) argumentierte: „Wenn ich wechsle, erhalte ich den Hauptgewinn genau dann, wenn ich vorher eine der beiden *Ziegentüren* gewählt habe, und die Wahrscheinlichkeit dafür ist $\frac{2}{3}$. Der Moderator zeigt mir ja freundlicherweise die andere Ziegentür, und wenn ich wechsle, gelange ich automatisch zum Hauptgewinn."

Tabelle 1.1 veranschaulicht dieses Argument. Dabei nehmen wir aus Symmetriegründen an, *der Kandidat zeige auf Tür 1*. Alle anderen Fälle können auf diesen zurückgeführt werden.

Die hier aufgelisteten Fälle sind alle gleich wahrscheinlich. Der Kandidat gewinnt in zwei von drei Fällen, wenn er wechselt, also mit der Wahrscheinlichkeit $\frac{2}{3}$.

Sind Sie von diesem Argument überzeugt? Wenn nicht, können vielleicht auch die folgenden Betrachtungen Klärendes beitragen. Wir nehmen weiterhin aus Symmetriegründen an, *der*

Tab. 1.1. Mögliche Spielverläufe beim Drei-Türen-Problem

Tür 1 (gewählt)	Tür 2	Tür 3	Moderator öffnet...	Ergebnis beim Wechseln	Ergebnis beim Nichtwechseln
Auto	Ziege	Ziege	Tür 2/3	Verloren	Gewonnen
Ziege	Auto	Ziege	Tür 3	Gewonnen	Verloren
Ziege	Ziege	Auto	Tür 2	Gewonnen	Verloren

Kandidat zeige auf Tür 1, und modellieren die Situation als zweistufigen stochastischen Vorgang. In einer ersten Stufe wird das Auto rein zufällig hinter einer der Türen platziert. Für das mit A_j bezeichnete Ereignis, dass das Auto hinter Tür j ist, gilt also $P(A_j) = \frac{1}{3}$, $j = 1, 2, 3$. Für die zweite Stufe bezeichne M_j das Ereignis, dass der Moderator Tür Nr. j öffnet. Da dieser die vom Kandidaten gewählte Tür Nr. 1 nicht öffnen und auch nicht das Auto zeigen darf, gelten zunächst $P_{A_j}(M_1) = 0$, $j = 1, 2, 3$ sowie $P_{A_3}(M_2) = 1$ und $P_{A_2}(M_3) = 1$. Des Weiteren machen wir die Annahme, dass der Moderator jede der beiden Ziegentüren mit Wahrscheinlichkeit $\frac{1}{2}$ öffnet, wenn sich das Auto hinter Tür 1 befindet. Diese Annahme führt zu den bedingten Wahrscheinlichkeiten $P_{A_1}(M_2) = P_{A_1}(M_3) = \frac{1}{2}$. Da der Moderator die Autotür nicht öffnen darf, gilt weiter $P_{A_3}(M_3) = 0$. Nach der Formel von der totalen Wahrscheinlichkeit folgt

$$P(M_3) = \sum_{j=1}^{3} P(A_j) P_{A_j}(M_3) = \frac{1}{3}\left(\frac{1}{2} + 1 + 0\right) = \frac{1}{2},$$

und die Bayes-Formel liefert

$$P_{M_3}(A_2) = \frac{P(A_2) P_{A_2}(M_3)}{P(M_3)} = \frac{\frac{1}{3} \cdot 1}{\frac{1}{2}} = \frac{2}{3}.$$

In gleicher Weise ergibt sich $P_{M_2}(A_3) = \frac{2}{3}$, im Einklang mit dem Argument von Frau Marilyn, dass Wechseln die Chancen auf den Hauptgewinn verdoppelt. Abbildung 1.2 zeigt ein Baumdiagramm zum Ziegenproblem, in dem die zum Ereignis M_3 führenden beiden Pfade hervorgehoben sind.

Das Drei-Türen-Problem kann zu spannenden Diskussionen in Klassenzimmern führen (es wird über Mathematik diskutiert!). Als Einstiegsbeispiel für bedingte Wahrscheinlichkeiten ist es jedoch nicht unbedingt geeignet (siehe z. B. [25]).   ◄

Stochastische Unabhängigkeit

Zwei Ereignisse A und B heißen (*stochastisch*) *unabhängig*, falls die Gleichung $P(A \cap B) = P(A)P(B)$ erfüllt ist. Gelten $P(A) > 0$ und $P(B) > 0$, so ist nach Definition der bedingten Wahrscheinlichkeit und der Äquivalenzkette

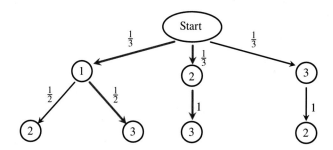

Abb. 1.2. Baumdiagramm zum Ziegenproblem

$$P(A \cap B) = P(A)P(B) \Longleftrightarrow \frac{P(A \cap B)}{P(B)} = P(A) \Longleftrightarrow \frac{P(A \cap B)}{P(A)} = P(B)$$

die Unabhängigkeit von A und B gleichbedeutend mit $P_B(A) = P(A)$ und mit $P_A(B) = P(B)$. Das Eintreten des Ereignisses, nach dem jeweils „bedingt" wird, hat also keinen Einfluss auf die Wahrscheinlichkeit des jeweils anderen Ereignisses. Man beachte, dass Unabhängigkeit nichts mit Disjunktheit zu tun hat, denn die Disjunktheit von A und B zieht $P(A \cap B) = 0$ nach sich, und dann können A und B nur dann unabhängig sein, wenn mindestens eines der beiden Ereignisse die Wahrscheinlichkeit null besitzt und somit ausgesprochen uninteressant ist.

In Kap. 7 werden wir auch folgenden Sachverhalt benötigen: Sind A und B Ereignisse mit $0 < P(A) < 1$ und gilt

$$P_A(B) = P_{\overline{A}}(B), \tag{1.5}$$

ist also die bedingte Wahrscheinlichkeit, dass B eintritt, unabhängig davon, ob A eintritt oder nicht, so gilt $P(B) = P_A(B)$. Um (1.5) zu beweisen, zerlegen wir das Ereignis B danach, ob zusätzlich A eintritt oder nicht. Mit der Definition der bedingten Wahrscheinlichkeit und (1.5) ergibt sich dann

$$\begin{aligned}
P(B) &= P(B \cap A) + P(B \cap \overline{A}) \\
&= P(A) \cdot P_A(B) + P(\overline{A}) \cdot P_{\overline{A}}(B) \\
&= \left(P(A) + P(\overline{A})\right) \cdot P_A(B) \\
&= P_A(B),
\end{aligned}$$

was wir zeigen wollten. Man beachte, dass die Gleichung $P(B) = P_A(B)$ (und auch Gleichung (1.5)) gleichbedeutend mit $P(A \cap B) = P(A)P(B)$, also der stochastischen Unabhängigkeit von A und B, ist.

Allgemein heißen n Ereignisse $A_1, \ldots, A_n$ *unabhängig*, wenn für jede mindestens zweielementige Teilmenge T von $\{1, \ldots, n\}$ die Gleichung

$$P\left(\bigcap_{j \in T} A_j\right) = \prod_{j \in T} P(A_j) \tag{1.6}$$

erfüllt ist. Ganz egal, wie viele und welche (mindestens zwei) Ereignisse man aus $A_1, \ldots, A_n$ herausgreift: Die Wahrscheinlichkeit des Durchschnitts dieser Ereignisse muss gleich dem Produkt der Wahrscheinlichkeiten der betreffenden Ereignisse sein. Insgesamt ist also für die Unabhängigkeit von $A_1, \ldots, A_n$ die Gültigkeit von $2^n - n - 1$ Gleichungen nachzuprüfen. Gelten obige Gleichungen *für jede zweielementige Teilmenge T*, so nennt man $A_1, \ldots, A_n$ *paarweise (stochastisch) unabhängig*. Aus (nur) paarweiser Unabhängigkeit kann man im Allgemeinen nicht auf die Unabhängigkeit von Ereignissen schließen (siehe etwa [15], S. 128, oder [17], S. 78). Die Unabhängigkeit von $A_1, \ldots, A_n$ hat wiederum zur Folge, dass auf beiden Seiten von Gleichung (1.6) beliebig viele der auftretenden Ereignisse durch ihre jeweiligen Komplemente ersetzt werden können (siehe [15], S. 121). Außerdem gilt: Teilt man $A_1, \ldots, A_n$ in Blöcke $A_1, \ldots, A_k$ und $A_{k+1}, \ldots, A_n$ mit $1 \le k \le n-1$ auf und bildet mithilfe mengentheoretischer Funktionen aus $A_1, \ldots, A_k$ ein Ereignis B und aus $A_{k+1}, \ldots, A_n$ ein Ereignis C, so sind mit $A_1, \ldots, A_n$ auch B und C stochastisch unabhängig, siehe [15], Abschn. 16.6. Dieser Sachverhalt bleibt analog bei Unterteilungen in mehr als zwei Blöcke gültig.

Zufallsvariablen $X_1, \ldots, X_n$ auf einem Wahrscheinlichkeitsraum $(\Omega, \mathcal{A}, P)$ heißen *(stochastisch) unabhängig*, falls für jede Wahl von $t_1, \ldots, t_n \in \mathbb{R}$ die Gleichung

$$P(X_1 \le t_1, \ldots, X_n \le t_n) = P(X_1 \le t_1) \cdot \ldots \cdot P(X_n \le t_n)$$

erfüllt ist. Dabei steht die Komma-Trennung auf der linken Seite für die Durchschnittsbildung. Im Spezialfall eines diskreten Wahrscheinlichkeitsraums (Ω, P) ist diese Definition gleichwertig mit dem Bestehen der Gleichungen

$$P(X_1 = x_1, \ldots, X_n = x_n) = P(X_1 = x_1) \cdot \ldots \cdot P(X_n = x_n)$$

für jede Wahl reeller Zahlen $x_1, \ldots, x_n$ mit $P(X_j = x_j) > 0$ für jedes $j \in \{1, \ldots, n\}$.

Ein Wahrscheinlichkeitsraum für unendlich viele Bernoulli-Versuche

Ein *Bernoulli-Versuch* ist ein stochastischer Vorgang mit zwei möglichen Ausgängen, die im Allgemeinen mit 1 bzw. 0 codiert und als *Treffer* bzw. *Niete* bezeichnet werden. Im Zusammenhang mit gedanklich unendlich oft ausgeführten Bernoulli-Versuchen mit Trefferwahrscheinlichkeit p, wobei $0 < p < 1$, bietet sich als Grundraum Ω die *überabzählbare* Menge

$$\Omega = \{0, 1\}^{\mathbb{N}} = \big\{ \omega = (a_1, a_2, \ldots) : a_j \in \{0, 1\} \text{ für } j \ge 1 \big\}$$

an. Dabei steht a_j für das Ergebnis des j-ten Bernoulli-Versuchs, $j \ge 1$. Welchen Teilmengen von Ω kann man Wahrscheinlichkeiten zuordnen, die dem Kolmogorovschen Axiomensystem genügen? Betrachten wir hierzu zunächst eine beliebige natürliche Zahl k und fixieren ein ganz konkretes k-Tupel $(b_1, \ldots, b_k) \in \{0, 1\}^k$ aus Nullen und Einsen. Nach der ersten Pfadregel würde man diesem Tupel als Ergebnis der ersten k Bernoulli-Versuche die Wahrscheinlichkeit $p^t (1-p)^{k-t}$ zuordnen, wenn $t = b_1 + \ldots + b_k$ die Anzahl der Einsen im k-Tupel $(b_1, \ldots, b_k)$ bezeichnet. Es liegt somit auf der Hand, die durch

$$B := \{\omega = (a_1, a_2, \ldots) \in \Omega : a_1 = b_1, \ldots, a_k = b_k\} \tag{1.7}$$

definierte *Teilmenge von* Ω in die (zu definierende) σ-Algebra $\mathcal{A} \subset \mathcal{P}(\Omega)$ der Ereignisse aufzunehmen und ihr die Wahrscheinlichkeit $P(B) := p^t(1-p)^{k-t}$ zuzuordnen. Wegen der endlichen Additivität von P erhält man dann bei festem k durch Summation automatisch die Wahrscheinlichkeit für jede der endlich vielen Teilmengen von Ω, die sich als Vereinigung paarweise disjunkter Mengen vom Typ (1.7) darstellen lassen. Die σ-Algebra $\mathcal{A}$ ist die kleinste σ-Algebra über Ω, die für beliebiges $k \geq 1$ alle Mengen vom Typ (1.7) enthält. Mithilfe des Fortsetzungssatzes der Maßtheorie kann man zeigen, dass es genau ein Wahrscheinlichkeitsmaß P auf dieser als *Produkt-σ-Algebra* bezeichneten σ-Algebra $\mathcal{A}$ mit

$$P(B) = p^t(1-p)^{k-t}, \quad t = b_1 + \ldots + b_k,$$

für jedes $k \geq 1$ und jede Menge $B \subset \Omega$ vom Typ (1.7) gibt (siehe z. B. [17], S. 63). Definiert man jetzt für jedes $k \geq 1$ eine Abbildung $X_k : \Omega \to \{0, 1\}$ durch $X_k(\omega) := a_k$, $\omega = (a_1, a_2, \ldots) \in \Omega$, so sind $X_1, X_2, \ldots$ stochastisch unabhängige Zufallsvariablen auf Ω mit der Eigenschaft $P(X_k = 1) = p$ und $P(X_k = 0) = 1 - p$, $k \geq 1$. Dabei heißen allgemein unendlich viele Zufallsvariablen *stochastisch unabhängig*, wenn je endlich viele von ihnen stochastisch unabhängig sind.

Auf dem W-Raum $(\Omega, \mathcal{A}, P)$ gibt es also eine Folge $X_1, X_2, \ldots$ stochastisch unabhängiger und je mit den Parametern 1 und p binomialverteilten Zufallsvariablen (für Hintergrundwissen zur Binomialverteilung siehe Kap. 12). Mithilfe der Folge $X_1, X_2, \ldots$ lassen sich jetzt alle Zufallsvariablen oder Ereignisse, die im Zusammenhang mit Bernoulli-Versuchen interessieren, mathematisch sauber definieren: So gibt etwa $X_1 + \ldots + X_n$ die Anzahl der Treffer aus den ersten n Bernoulli-Versuchen an, und die geometrisch $G(p)$-verteilte Zufallsvariable

$$X := \inf\{k \geq 1 : X_k = 1\} - 1 \tag{1.8}$$

beschreibt die Anzahl der Nieten vor dem ersten Treffer, siehe z. B. [15], S. 187 ff. Man beachte, dass X elementweise auf Ω definiert ist und nur für die konstante Folge $\omega = (0, 0, 0, \ldots)$ den Wert unendlich annimmt (das Infimum über die leere Menge ist als ∞ definiert, und es ist $\infty - 1 := \infty$). Wegen $P(\{\omega\}) = 0$ für jedes $\omega \in \Omega$ (!) gilt aber $P(X = \infty) = 0$. Das mit A bezeichnete Ereignis, dass der erste Treffer in einem Versuch mit gerader Nummer auftritt, kann als Teilmenge von Ω in der Form $A = \cup_{j=1}^{\infty}\{X = 2j\}$ geschrieben werden. Dabei steht $\{X = 2j\}$ kurz für $\{\omega \in \Omega : X(\omega) = 2j\}$.

Der Erwartungswert

Es sei (Ω, P) ein diskreter Wahrscheinlichkeitsraum mit abzählbar-unendlichem Grundraum $\Omega =: \{\omega_1, \omega_2, \ldots\}$. In diesem Fall sagt man, *der Erwartungswert von X existiere*, falls gilt:

$$\sum_{j=1}^{\infty} |X(\omega_j)| \cdot P(\{\omega_j\}) < \infty$$

Ist diese Bedingung der *absoluten* Konvergenz der Reihe $\sum_{j=1}^{\infty} X(\omega_j) \cdot P(\{\omega_j\})$ erfüllt, so heißt die reelle Zahl

$$E(X) := \sum_{j=1}^{\infty} X(\omega_j) \cdot P(\{\omega_j\}) \tag{1.9}$$

der *Erwartungswert* (der Verteilung) von X. Man beachte, dass $E(X)$ wegen der vorausgesetzten absoluten Konvergenz nicht von der konkreten Nummerierung der Elemente von Ω abhängt. Ist $X \geq 0$ eine *nichtnegative* Zufallsvariable, so setzt man $E(X) := \infty$, falls die in (1.9) stehende Reihe divergiert. Im Fall einer endlichen Menge $\Omega =: \{\omega_1, \ldots, \omega_m\}$ ist der Erwartungswert von X durch

$$E(X) := \sum_{j=1}^{m} X(\omega_j) \cdot P(\{\omega_j\}) \tag{1.10}$$

definiert. In diesem Fall existiert also der Erwartungswert jeder Zufallsgröße auf Ω. Man kann die beiden Definitionen (1.9) und (1.10) unter der übergeordneten Schreibweise

$$E(X) := \sum_{\omega \in \Omega} X(\omega) \cdot P(\{\omega\}) \tag{1.11}$$

zusammenfassen. Durch die vorausgesetzte absolute Konvergenz der in (1.9) stehenden unendlichen Reihe ergibt sich unmittelbar, dass die Menge der Zufallsvariablen auf Ω, deren Erwartungswert existiert, einen mit L^1 bezeichneten Vektorraum über $\mathbb{R}$ bildet. Dabei gelten

$$E(X+Y) = E(X) + E(Y), \quad X, Y \in L^1; \qquad E(aX) = aE(X), \quad X \in L^1, a \in \mathbb{R}.$$

Diese Gleichungen besagen, dass die Erwartungswertbildung $L^1 \ni X \mapsto E(X)$ *additiv* und *homogen* und damit *linear* ist. Außerdem ist die Erwartungswerbildung *monoton*, d. h., für $X, Y \in L^1$ gilt $E(X) \leq E(Y)$, falls $X(\omega) \leq Y(\omega)$, $\omega \in \Omega$. Sind X und Y stochastisch unabhängige Zufallsvariablen mit existierenden Erwartungswerten, so existiert auch der Erwartungswert des Produktes XY, und es gilt die als *Multiplikationsregel für Erwartungswerte* bezeichnete Gleichung $E(XY) = E(X)E(Y)$ (siehe [15], S. 138).

Ist $A \subset \Omega$ ein Ereignis, so gilt

$$E(\mathbf{1}_A) = P(A). \tag{1.12}$$

Zusammen mit der Additivität folgt dann sofort, dass eine Indikatorsumme $\sum_{j=1}^{n} \mathbf{1}\{A_j\}$ den Erwartungswert

$$E\left(\sum_{j=1}^{n} \mathbf{1}\{A_j\}\right) = \sum_{j=1}^{n} P(A_j) \tag{1.13}$$

besitzt. Insbesondere ergibt sich hier der Wert np, wenn jedes der Ereignisse $A_1, \ldots, A_n$ die gleiche Wahrscheinlichkeit p besitzt. Die wichtige Botschaft von (1.13) ist, dass man den Erwartungswert einer Indikatorsumme (wie etwa den einer binomialverteilten Zufallsvariablen) unmittelbar hinschreiben kann, ohne die Verteilung dieser Zufallsvariablen zu kennen. Die schulische Definition

$$E(X) = \sum_{k=1}^{s} x_k \cdot P(X = x_k) \tag{1.14}$$

des Erwartungswerts einer Zufallsgröße X, die den Wert x_j mit der Wahrscheinlichkeit $P(X = x_j)$, $j = 1, \ldots, s$, annimmt, wird oft als Regel „Bilde die Summe aus Wert mal Wahrscheinlichkeit" propagiert. Sie zeigt, wie man den Erwartungswert von X berechnen kann, wenn die Verteilung von X bekannt ist. Gleichung (1.14) ergibt sich aus (1.11), indem man die Summanden in (1.11) nach gleichen Werten von $X(\omega)$ umsortiert. Wichtige Interpretationen des Erwartungwerts sind die eines physikalischen *Schwerpunkts* (siehe z. B. [15], Abschn. 12.9) und die eines „Durchschnitts auf lange Sicht" (Gesetz großer Zahlen; siehe (1.21)).

▶ Bei einem fairen Würfel 1 seien je drei Seiten mit 1 bzw. 3 beschriftet, und ein zweiter Würfel trage auf drei Seiten eine 0 und auf den anderen drei Seiten die Zahl 1000. Wirft man die Würfel gleichzeitig, so ist ein Spiel, bei dem es auf die höhere der beiden Augenzahlen ankommt, fair, da jeder Würfel den anderen mit der Wahrscheinlichkeit $\frac{1}{2}$ schlägt. Würfel 2 ist hier nicht besser, obwohl der Erwartungswert seiner zufälligen Augenzahl 500 beträgt. Es kommt eben bei diesem Spiel nur insofern auf die Augenzahl an, als man Größenvergleiche anstellen muss.   ◀

Für eine (*absolut*) *stetige* Zufallsvariable X mit (Lebesgue-)Dichte f kann der Erwartungswert über die Gleichung

$$E(X) = \int_{-\infty}^{\infty} x \cdot f(x)\, dx$$

berechnet werden. Dabei existiert der Erwartungswert genau dann, wenn die Bedingung $\int_{-\infty}^{\infty} |x| \cdot f(x)\, dx < \infty$ erfüllt ist. Hierbei handelt es sich allerdings nur um eine Rechenvorschrift. Das zugrunde liegende Konzept führt zu einer Verallgemeinerung der Darstellung (1.11) und findet sich in Abschn. A.7.

Bedingte Erwartungswerte

In Verallgemeinerung der Formel (1.4) von der totalen Wahrscheinlichkeit kann man auch den als existent vorausgesetzten Erwartungswert einer Zufallsvariablen X in der Form

$$E(X) = \sum_{k=1}^{n} P(A_k) E_{A_k}(X) \tag{1.15}$$

als gewichtete Summe *bedingter Erwartungswerte* erhalten. Dabei sind $A_1, \ldots, A_n$ paarweise disjunkte Ereignisse mit positiven Wahrscheinlichkeiten, die eine Zerlegung des Grundraums Ω bilden, d. h., es gilt $\Omega = A_1 \cup \ldots \cup A_n$, und allgemein ist für ein Ereignis A mit $P(A) > 0$ der *bedingte Erwartungswert von X unter der Bedingung A* durch

$$E_A(X) := \frac{1}{P(A)} \sum_{\omega \in A} X(\omega) \cdot P(\{\omega\}) \tag{1.16}$$

definiert. Eine andere Schreibweise für $E_A(X)$ ist $E(X|A)$. Man nennt (1.15) die *Formel vom totalen Erwartungswert.* Sie ist in der Tat eine Verallgemeinerung der Formel (1.4) von der totalen Wahrscheinlichkeit, denn letztere ergibt sich, wenn man in (1.15) $X = \mathbf{1}_B$ einsetzt.

Gleichung (1.15) wird auch als *zweite Mittelwertsregel* bezeichnet (siehe z. B. [7], S. 67). Sie bleibt mit dem oberen Summationsindex ∞ gültig, wenn eine Zerlegung von Ω in abzählbar viele paarweise disjunkte Ereignisse $A_1, A_2, \ldots$ mit jeweils positiven Wahrscheinlichkeiten vorliegt.

Analog zur Formel von der totalen Wahrscheinlichkeit entfaltet auch die Formel vom totalen Erwartungswert wie im folgenden Beispiel ihre Kraft immer dann, wenn die bedingten Erwartungswerte $E_{A_k}(X)$ nicht über die definierende Gleichung (1.16) ausgerechnet werden, sondern aufgrund der Struktur des stochastischen Vorgangs *gegeben sind*.

▶ Welchen Erwartungswert besitzt die Anzahl X der Nieten vor dem ersten Treffer in unabhängigen Bernoulli-Versuchen mit gleicher Trefferwahrscheinlichkeit p, also der in (1.8) auf dem W-Raum $(\Omega, \mathcal{A}, P)$ für unendlich viele Bernoulli-Versuche definierten Zufallsvariablen? Man kann diesen Erwartungswert $\frac{1}{p} - 1$ über die Ableitung der geometrischen Reihe erhalten (siehe z. B. [15], S. 188), aber auch mithilfe der Formel vom totalen Erwartungswert: Definieren wir die Ereignisse $A_1 := \{X_1 = 1\}$ und $A_2 := \{X_1 = 0\}$, so sind A_1 und A_2 disjunkt, und es gilt $\Omega = A_1 \cup A_2$. Weiter gilt $P(A_1) = p = 1 - P(A_2)$. Der springende Punkt ist nun, dass X unter der Bedingung A_1 mit Wahrscheinlichkeit eins den Wert 0 annimmt; es gilt also $E_{A_1}(X) = 0$. Unter der Bedingung $X_1 = 0$ startet aber mit $X_2, X_3, \ldots$ eine wegen der stochastischen Unabhängigkeit von X_1 völlig unbeeindruckte Folge unabhängiger Zufallsvariablen, die jeweils eine Binomialverteilung mit den Parametern $n = 1$ und p besitzen, und wir zählen (nach einem zu berücksichtigenden vergeblichen ersten Versuch) wie zu Beginn die Nieten vor dem ersten Treffer. Es gilt also $E_{A_2}(X) = 1 + E(X)$, und die Formel vom totalen Erwartungwert liefert

$$E(X) = p \cdot 0 + (1 - p) \cdot (1 + E(X)).$$

Hieraus ergibt sich ebenfalls $E(X) = \frac{1}{p} - 1$.

Interessiert man sich für die mit Y bezeichnete Anzahl der Bernoulli-Versuche *bis zum ersten Treffer*, so gilt

$$E(Y) = \frac{1}{p}, \tag{1.17}$$

denn es ist $Y = X + 1$.   ◀

Die Varianz

Neben dem Erwartungswert einer Zufallsgröße X ist auch deren Varianz einer der Grundbegriffe der Stochastik. Wir schreiben in diesem Abschnitt kurz $\mu := E(X)$ und legen wie in Abschn. 1.2 einen diskreten Wahrscheinlichkeitsraum (Ω, P) zugrunde. Die *Varianz* (der Verteilung) einer Zufallsgröße $X : \Omega \to \mathbb{R}$ ist durch

$$V(X) := E\big(X - \mu\big)^2 = \sum_{\omega \in \Omega} \big(X(\omega) - \mu\big)^2 \cdot P(\{\omega\}) \tag{1.18}$$

definiert. Ist Ω endlich, so steht in (1.18) eine endliche Summe. Ist Ω eine abzählbar-unendliche Menge, so hat man es mit einer unendlichen Reihe zu tun. Im letzteren Fall fordert man, dass die dann unendliche Reihe $\sum_{\omega \in \Omega} X^2(\omega) \cdot P(\{\omega\})$ konvergiert. Wegen der elementweise auf dem Grundraum Ω geltenden Ungleichung $|X| \leq 1 + X^2$ folgt aus der Monotonie der Erwartungswertbildung, dass dann auch der Erwartungswert von X existiert. Die nichtnegative Wurzel $\sqrt{V(X)}$ aus der Varianz heißt *Standardabweichung* (der Verteilung) von X.

Eine wichtige Eigenschaft der Varianz besteht darin, dass man mit ihrer Hilfe die Wahrscheinlichkeit dafür abschätzen kann, dass eine Zufallsgröße dem Betrage nach um einen Mindestwert vom Erwartungswert abweicht. Ist nämlich $\varepsilon > 0$ eine beliebige positive Zahl, so gilt (elementweise auf dem Grundraum Ω)

$$\mathbf{1}\{|X - \mu| \geq \varepsilon\} \leq \frac{(X - \mu)^2}{\varepsilon^2}.$$

Mit (1.12) und der Monotonie der Erwartungswertbildung sowie der Definition (1.18) der Varianz folgt dann die nach dem russischen Mathematiker P. L. Tschebyschow (1821–1894) benannte Ungleichung

$$P(|X - \mu| \geq \varepsilon) \leq \frac{V(X)}{\varepsilon^2}, \quad \varepsilon > 0. \tag{1.19}$$

Da die Varianz nach Definition auch ein Erwartungswert, nämlich der Erwartungswert der *quadratischen Abweichung der Zufallsgröße X um deren Erwartungswert*, ist, gilt

$$V(aX + b) = E\left[(aX + b - E(aX + b))^2\right] = E\left[(a(X - E(X)))^2\right]$$
$$= a^2 V(X), \quad a, b \in \mathbb{R}. \tag{1.20}$$

Eine additive Konstante ändert also die Varianz nicht, aber ein Vorfaktor geht quadratisch in die Varianz ein. Anschaulich ist die Varianz eine Maßzahl für die (quadratische) Variabilität einer Verteilung, wobei diese Variabilität in Bezug auf den Erwartungswert gemessen wird (siehe hierzu etwa die Stabdiagramme in Abb. 7.3). Diese zeigen Verteilungen mit gleichem Erwartungswert und unterschiedlichen Varianzen.

Physikalisch lässt sich die Varianz als *Trägheitsmoment* deuten (siehe z. B. [15], Abschn. 20.3). Eine wichtige Eigenschaft der Varianz ist deren *Additivität im Falle unabhängiger Zufallsgrößen*, d. h., es gilt $V(X_1 + \ldots + X_n) = V(X_1) + \ldots + V(X_n)$, falls $X_1, \ldots, X_n$ *stochastisch unabhängige* Zufallsgrößen mit jeweils existierenden Varianzen sind (siehe z. B. [15], S. 167). Besitzen $X_1, \ldots, X_n$ darüber hinaus noch die gleiche Verteilung und somit den gleichen Erwartungswert μ und die gleiche, mit σ^2 bezeichnete Varianz, so folgt für das arithmetische Mittel $\overline{X}_n := \frac{1}{n}(X_1 + \ldots + X_n)$ zunächst $E(\overline{X}_n) = \mu$ sowie mit (1.20)

$$V(\overline{X}_n) = \frac{1}{n^2} V\left(\sum_{j=1}^{n} X_j\right) = \frac{n\sigma^2}{n^2} = \frac{\sigma^2}{n}.$$

Mithilfe der Tschebyschow-Ungleichung (1.19) erhalten wir somit das wichtige *schwache Gesetz großer Zahlen*

$$\lim_{n \to \infty} P\left(\left|\overline{X}_n - \mu\right| \geq \varepsilon\right) = 0 \quad \text{für jedes (noch so kleine) } \varepsilon > 0. \tag{1.21}$$

Diese mathematische Konvergenz spiegelt den schon im Abschnitt über den Erwartungswert angesprochenen Sachverhalt wider, dass man den Erwartungswert als eine gute Prognose für einen „Durchschnitt auf lange Sicht" interpretieren kann.

Fasst man in der in (1.18) stehenden Summe die Summanden mit gleichem Wert für $X(\omega)$ zusammen, so ergibt sich die aus der Schule bekannte Berechnungsformel

$$V(X) = \sum_{k=1}^{s} (x_k - \mu)^2 \cdot P(X = x_k). \tag{1.22}$$

Hierbei ist X eine Zufallsgröße, die den Wert x_j mit der Wahrscheinlichkeit $P(X = x_j)$, $j = 1, \ldots, s$, annimmt. Gleichung (1.22) zeigt, wie man die Varianz berechnen *kann*, wenn die Verteilung von X bekannt ist. Ist X jedoch eine Indikatorsumme der Gestalt $\sum_{j=1}^{n} \mathbf{1}\{A_j\}$, so reicht es aus, die Wahrscheinlichkeiten $P(A_j)$, $j = 1, \ldots, n$, sowie die Wahrscheinlichkeiten aller Durchschnitte von je zwei dieser Ereignisse zu kennen, um die Varianz von X zu erhalten. Wegen der Linearität der Erwartungswertbildung gilt ja zunächst

$$V(X) = E\left[X^2 - 2X\mu + \mu^2\right] = E\left(X^2\right) - \mu^2.$$

Ist X speziell von der Gestalt $X = \sum_{j=1}^{n} \mathbf{1}\{A_j\}$, so folgt aufgrund der Rechenregeln für Indikatoren und einer Symmetriebetrachtung

$$X^2 = \sum_{i=1}^{n} \sum_{j=1}^{n} \mathbf{1}\{A_i\}\mathbf{1}\{A_j\} = \sum_{i=1}^{n} \mathbf{1}\{A_i\} + 2 \sum_{1 \leq i < j \leq n} \mathbf{1}\{A_i \cap A_j\}$$

und damit

$$E(X^2) = \sum_{i=1}^{n} P(A_i) + 2 \sum_{1 \leq i < j \leq n} P(A_i \cap A_j).$$

Subtrahiert man hiervon das (als Doppelsumme geschriebene) Quadrat von $\mu = \sum_{j=1}^{n} P(A_j)$, so ergibt sich die äußerst nützliche Formel

$$V\left(\sum_{j=1}^{n} \mathbf{1}\{A_j\}\right) = \sum_{i=1}^{n} P(A_i)(1 - P(A_i)) + 2 \sum_{1 \leq i < j \leq n} \left(P(A_i \cap A_j) - P(A_i)P(A_j)\right). \tag{1.23}$$

Speziell erhält man hier den Wert $np(1 - p)$, wenn die Ereignisse $A_1, \ldots, A_n$ paarweise stochastisch unabhängig sind und die gleiche Wahrscheinlichkeit p besitzen. Diese Situation trifft für eine Zufallsgröße X mit der Binomialverteilung $\text{Bin}(n; p)$ zu. In diesem Fall kann das Ereignis A_j als „Treffer im j-ten Versuch" interpretiert werden (siehe hierzu die Ausführungen in Kap. 12).

1.3 Grundlagen aus der Kombinatorik

Liegt ein Laplace-Modell vor, so ist es unumgänglich, die jeweils günstigen und insgesamt möglichen Fälle abzuzählen. In diesem Abschnitt stellen wir die dazu benötigten Grundlagen der Kombinatorik, der Kunst des Abzählens, zusammen. Dabei bezeichnen wir ganz allgemein mit $|M|$ die Anzahl der Elemente einer endlichen Menge M.

Zählprinzipien

Ist M die Vereinigung der paarweise disjunkten Mengen $M_1, \dots, M_k$, ist also $M = M_1 \cup \dots \cup M_k$ eine Zerlegung von M, so gilt die *Summenregel* $|M| = |M_1| + \dots + |M_k|$. Dieses Zählprinzip tritt immer dann auf, wenn eine *Fallunterscheidung* danach vorgenommen wird, zu welcher der Teilmengen $M_1, \dots, M_k$ ein Element von M gehört.

Bei mehrstufigen stochastischen Vorgängen besteht die Menge M aus n-Tupeln $(a_1, \dots, a_n)$ (siehe z. B. S. 4). Gibt es von links nach rechts gelesen für den ℓ-ten Platz (die ℓ-te Komponente) im Tupel j_ℓ Möglichkeiten, $\ell \in \{1, \dots, n\}$, so lassen sich insgesamt $j_1 \cdot \dots \cdot j_n$ solche n-Tupel bilden. Bei dieser *Multiplikationsregel* darf für jedes $j \in \{2, \dots, n\}$ die *Menge* der zur Besetzung des j-ten Platzes im Tupel zur Verfügung stehenden Elemente davon abhängen, welche Elemente auf den Plätzen $1, \dots, j-1$ liegen, *nicht aber die Anzahl der Elemente dieser Menge*. Insbesondere enthält das *kartesische Produkt* $B_1 \times \dots \times B_n$ von Mengen $B_1, \dots, B_n$, also die Menge aller n-Tupel $(b_1, \dots, b_n)$ mit $b_j \in B_j$ für $j = 1, \dots, n$ genau $|B_1| \cdot \dots \cdot |B_n|$ Elemente.

▶ Anzahlen von Passwörtern

Es sei A die aus allen Klein- und Großbuchstaben (ohne Umlaute und „ß") sowie den Ziffern $0, 1, \dots, 9$ bestehende 62-elementige Menge. Ein aus dem Zeichenvorrat A gebildetes n-stelliges Passwort ist ein n-Tupel, dessen Komponenten mit Elementen aus A belegt sind. Ohne jegliche Einschränkung an die Passwortbildung ist die Menge aller solcher Passwörter das n-fache kartesische Produkt der Menge A, sodass es insgesamt 62^n Passwörter gibt. Speziell existieren also $62^8 = 218\,340\,105\,584\,896$ Passwörter der Länge 8. Sollen die Einträge im Passwort alle verschieden sein, so gibt es unter dieser Nebenbedingung nach der Multiplikationsregel $62 \cdot 61 \cdot 60 \cdot 59 \cdot 58 \cdot 57 \cdot 56 \cdot 55$ verschiedene Passwörter der Länge 8, was mit $136\,325\,893\,334\,400$ immer noch eine stolze Zahl ist.   ◀

Wir möchten mit zwei weiteren Zählprinzipien fortfahren. Sind M und N *endliche* Mengen, so gilt $|M| = |N|$ genau dann, wenn es eine bijektive, also injektive und surjektive, Abbildung von M auf N gibt. Nach diesem *Prinzip des Zählens durch Bijektion* kann man bei einem Abzählproblem im Zusammenhang mit einer n-elementigen Menge M immer annehmen, dass $M = \{1, \dots, n\}$ gilt. Hierzu nummeriert man die Elemente $m_1, \dots, m_n$ gedanklich durch, was über die Indizierung mit den Zahlen von 1 bis n kenntlich gemacht wurde. Diese Annahme, die Menge $\{1, \dots, n\}$ als *Prototyp* einer n-elementigen Menge zu betrachten, werden wir häufig stillschweigend treffen.

Schließlich sei noch ein Zählprinzip angeführt, dass man schlagwortartig als *Zwei-Weisen-Zählprinzip* bezeichnen kann. Dieses Prinzip besagt, dass das gleiche Ergebnis herauskommt, wenn man die Elemente einer Menge auf zwei verschiedene Weisen abzählen kann. So erkennt man schon als Kind, dass man sechs Bausteine in drei Zweierreihen anordnen kann, was zugleich aber auch zwei Dreierreihen sind. Also gilt $3 \cdot 2 = 2 \cdot 3$. Das Zwei-Weisen-Prinzip liest sich ganz unverfänglich, ist aber ein mächtiges Werkzeug. Wir werden es bei der Bestimmung eines expliziten Ausdrucks für die rein begrifflich eingeführten Binomialkoeffizienten verwenden.

Binomialkoeffizienten und Pascalsches Dreieck

Ist M eine n-elementige Menge, so ist der *Binomialkoeffizient* $\binom{n}{k}$ (lies: „n über k") definiert als die Anzahl aller k-elementigen Teilmengen von M. Hierbei ist $k \in \{0, 1, \ldots, n\}$. Formal notiert gilt also

$$\binom{n}{k} := \left| \{A : A \subset M \text{ und } |M| = k\} \right|.$$

Die Namensgebung Binomialkoeffizient wird im folgenden Abschnitt über den allgemeinen binomischen Lehrsatz klar.

Der Binomialkoeffizient $\binom{n}{k}$ beschreibt die Anzahl der Möglichkeiten, aus n Objekten (was immer diese Objekte sind) k auszuwählen, wobei die Reihenfolge nicht berücksichtigt wird. Wie man diese Binomialkoeffizienten ausrechnet, ist zunächst nicht wichtig: Es geht vor allem um das Konzept, das uns einige wertvolle Einsichten liefern wird. Danach werden wir einen Ausdruck zur Berechnung der Binomialkoeffizienten kennenlernen (siehe hierzu auch das Video 1.6).

▶ Es gibt

- $\binom{12}{3}$ Dreier-Ausschüsse aus zwölf Personen,

- $\binom{20}{3}$ Möglichkeiten, aus den 20 Schülern einer Klasse drei auszuwählen, die die drei vorhandenen Freikarten für ein Konzert der angesagtesten Gruppe erhalten,

- $\binom{49}{6}$ Weisen, aus den 49 Lottozahlen 6 als Gewinnzahlen zu ermitteln.   ◄

Wenn wir nach dem Prinzip des Zählens durch Bijektion $M := \{1, \ldots, n\}$ wählen, so erkennt man eine bijektive Zuordnung zwischen binären n-Tupeln und Teilmengen von M: Wir besetzen einfach für jedes $j \in \{1, \ldots, n\}$ die j-te Stelle in diesem Tupel mit einer Eins bzw. einer Null, wenn das Element j zur Teilmenge gehört bzw. nicht zur Teilmenge gehört. Das *Nulltupel*, das aus lauter Nullen besteht, korrespondiert dann zur leeren Menge { }, und das aus lauter Einsen bestehende *Einstupel* entspricht der Menge M selbst. So beschreibt etwa im Fall $n = 6$ das binäre Sechstupel $(0, 1, 1, 0, 0, 1)$ die Teilmenge $\{2, 3, 6\}$. Man rufe sich in Erinnerung, dass es bei Teilmengen im Gegensatz zu Tupeln nicht auf die Reihenfolge der Auflistung der Elemente ankommt; es gilt also z. B. $\{2, 3, 6\} = \{3, 6, 2\}$.

Mit dieser Identifikation von binären n-Tupeln und Teilmengen von M können wir den Binomialkoeffizienten $\binom{n}{k}$ auch alternativ als die *Anzahl der binären n-Tupel mit genau k Einsen* definieren.

Da es für jeden Platz eines binären n-Tupels zwei Möglichkeiten gibt, liefert die Multiplikationsregel, dass eine n-elementige Menge 2^n Teilmengen besitzt.

Für die Binomialkoeffizienten gelten folgende grundlegende Eigenschaften:

$$\binom{n}{0} = 1 \quad \text{und} \quad \binom{n}{n} = 1 \qquad \textit{Randbedingungen}$$

$$\binom{n}{k} = \binom{n}{n-k} \qquad \textit{Symmetrie}$$

$$\binom{n+1}{k} = \binom{n}{k} + \binom{n}{k-1}, \quad k = 1,\ldots,n \qquad \textit{Rekursionsformel}$$

Die Randbedingungen gelten, weil es nur ein binäres Nulltupel und nur ein binäres Einstupel gibt. Die Symmetriebeziehung folgt, da es genauso viele binäre n-Tupel mit k Einsen wie Tupel mit $n-k$ Einsen gibt; wir flippen einfach die Einsen und die Nullen. In der Sprache von Teilmengen ist die Abbildung, die einer Teilmenge A von M deren Komplement $\overline{A}$ zuordnet, bijektiv. Die Rekursionsformel ergibt sich mithilfe einer Fallunterscheidung und der Summenregel: Der Binomialkoeffizient $\binom{n+1}{k}$ ist die Anzahl der binären $(n+1)$-Tupel, die genau k Einsen aufweisen. Für jedes solche Tupel treffen wir eine Fallunterscheidung: Entweder steht an der $(n+1)$-ten und damit letzten Stelle eine Null oder eine Eins. Im ersten Fall müssen sich die k Einsen auf die ersten n Stellen verteilen, was auf $\binom{n}{k}$ Weisen möglich ist. Steht aber an der $(n+1)$-ten Stelle eine Eins, so müssen auf den ersten n Stellen nur noch $k-1$ Einsen platziert werden, und hierfür existieren $\binom{n}{k-1}$ Möglichkeiten.

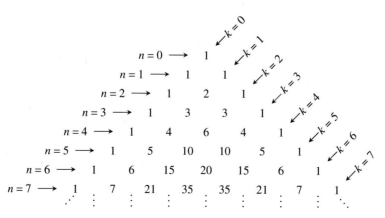

Abb. 1.3. Das Pascalsche Dreieck

Die Anfangsbedingungen und die Rekursionsformel liefern mit der Zusatzdefinition $\binom{0}{0} := 1$ das nach dem französischen Mathematiker B. Pascal (1623–1662) benannte Dreieck (siehe Abb. 1.3). In diesem Dreieck steht $\binom{n}{k}$ an der $(k+1)$-ten Stelle der $(n+1)$-ten Zeile.

Nach der Rekursionsformel entsteht jeder von eins verschiedene Eintrag im Dreieck, indem man die beiden schräg darüberstehenden Einträge addiert. Ein geschlossener Ausdruck für $\binom{n}{k}$ mithilfe von Fakultäten ergibt sich wie folgt mit dem Zwei-Weisen-Zählprinzip: Nach der Produktregel kann man auf $n(n-1)\cdot\ldots\cdot(n-k+1)$ Weisen k verschiedene der Zahlen $1,\ldots,n$ unter Beachtung der Reihenfolge auswählen, indem man k-Tupel $(a_1,\ldots,a_k)$ bildet. Die Zahl a_j ist dabei gerade diejenige, die als j-te ausgewählt wurde. Wir können diese Aufgabe (wähle k der Zahlen $1,\ldots,n$ aus und achte dabei auf die Reihenfolge) auch so lösen, dass wir zuerst die *Teilmenge* der Zahlen bilden, die wir auswählen wollen, was nach Definition des Binomialkoeffizienten auf $\binom{n}{k}$ Weisen möglich ist. Danach bringen wir diese k Zahlen in eine Reihenfolge, und dafür gibt es gemäß der Multiplikationsregel $k(k-1)\cdot\ldots\cdot 2\cdot 1 = k!$ Möglichkeiten. Nach dem Zwei-Weisen-Zählprinzip gilt also $n(n-1)\cdot\ldots\cdot(n-k+1) = \binom{n}{k}k!$ und damit

$$\binom{n}{k} = \frac{n(n-1)\cdot\ldots\cdot(n-k+1)}{k!} = \frac{n!}{k!(n-k)!}.$$

Allgemeiner binomischer Lehrsatz

Mit den bisherigen Überlegungen lässt sich eine verallgemeinerte Fassung der ersten binomischen Formel formulieren:

Für reelle Zahlen a,b gilt der *allgemeine binomische Lehrsatz*

$$(a+b)^n = \sum_{k=0}^{n}\binom{n}{k}a^k b^{n-k}. \tag{1.24}$$

Dieses wichtige Resultat folgt allein mit der Definition des Binomialkoeffizienten und den Regeln der Klammerrechnung, also dem Distributivgesetz. Es gilt

$$(a+b)^n = (a+b)(a+b)\cdots(a+b),$$

wobei rechts n Klammern mit dem *Binom* $a+b$ stehen. Wir multiplizieren diese Klammern gedanklich mithilfe des Distributivgesetzes aus, indem wir die Klammern von links nach rechts durchgehen, aus jeder Klammer entweder a oder b wählen und dann das Produkt bilden. Unter den insgesamt 2^n so erhaltenen Produkten sind viele gleich: Wenn aus genau k der Klammern ein a gewählt wurde, muss aus den restlichen $n-k$ Klammern ein b kommen. Das so entstehende Produkt $a^k b^{n-k}$ ergibt sich so oft, wie man aus den n Klammern, die wir hier als von 1 bis n nummerierte Objekte ansehen, k Elemente auswählen kann. Genau das ist aber die Definition von $\binom{n}{k}$. Gemäß dem Distributivgesetz werden alle Produkte summiert, und damit erhalten wir (1.24).

Da der Binomialkoeffizient $\binom{n}{k}$ als Faktor in (1.24) vor den Produkten steht, ist er ein Koeffizient. Die linke Seite ist die Potenz eines *Binoms* (von lateinisch *bi* „zwei" und *nomen* „Name", hier *a* und *b*). Daher heißt $\binom{n}{k}$ *Binomialkoeffizient*.

Weitere Eigenschaften von Binomialkoeffizienten

Wir notieren noch zwei wichtige Gleichungen im Zusammenhang mit Binomialkoeffizienten, die später eine Rolle spielen werden. Zum einen gilt für natürliche Zahlen *m* und *n* mit $m \geq n$ die nach dem französischen Mathematiker A. T. Vandermonde (1735–1796) benannte Gleichung

$$\binom{m+n}{m} = \sum_{k=0}^{n} \binom{n}{k}\binom{m}{m-k}.$$ (1.25)

Diese folgt, wenn man bedenkt, dass die linke Seite die Anzahl der binären $(m+n)$-Tupel mit genau *m* Einsen ist. Das Gleichheitszeichen ergibt sich aufgrund der Summenregel durch Fallunterscheidung nach der mit *k* bezeichneten Anzahl der Einsen in den ersten *n* Stellen des Tupels.

▶ Gleichung (1.25) lässt sich auch geometrisch veranschaulichen. Codiert man einen auf dem ganzzahligen Gitter verlaufenden Weg von $(0,0)$ nach (m,n), der jeweils nur einen Schritt nach rechts oder einen nach oben machen kann, durch ein binäres $(m+n)$-Tupel, in dem eine 1 bzw. eine 0 an der *j*-ten Stelle angibt, ob der *j*-te Schritt nach rechts bzw. nach oben verläuft, so gibt es insgesamt $\binom{m+n}{m}$ Wege von $(0,0)$ nach (m,n). Es sind ja insgesamt $m+n$ Schritte zu durchlaufen, von denen *m* nach rechts gehen. Jeder dieser Wege passiert genau einen der in Abb. 1.4 hervorgehobenen Punkte $(m-k,k)$, $k \in \{0,\dots,n\}$.

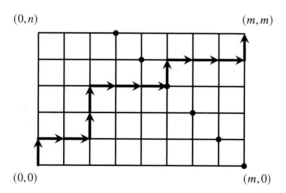

Abb. 1.4. Die Wege von $(0,0)$ nach (m,n) passieren genau einen der hervorgehobenen Punkte

Es gibt $\binom{m}{m-k}$ Wege von $(0,0)$ nach $(m-k,k)$, denn jeder dieser Wege besteht aus *m* Schritten, von denen $m-k$ nach rechts gehen. Jeder solche läuft weiter zum Punkt (m,n).

Dafür muss er insgesamt n $(= k + n - k)$ Schritte zurücklegen, von denen genau k Schritte nach rechts sind. Es existieren also $\binom{n}{k}$ Wege von $(m - k, k)$ nach (m, n). Nach der Multiplikationsregel der Kombinatorik gibt es also $\binom{m}{m-k}\binom{n}{k}$ Wege von $(0, 0)$ nach (m, n), die den Punkt $(m - k, k)$ passieren. Summation über k liefert dann Gleichung (1.25).   ◄

Die zweite Gleichung ist das oft auch als *Hockeyschlägerregel* bezeichnete *Gesetz der oberen Summation* (siehe hierzu auch das Video 1.9). Dieses Gesetz lautet: Sind k und n ganze Zahlen größer oder gleich null, für die $n \geq k$ erfüllt ist, so gilt

$$\binom{n+1}{k+1} = \binom{k}{k} + \binom{k+1}{k} + \binom{k+2}{k} + \ldots + \binom{n}{k}. \tag{1.26}$$

Auch dieses Gesetz folgt rein begrifflich aus der Definition der Binomialkoeffizienten: Die linke Seite ist die Anzahl der binären $(n+1)$-Tupel, die $k+1$ Einsen aufweisen. Wir wenden die Summenregel an, indem wir eine *Fallunterscheidung nach der größten Platznummer der Einsen im Tupel* vornehmen. Diese Nummer ist mindestens gleich $k+1$ und höchstens gleich $n+1$. Ist sie gleich $k+j$, wobei $j \in \{1, \ldots, n+1-k\}$, so stehen auf den kleineren Platznummern von 1 bis $k+j-1$ genau k Einsen, was nach Definition auf $\binom{k+j-1}{k}$ Weisen möglich ist. Die Summenregel liefert

$$\binom{n+1}{k+1} = \sum_{j=1}^{n+1-k} \binom{k+j-1}{k},$$

und es folgt (1.26). Der Name „Hockeyschlägerregel" bezieht sich auf die Lage der in (1.26) auftretenden Binomialkoeffizienten im Pascalschen Dreieck. Man betrachte hierzu etwa in Abb. 1.3 den Fall $n = 5$ und $k = 2$.

Randbemerkungen

Wie am Ende von Video 1.6 angemerkt wird, gibt es zum Pascalschen Dreieck erstaunlicherweise noch ungelöste Forschungsfragen.

Auch der allgemeine binomische Lehrsatz lässt sich weiter verallgemeinern: Der zu potenzierende Term kann mehr als zwei Summanden haben. In [4] wird der *Multinominalkoeffizient*

$$\binom{n}{k_1, \ldots, k_s} = \frac{n!}{k_1! \cdots k_s!}$$

eingeführt, und es wird der *multinomiale Lehrsatz* bewiesen:
Für $n \geq 1, s \geq 2, x_1, \ldots, x_s \in \mathbb{R}$, gilt

$$(x_1 + \ldots + x_s)^n = \sum_{(k_1, \ldots, k_s)} \binom{n}{k_1, \ldots, k_s} x_1^{k_1} \cdots x_s^{k_s}.$$

Dabei wird über alle s-Tupel $(k_1, \ldots, k_s)$ nichtnegativer Zahlen summiert, die der Gleichung $k_1 + \ldots + k_s = n$ genügen (siehe hierzu auch die Videos 1.7 und 1.8).

Wenn Sie Ihren Schülern zeigen wollen, wie wichtig Beweise sind und man z. B. nicht einfach unterstellen kann, dass die Folge 1, 2, 4, 8, 16 mit 32 weitergeht, empfehlen wir das Video A.3 über eine Kreisteilungsfolge, bei der Binomialkoeffizienten eine entscheidende Rolle spielen.

1.4 Rezeptfreies Material

Rezeptfreies Material: Stochastisch Denken

Video 1.1: „Vorteil für den, der anfängt?"

https://www.youtube.com/watch?v=E9QAS62Erq4

Video 1.2: „Einsen vor der ersten Sechs"

https://www.youtube.com/watch?v=eEEQWglPDpk

Video 1.3: „Das Bertrandsche Schubladen-Paradoxon"

https://www.youtube.com/watch?v=yTpkx58JheM

Video 1.4: „Größer oder kleiner?"

https://www.youtube.com/watch?v=6XLktVAnrJ0

Video 1.5: „Das siebte Los"

https://www.youtube.com/watch?v=mgKhOAzJsrY

Rezeptfreies Material: Grundlagen

Video 1.6: „Binomialkoeffizienten und Pascalsches Dreieck"

https://www.youtube.com/watch?v=JecA55LFOhQ

Video 1.7: „Multinomialkoeffizient und multinomialer Lehrsatz"

https://www.youtube.com/watch?v=QuUCOmpjtuE

Video 1.8: „Die Multinomialverteilung"

https://www.youtube.com/watch?v=mO3QlSilO4M

Video 1.9: „Binomialkoeffizienten: Das Gesetz der oberen Summation"

https://www.youtube.com/watch?v=1mEH5dvfv18

2

Schnüre blind verknoten

Klassenstufe	Ab 10
Idee	Acht Schnurenden (von vier Schnüren) werden rein zufällig verknotet. Wie viele Ringe entstehen?
Voraussetzungen	Baumdiagramm, Erwartungswert, Laplace-Modell
Lernziele	Erwartungswert interpretieren
Zeitlicher Umfang	Mind. eine Unterrichtsstunde, bis drei Unterrichtsstunden

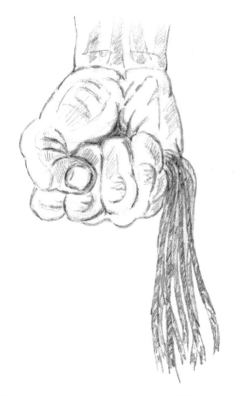

Abb. 2.1. Schnurenden werden rein zufällig verknotet

N. Henze et al., *Stochastik rezeptfrei unterrichten*,
https://doi.org/10.1007/978-3-662-62744-0_2

In diesem Kapitel geht es um etwas ganz Praxisnahes, und zwar um das Verknoten von Schnüren. Deren Enden werden blind nach dem Zufallsprinzip verbunden. Die Durchführung dieses stochastischen Vorgangs hat insbesondere eine starke haptische Komponente: Das Begreifen von Mathematik kommt im Wortsinn selbst zum Zug.

Vier gleich lange Schnüre werden so in der Mitte gefasst, dass die acht Enden frei herunterhängen. Dann nimmt man die Schnurmitten in eine geschlossene Faust, damit nicht ersichtlich ist, welche Schnurenden zusammengehören (siehe Abb. 2.1). Nun werden alle Schnurenden rein zufällig verknotet.
Wie groß ist die Wahrscheinlichkeit, dass nach Öffnen der Faust nur ein Ring, oder zwei, drei bzw. vier Ringe zu sehen sind?

2.1 Mathematischer Kern

Zuerst nehmen wir irgendein Schnurende. Dann greifen wir rein zufällig eines der anderen sieben. Die Wahrscheinlichkeit, dass wir das zum ersten passende Ende erwischen, ist $\frac{1}{7}$. Mit dieser Wahrscheinlichkeit entsteht somit beim ersten Zusammenknoten ein Ring. Mit Wahrscheinlichkeit $\frac{6}{7}$ werden zwei verschiedene Schnüre zu einer längeren Schnur verbunden.

Jetzt wird von den sechs verbleibenden Enden rein zufällig eines gegriffen und dann eines der fünf anderen. Nun beträgt – unabhängig davon, was die erste Verknotung ergibt – die Wahrscheinlichkeit dafür, das zum vorher genommenen passende andere Ende zu greifen, $\frac{1}{5}$, denn genau ein Ende ist günstig, um einen Ring zu bilden. Mit Wahrscheinlichkeit $\frac{4}{5}$ werden wiederum nur zwei Schnüre zu einer Schnur verlängert.

Für die dritte Verknotung stehen nach dem Ergreifen eines der vier Enden noch drei andere zur Verfügung. Mit Wahrscheinlichkeit $\frac{1}{3}$ entsteht ein Ring, mit Wahrscheinlichkeit $\frac{2}{3}$ ergibt sich keiner. Die letzte Verknotung liefert auf jeden Fall einen Ring.

Es entsteht also mindestens ein Ring, und es können sich maximal vier Ringe ergeben.

Die Zufallsgröße bezeichnen wir hier nicht wie üblich mit X, sondern mit R_4. Dadurch wird betont, dass es um *Ringe* geht und wir *vier* Schnüre betrachten. Sei also R_4 die zufällige Anzahl der entstehenden Ringe, die unterschiedlich groß sein können. Dann lesen wir aus dem Baumdiagramm in Abb. 2.2 die Wahrscheinlichkeiten

$$P(R_4 = 4) = \frac{1}{105}, \quad P(R_4 = 3) = \frac{12}{105}, \quad P(R_4 = 2) = \frac{44}{105}, \quad P(R_4 = 1) = \frac{48}{105}$$

ab (siehe hierzu auch das Video 2.1). Der Erwartungswert von R_4 ergibt sich zu

$$E(R_4) = 4 \cdot \frac{1}{105} + 3 \cdot \frac{12}{105} + 2 \cdot \frac{44}{105} + 1 \cdot \frac{48}{105} = \frac{176}{105} \approx 1{,}676.$$

Er kann als Prognose für die durchschnittliche Anzahl erhaltener Ringe bei oftmaliger Wiederholung des Experiments angesehen werden. Abbildung 2.3 zeigt das Stabdiagramm der Verteilung von R_4.

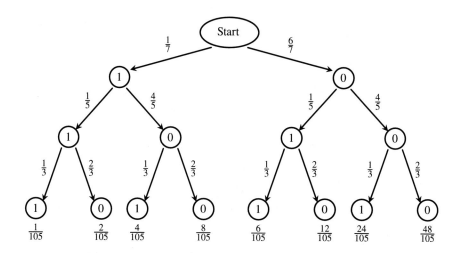

Abb. 2.2. Baumdiagramm zum Verknoten der Enden von vier Schnüren. Dabei steht der Treffer „1" dafür, dass ein Ring entsteht. Bei „0" werden zwei verschiedene Schnüre verknotet, es wird also eine Verlängerung erzeugt. Weil die letzte Verknotung immer einen Ring liefert, kann auf eine weitere Stufe verzichtet werden

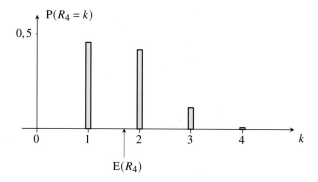

Abb. 2.3. Stabdiagramm der Verteilung von R_4. Auch der Erwartungswert ist markiert

Der Erwartungswert lässt sich algebraisch in der Form

$$E(R_4) = \frac{176}{105} = 1 + \frac{1}{3} + \frac{1}{5} + \frac{1}{7} \tag{2.1}$$

darstellen, also als eine Summe von eins und aufeinanderfolgenden Stammbrüchen mit jeweils ungeradem Nenner. Können wir daraus eine tiefere Einsicht gewinnen, insbesondere im Hinblick auf n Schnüre?

Bevor wir den Fall untersuchen, dass n Schnüre vorliegen, betrachten wir zunächst die folgende Modellierung für $n = 4$, die anschließend verallgemeinert wird: Die Menge

$$\Omega = \{111, 110, 101, 100, 011, 010, 001, 000\} \qquad (2.2)$$

der möglichen Ergebnisse besteht aus Wörtern der Länge drei mit den binären Ziffern 0 und 1. Diese Notation bedeutet nichts anderes als das Hintereinanderschreiben der möglichen Pfade, z. B. entspricht das Wort 111 dem Pfad Treffer – Treffer – Treffer, also drei Ringen vor dem letzten Verknoten und damit dem Entstehen von insgesamt vier Ringen.

Bezeichnet A_j das Ereignis, dass die j-te Verknotung einen Ring ergibt, so gilt

$$A_j = \{b_1 b_2 b_3 \in \Omega : b_j = 1\}, \quad j = 1, 2, 3. \qquad (2.3)$$

Beispielsweise wird das Ereignis A_2 aus den Ergebnissen 111, 110, 011 und 010 gebildet, denn das sind die einzigen, die an der zweiten Stelle eine 1 aufweisen. Betrachten wir die Zufallsvariablen $\mathbf{1}\{A_1\}$, $\mathbf{1}\{A_2\}$ und $\mathbf{1}\{A_3\}$, so nehmen diese genau dann den Wert 1 an, wenn die erste, die zweite bzw. die dritte Verknotung einen Ring liefert. Weil die letzte Verknotung immer einen Ring ergibt, können wir die Zufallsgröße R_4 in der Form

$$R_4 = \mathbf{1}\{A_1\} + \mathbf{1}\{A_2\} + \mathbf{1}\{A_3\} + 1$$

als Indikatorsumme schreiben (siehe S. 7). Die Wahrscheinlichkeiten für die Ereignisse A_1, A_2 und A_3 sind

$$P(A_1) = \frac{1}{7}, \quad P(A_2) = \frac{1}{5}, \quad P(A_3) = \frac{1}{3}.$$

Die Erwartungswertbildung ist linear und somit insbesondere additiv. Mit der Darstellung (1.13) für den Erwartungswert einer Indikatorsumme folgt

$$E(R_4) = \frac{1}{7} + \frac{1}{5} + \frac{1}{3} + 1,$$

und wir erhalten das oben angegebene Resultat (2.1).

Wir zeigen nun, dass die Ereignisse A_1, A_2 und A_3 stochastisch unabhängig sind.

Stochastische Unabhängigkeit bedeutet anschaulich im Baumdiagramm: Die Wahrscheinlichkeiten für Treffer bzw. Niete, die unterhalb einer bestimmten Stufe im Baumdiagramm auftreten, sind unabhängig davon, *wie* man zu dieser Stufe gelangt ist. Es ist somit egal, in welchem Knoten man sich auf dieser Stufe befindet.

Diese Situation liegt offenbar beim Baumdiagramm in Abb. 2.2 vor. Wir bestätigen auch formal, dass im Fall der Ereignisse A_1, A_2 und A_3 die Bedingungen (1.6) für die Unabhängigkeit erfüllt sind. Es gelten

$$P(A_1 \cap A_2) = \frac{1}{35} = \frac{1}{7} \cdot \frac{1}{5} = P(A_1)P(A_2),$$

$$P(A_1 \cap A_3) = \frac{1}{105} + \frac{4}{105} = \frac{1}{21} = \frac{1}{7} \cdot \frac{1}{3} = P(A_1)P(A_3),$$

$$P(A_2 \cap A_3) = \frac{1}{105} + \frac{6}{105} = \frac{1}{15} = \frac{1}{5} \cdot \frac{1}{3} = P(A_2)P(A_3),$$

$$P(A_1 \cap A_2 \cap A_3) = \frac{1}{105} = \frac{1}{7} \cdot \frac{1}{5} \cdot \frac{1}{3} = P(A_1)P(A_2)P(A_3),$$

sodass A_1, A_2 und A_3 in der Tat stochastisch unabhängig sind.

Nun werden die $2n$ Enden von n gleich langen Schnüren rein zufällig verknotet, wobei $n \geq 2$ beliebig ist.

Wie hängt der Erwartungswert der zufälligen Anzahl entstehender Ringe von n ab?

Auch für n Schnüre können wir die Zufallsgröße R_n als Indikatorsumme

$$R_n = \mathbf{1}\{A_1\} + \mathbf{1}\{A_2\} + \ldots + \mathbf{1}\{A_{n-1}\} + 1 \tag{2.4}$$

schreiben. Dabei enthält in Verallgemeinerung von (2.2) und (2.3) der Grundraum Ω alle Wörter der Länge $n-1$ aus Nullen und Einsen. Die Teilmenge A_j besteht aus denjenigen Wörtern, die an der j-ten Stelle eine Eins aufweisen. Um den Erwartungswert von R_n zu erhalten, müssen die Wahrscheinlichkeiten der Ereignisse $A_1, A_2, \ldots, A_{n-1}$ bestimmt werden. Hier greift das gleiche Argument wie oben: Insgesamt hängen $2n$ Schnurenden nach unten. Bei der ersten Verknotung fassen wir rein zufällig eines der Enden und verknoten es mit einem der $2n-1$ anderen. Dabei entsteht in genau einem Fall ein Ring, nämlich dann, wenn wir das andere Ende derselben Schnur fassen. Jetzt sind noch $2n-2$ Enden frei; wir greifen eines und verknoten es mit einem der $2n-3$ übrigen. Nur in einem Fall entsteht ein Ring. So geht es weiter, bis nur noch vier Enden übrig sind. Wir fassen eines und erhalten in einem von drei Fällen einen Ring. Die letzte Verknotung führt in jedem Fall zu einem Ring. Diese Überlegungen lassen sich durch

$$P(A_1) = \frac{1}{2n-1}, \quad P(A_2) = \frac{1}{2n-3}, \quad \ldots, \quad P(A_{n-1}) = \frac{1}{3}$$

ausdrücken. Da die Erwartungswerbildung additiv ist, ergibt sich

$$E(R_n) = 1 + \frac{1}{3} + \frac{1}{5} + \ldots + \frac{1}{2n-3} + \frac{1}{2n-1}. \tag{2.5}$$

2.2 Mathematische Tiefbohrung

Wir haben bereits für vier Schnüre einen numerischen Wert für den Erwartungswert der Anzahl der entstehenden Ringe bestimmt. Mithilfe der oben hergeleiteten Darstellung für $E(R_n)$ kann dieser Erwartungswert für jede beliebige Wahl von n berechnet werden. In Tab. 2.1 sind einige Werte aufgelistet.

Tab. 2.1. Erwartungswert der Anzahl der Ringe beim rein zufälligen Verknoten der Enden von n Schnüren

n	4	10	100	10^3	10^6	10^9
$E(R_n)$	1,68	2,13	3,28	4,4	7,89	11,34

Da sich selbst bei einer Milliarde Schnüren im Mittel nur rund elf Ringe ergeben, wenn man das Experiment sehr oft durchführt, scheint $E(R_n)$ für wachsendes n nur sehr langsam größer zu werden. Dieser Zusammenhang wird im Folgenden genauer beleuchtet. Außerdem untersuchen wir, wie sich die Wahrscheinlichkeit, einen einzigen Ring zu erhalten, bei wachsendem n entwickelt (siehe hierzu auch das Video 2.2).

Erwartungswert der Ringanzahl bei n Schnüren

Wir können die auf der rechten Seite von (2.5) stehende Summe so umschreiben, dass das Verhalten von $E(R_n)$ für wachsendes n klar hervortritt. Hierzu addieren wir die Stammbrüche mit geradem Nenner und ziehen diese dann anschließend wieder ab, um $E(R_n)$ nicht zu verändern. Durch dieses zunächst wenig einsichtige Vorgehen ergibt sich

$$
\begin{aligned}
E(R_n) &= 1 + \frac{1}{3} + \frac{1}{5} + \ldots + \frac{1}{2n-3} + \frac{1}{2n-1} \\
&= 1 + \frac{1}{2} + \frac{1}{3} + \frac{1}{4} + \ldots + \frac{1}{2n-3} + \frac{1}{2n-2} + \frac{1}{2n-1} + \frac{1}{2n} \\
&\quad - \frac{1}{2}\left(1 + \frac{1}{2} + \ldots + \frac{1}{n-1} + \frac{1}{n}\right).
\end{aligned}
$$

Mit der allgemeinen Definition

$$
H_k = 1 + \frac{1}{2} + \frac{1}{3} + \ldots + \frac{1}{k} \tag{2.6}
$$

für die *k-te harmonische Zahl*, $k \in \mathbb{N}$ (siehe Abschn. A.2), können wir jetzt den Erwartungswert in der kompakten Form

$$
E(R_n) = H_{2n} - \frac{1}{2}H_n \tag{2.7}
$$

mithilfe zweier harmonischer Zahlen ausdrücken. Aufgrund der Approximation

$$
H_k \approx \ln k + C
$$

mit der *Euler-Mascheroni-Konstanten* $C = 0,57721\ldots$ (siehe Abschn. A.2) wird (2.7) zu

$$
\begin{aligned}
E(R_n) &\approx \ln(2n) + C - \frac{1}{2}(\ln n + C) \\
&= \frac{1}{2}\ln n + \ln 2 + \frac{C}{2}.
\end{aligned}
$$

Wegen $\ln 2 + \frac{C}{2} \approx 1$ erhalten wir folgendes Resultat:

Der Erwartungswert der Anzahl entstehender Ringe beim rein zufälligen Verknoten von n Schnüren ist approximativ gleich

$$\mathrm{E}(R_n) \approx 1 + \frac{1}{2}\ln n,$$

wächst also sehr langsam für zunehmendes n.

Eine Rekursionsformel und die Kreiszahl π

Im Folgenden kürzen wir die Wahrscheinlichkeit, beim rein zufälligen Verknoten von n Schnüren k Ringe zu erhalten, mit

$$p_{n,k} := \mathrm{P}(R_n = k), \quad k = 1, \ldots, n,$$

ab. Wir haben bislang die Verteilung von R_4, also die Werte $p_{4,k}$, $k = 1, 2, 3, 4$, bestimmt. Bei fünf Schnüren ergeben sich die Wahrscheinlichkeiten für die extremen Ereignisse, nur einen Ring oder sogar die Maximalzahl von fünf Ringen zu erhalten, mithilfe der ersten Pfadregel zu

$$p_{5,1} = \frac{8}{9} \cdot \frac{6}{7} \cdot \frac{4}{5} \cdot \frac{2}{3}, \qquad p_{5,5} = \frac{1}{9} \cdot \frac{1}{7} \cdot \frac{1}{5} \cdot \frac{1}{3}. \tag{2.8}$$

Damit das erste Ereignis eintritt, gibt es ja bei der ersten Verknotung acht günstige von neun möglichen Enden, bei der zweiten Verknotung dann sechs günstige von insgesamt sieben möglichen Enden etc. Das Eintreten des zweiten Ereignisses erfordert, dass bei jeder Verknotung ein Ring entsteht, und dafür ist jeweils nur ein Schnurende günstig.

Wir betrachten jetzt das Ereignis, dass beim rein zufälligen Verknoten von fünf Schnüren genau k Ringe entstehen, wobei $k \in \{2, 3, 4\}$ gelte. Damit dieses Ereignis eintritt, gibt es zwei Möglichkeiten und damit folgende Fallunterscheidung: Entweder liefert die erste Verknotung einen Ring oder nicht. Im ersten Fall müssen beim anschließenden Verknoten der restlichen vier Schnüre noch $k - 1$ Ringe entstehen, im zweiten Fall noch k. Im Folgenden seien A_1 und A_2 (wobei $A_2 = \overline{A_1}$ ist) die Ereignisse, dass die erste Verknotung einen bzw. keinen Ring ergibt. Weiter sei B das Ereignis, dass sich beim rein zufälligen Verknoten von fünf Schnüren k Ringe einstellen. Wenden wir die Formel (1.4) von der totalen Wahrscheinlichkeit auf die Ereignisse A_1, A_2 und B an, so folgt

$$p_{5,k} = \frac{1}{9} p_{4,k-1} + \frac{8}{9} p_{4,k}, \quad k \in \{2, 3, 4\}. \tag{2.9}$$

Zusammen mit den Randbedingungen (2.8) und der Rekursionsformel (2.9) haben wir also mithilfe der Verteilung von R_4 diejenige von R_5 erhalten.

Das gleiche Argument, also eine Fallunterscheidung danach, dass die erste Verknotung einen bzw. keinen Ring ergibt, funktioniert auch allgemein, wenn man von der Verteilung von R_n auf diejenige von R_{n+1} schließen will. Liegen allgemein n Schnüre vor, so sind zunächst die Wahrscheinlichkeiten der extremen Ereignisse, beim rein zufälligen Verknoten einen einzigen Ring bzw. die Maximalzahl von n Ringen zu erhalten, durch

$$p_{n,1} = \frac{2n-2}{2n-1} \cdot \frac{2n-4}{2n-3} \cdot \ldots \cdot \frac{4}{5} \cdot \frac{2}{3} \tag{2.10}$$

bzw.

$$p_{n,n} = \frac{1}{2n-1} \cdot \frac{1}{2n-3} \cdot \ldots \cdot \frac{1}{5} \cdot \frac{1}{3} \tag{2.11}$$

gegeben. Im Baumdiagramm entspricht diesen beiden Ereignissen jeweils ein einzelner Pfad.

Die Fallunterscheidung danach, dass bei Vorliegen von $n+1$ Schnüren die erste Verknotung einen bzw. keinen Ring liefert, führt mithilfe der Formel von der totalen Wahrscheinlichkeit zur rekursiven Beziehung

$$p_{n+1,k} = \frac{1}{2n+1} p_{n,k-1} + \frac{2n}{2n+1} p_{n,k}, \quad k \in \{2, \ldots, n\}. \tag{2.12}$$

Prinzipiell kann man jetzt mithilfe von (2.10) und (2.11) sowie der Rekursionsformel (2.12) die Verteilung von R_n für jeden beliebigen Wert von n erhalten. Abbildung 2.4 zeigt exemplarisch das Stabdiagramm der Verteilung von R_{100}.

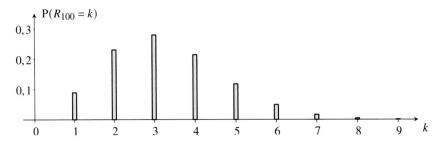

Abb. 2.4. Stabdiagramm zum Verknoten von 100 Schnüren

Die Wahrscheinlichkeit, dass sich ein einziger Ring ergibt, ist mit ca. 10 % recht groß. Wir untersuchen diese überraschende Beobachtung nun genauer, indem wir überlegen, wie sich diese Wahrscheinlichkeit für wachsendes n verhält.

Der Ausdruck (2.10) lässt sich zu

$$p_{n,1} = \frac{2n}{2n-1} \cdot \frac{2n-2}{2n-3} \cdot \ldots \cdot \frac{4}{3} \cdot \frac{2}{1} \cdot \frac{1}{\sqrt{n}} \cdot \frac{1}{2\sqrt{n}}$$

umformen. Dabei haben wir mit $2n$ erweitert, das im Nenner als $\sqrt{n} \cdot 2\sqrt{n}$ notiert wurde. Die restlichen Zahlen bleiben erhalten; es wurden lediglich die Zähler um eine Faktorposition nach rechts verschoben.

Für große n verhält sich der vor $\frac{1}{2\sqrt{n}}$ stehende Ausdruck wie $\sqrt{\pi}$. Diese Behauptung können wir aus der von J. Wallis (1616–1703) stammenden Produktdarstellung von π folgern (siehe dazu Abschn. A.3).

Die Wahrscheinlichkeit, beim zufälligen Verknoten der Enden von n Schnüren einen einzigen Ring zu erhalten, verhält sich bei wachsendem n wie $\frac{1}{2}\sqrt{\frac{\pi}{n}}$ und konvergiert somit für $n \to \infty$ relativ langsam gegen 0.

Schon für $n = 100$ liefert $\frac{1}{2}\sqrt{\frac{\pi}{n}}$ den recht genauen Näherungswert 0,089 (vgl. den entsprechenden Wert in Abb. 2.4).

Abschließend verweisen wir auf die Arbeit [12], die Ausgangspunkt der vorangegangenen Überlegungen ist. In dieser wird auch die stochastische Unabhängigkeit der in (2.4) auftretenden Ereignisse gezeigt. Mithilfe der Darstellung (1.23) der Varianz einer Indikatorsumme ergibt sich dann

$$V(R_n) = H_{2n} - \frac{1}{2}H_n - \sum_{j=1}^{n} \frac{1}{(2j-1)^2}.$$

Darüber hinaus konvergiert die Folge der Verteilungen der standardisierten Zufallsvariablen $(R_n - E(R_n))/\sqrt{V(R_n)}$ beim Grenzübergang $n \to \infty$ gegen eine Standardnormalverteilung, d. h., es gilt ein zentraler Grenzwertsatz für R_n. Strukturell ist die Darstellung (2.4) eng mit der in Kap. 5 auftretenden Anzahl aller Rekorde in einer rein zufälligen Permutation der Zahlen $1, \ldots, n$ verknüpft, die durch die Indikatorsumme (5.3) gegeben ist. Dieser Zusammenhang führt auf die in [12] hergeleitete Gleichung

$$P(R_n = k) = \frac{2^{n-k}\begin{bmatrix} n \\ k \end{bmatrix}}{1 \cdot 3 \cdot \ldots \cdot (2n-1)}, \quad k = 1, \ldots, n$$

(siehe hierzu auch das Video 2.3). Dabei sind die $\begin{bmatrix} n \\ k \end{bmatrix}$ *Stirling-Zahlen erster Art* (siehe Abschn. A.5 und S. 85).

2.3 Umsetzung im Unterricht

Das Verknoten von Schnüren lässt sich am besten an konkretem Anschauungsmaterial erklären. Darum bietet es sich an, die Unterrichtsstunde mit einem Experiment zu beginnen. Halten Sie dazu vier identisch aussehende Schnüre so in Ihrer geschlossenen Faust, dass alle acht Enden auf etwa gleicher Höhe herunterhängen, siehe Abb. 2.1. Erklären Sie das Experiment langsam und ausführlich. Das Verstehen der Aufgabe ist eine wichtige Phase des Problemlösens. Überprüfen Sie daher mit den folgenden Fragen, ob die Schüler die Fragestellung erfasst haben:

- Nennt die Anzahl der Verknotungen, die insgesamt durchgeführt werden.
- Begründet, wie viele Ringe mindestens und wie viele höchstens entstehen können.

Starten Sie eine Umfrage und ermitteln Sie, welche Anzahl von Ringen Ihre Schüler für die wahrscheinlichste halten. Für die Umfrage bietet sich beispielsweise die App *Plickers* an; eine kurze Einführung kann in [1] nachgelesen werden. Sie können aber natürlich auch per Handzeichen abstimmen lassen. Die hier aufgeführten Schüleraktivitäten können Sie Ihren Schülern auf vorbereiteten Kopien geben.

Schüleraktivität

Überlege, welche Anzahl von (unter Umständen unterschiedlich großen) Ringen am wahrscheinlichsten ist, wenn die acht Schnurenden rein zufällig miteinander verknotet werden.

Bitten Sie anschließend zwei Schüler, die Schnüre zu halten und zu verknoten. Über das Ergebnis werden sich all diejenigen freuen, die richtig getippt haben. An dieser Stelle können Sie mit Ihrer Klasse diskutieren, ob dieses eine Ergebnis ausreicht, um zu entscheiden, welche Anzahl an Ringen am wahrscheinlichsten ist. Dabei könnte der Vorschlag kommen, das Experiment noch viele weitere Male durchzuführen. Geben Sie Ihren Schülern den Auftrag, die Wahrscheinlichkeiten für ein, zwei, drei bzw. vier Ringe zu berechnen. Lassen Sie im Plenum kurz überlegen, welche Wahrscheinlichkeit am einfachsten bestimmt werden kann. Da es sich um die Wahrscheinlichkeit für vier Ringe handelt, können die Schüler damit beginnen. Für die Berechnung der Wahrscheinlichkeiten bietet sich die *Ich-Du-Wir-Methode* an (auch *Think-Pair-Share-Methode* (siehe z. B. [8])). Lassen Sie Ihre Schüler also zunächst etwa fünf Minuten in Einzelarbeit nachdenken und anschließend in Partnerarbeit Ideen austauschen.

Schüleraktivität

Die Enden von vier Schnüren werden rein zufällig miteinander verknotet. Berechne die Wahrscheinlichkeit,

   a) vier Ringe zu erhalten.

Fortsetzung folgt...

Falls Ihre Schüler bei dieser Aufgabe Schwierigkeiten haben, können Sie auf unterschiedliche Arten Hilfestellungen geben. Bringen Sie Schnüre mit, sodass bei Bedarf verschiedene Möglichkeiten durchprobiert werden können. Achten Sie darauf, nicht zu schnell und zu stark in den Lösungsprozess einzugreifen. Eine Orientierung an der Taxonomie möglicher Lernhilfen beim Problemlösen nach Zech [41], S. 315-319, ist nützlich. Das dort beschriebene Prinzip der minimalen Hilfe basiert auf der Idee, gerade genug zu helfen, dass der Lösungsprozess in Gang bleibt. Mögliche Hilfestellungen sind im Folgenden aufgelistet. Diese Hilfen können mündlich oder in Form von Hilfekärtchen gegeben werden.

- Mache Dir eine Zeichnung.

- Versuche es einmal mithilfe der Schnüre.

- Zeichne ein Baumdiagramm, das das Experiment beschreibt.

- Versuche die Situation als mehrstufiges Zufallsexperimet aufzufassen.

- Hilft Dir Dein Wissen über mehrstufige Zufallsexperimente?

- Interpretiere jede Verknotung als eine Stufe in einem mehrstufigen Zufallsexperiment.

- Wie groß ist die Wahrscheinlichkeit, dass bei der ersten Verknotung ein Ring entsteht?

Eine Schwäche der Ich-Du-Wir-Methode besteht darin, dass richtige Ansätze aus der Ich-Phase in der Du-Phase wieder verworfen werden können. Besprechen Sie deswegen Aufgabenteil a) der Schüleraktivität im Plenum, bevor Sie weitere Wahrscheinlichkeiten ausrechnen lassen. In dieser Wir-Phase sollten die Schüler die Möglichkeit erhalten, die Überlegungen aus der Du-Phase vorzustellen. Achten Sie dabei darauf, dass das Verknoten der Schnüre als mehrstufiges Zufallsexperiment aufgefasst wird, bei dem in jeder Stufe ein Ring entstehen kann. Sie können die Verknotungen an der Tafel durch ein Diagramm visualisieren, das später zu einem Baumdiagramm wie in Abb. 2.2 ergänzt werden kann. Fragen Sie zunächst, wie viele der Verknotungen einen Ring ergeben müssen. Wenn Sie die Antwort „alle vier" erhalten haben, können Sie mit der ersten Verknotung beginnen. Nehmen Sie die vier Schnüre wie zu Beginn in die geschlossene Faust und greifen Sie rein zufällig eines der Enden. Die Schüler sehen nun sieben freie Enden. Betonen Sie, dass genau eines der sieben Enden einen Ring liefert. Einen Ring erhält man also mit der Wahrscheinlichkeit $\frac{1}{7}$. Zeichnen Sie den Start und den ersten Ring wie in Abb. 2.5 an die Tafel. Im Vergleich zum Baumdiagramm in Abb. 2.2 wird hier das Entstehen eines

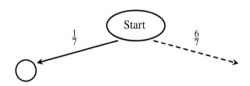

Abb. 2.5. Baumdiagramm zur ersten Verknotung. Der gestrichelte Pfeil kennzeichnet den Fall, in dem kein Ring entsteht. Er wird erst im nächsten Schritt – optional schon gleich zu Beginn – ergänzt

Rings durch den Kreis ausgedrückt. Die Beschriftung dieses Kreises mit einer Eins kann später hinzugefügt werden, wenn der Baum vervollständigt wird. Den gestrichelten Pfeil können Sie einzeichnen, wenn er von Schülerseite thematisiert wird. Ergänzen Sie nun nacheinander die Äste für die zweite und die dritte Verknotung (siehe Abb. 2.6). Betonen Sie in beiden Fällen, dass es nur einen günstigen und insgesamt fünf bzw. drei mögliche Ausgänge gibt. Wenn bereits drei Ringe entstanden sind, liefert die letzte Verknotung mit Wahrscheinlichkeit eins einen weiteren Ring. Damit ist das Diagramm wie in Abb. 2.2

für weitere Überlegungen komplett. Optional kann noch die vierte Stufe eingezeichnet werden. Falls Sie in einer sehr heterogenen Klasse unterrichten und es starke Schüler gibt,

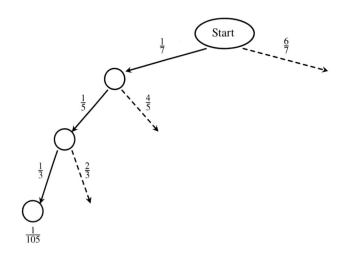

Abb. 2.6. Baumdiagramm zur zweiten und dritten Verknotung. Die gestrichelten Pfeile kennzeichnen den Fall, in dem kein Ring entsteht. Diese können bei Bedarf ergänzt werden

die bereits weitere Wahrscheinlichkeiten berechnet haben, achten Sie darauf, dass bei der Besprechung nicht zu viel vorweggenommen wird.

Lassen Sie Ihre Schüler in Partnerarbeit die restlichen Wahrscheinlichkeiten ermitteln.

Schüleraktivität

Fortsetzung
(Berechne die Wahrscheinlichkeit),

- b) einen Ring zu erhalten,
- c) zwei Ringe zu erhalten,
- d) drei Ringe zu erhalten.
- e) Die Zufallsgröße R gibt die Anzahl der entstehenden Ringe an. Berechne den Erwartungswert von R.

Zusatzaufgaben:

- f) Jetzt werden fünf Schnüre verknotet. Bestimme die Wahrscheinlichkeiten für einen Ring sowie für zwei, drei, vier und fünf Ringe.
- g) *Falls der Erwartungswert bereits behandelt wurde*:
  Berechne anschließend den Erwartungswert.

Geben Sie Ihren Schülern ausreichend Zeit, um die gesuchten Wahrscheinlichkeiten zu finden. Schnellere Schüler können sich an der Zusatzaufgabe versuchen. Bereiten Sie für diese Aufgabe schriftliche Lösungen vor. Wenn Sie Hilfestellung geben müssen, achten Sie wie zuvor darauf, nicht zu viel vorwegzunehmen. Lassen Sie die Aufgaben abschließend anhand des Baumdiagramms im Plenum erklären. An dieser Stelle können Sie eine 1 bzw. 0 ergänzen, wenn ein bzw. kein Ring entsteht.

Fangen Sie mit Aufgabenteil b) an. Die Begründung kann analog zu Aufgabenteil a) erfolgen. Für c) und d) können Sie zunächst die Stufen des Baumdiagramms vervollständigen. Lassen Sie explizit erklären, wie die Pfadwahrscheinlichkeiten bestimmt werden können. Vergewissern Sie sich, dass Ihre Schüler Folgendes verstanden haben: Die Wahrscheinlichkeit, bei der zweiten Verknotung einen Ring zu erhalten, ist auch dann $\frac{1}{5}$, wenn die erste Verknotung keinen Ring ergeben hat. In diesem Fall besteht die Schwierigkeit darin, einzusehen, dass es egal ist, ob man ein Ende greift, das bereits auf der anderen Seite verknotet wurde oder nicht.

Wenn das Baumdiagramm vervollständigt wurde, sind die Wahrscheinlichkeiten mithilfe der Pfadregeln berechenbar. Sie können die in Aufgabenteil e) eingeführte Zufallsvariable R verwenden, um die Wahrscheinlichkeiten übersichtlich aufzuschreiben, und erhalten

$$P(R = 4) = \frac{1}{105}, \quad P(R = 3) = \frac{12}{105}, \quad P(R = 2) = \frac{44}{105}, \quad P(R = 1) = \frac{48}{105}.$$

Der Erwartungswert ergibt sich zu

$$E(R) = 1 \cdot P(R = 1) + 2 \cdot P(R = 2) + 3 \cdot P(R = 3) + 4 \cdot P(R = 4) \approx 1{,}676.$$

2.4 Randbemerkungen

Wenn Sie Meister Zufall beim Verknoten von Schnüren im Klassenzimmer freien Lauf lassen wollen, ist es wichtig, Schnüre zu nehmen, die von den weiter hinten sitzenden Schülern noch gut erkennbar sind und sich dennoch leicht verknoten lassen. Wir haben gute Erfahrungen mit einem Propylenseil (Flechtwerk mit einem Durchmesser von ca. 5 mm) aus dem Baumarkt gemacht, bei dem die Enden nach dem Durchschneiden mit einem Feuerzeug versiegelt wurden. Bei einer Schnurlänge von etwa 40 cm lassen sich die Verknotungen bequem durchführen.

Als nichthandwerklichen Aspekt merken wir noch an, dass [6], S. 45, die früheste Quelle ist, in der wir auf ein ähnliches Problem gestoßen sind. Die dort geschilderte einkleidende Geschichte trägt den Namen „Die Heiratschancen der Mädchen von Anchurien". Sie ist heute nicht mehr zeitgemäß, das mathematische Problem stellt aber eine interessante Ergänzung zu der in diesem Kapitel vorgestellten Situation dar. Die Mädchen aus Anchurien können an ihrem 18. Geburtstag eine Heiratserlaubnis beantragen. Ob sie diese Erlaubnis erhalten, wird durch das Verknoten von Schnüren entschieden. Dazu werden geradzahlig viele Schnüre so in der Faust gehalten, dass wie in Abb. 2.7 jede Schnur auf beiden Seiten der Faust herausschaut. Die Mädchen dürfen nur Schnurenden verknoten, die auf *derselben*

Abb. 2.7. Schnurenden werden jeweils auf einer Seite der Faust rein zufällig verknotet

Seite der Faust herunterhängen. Die Heiratserlaubnis erhalten sie, wenn genau ein (großer) Ring entsteht. In [6] wird (anders als hier) zuerst der Fall von sechs Schnüren untersucht (siehe Aufgabe 2.3 für die Situation von Abb. 2.7 mit vier Schnüren). Anschließend werden die Überlegungen auf $2n$ Schnüre erweitert und weitere Fragestellungen vorgestellt, die im Zusammenhang mit dem Verknoten von Schnüren stehen (siehe auch Aufgabe 2.4). Eine dieser Varianten wird in [33] genauer untersucht. Dort werden auch Hinweise für den Einsatz im Unterricht gegeben.

2.5 Rezeptfreies Material

 Video 2.1: „Schnur-Enden blind verknoten: wie viele Ringe? (I)"

https://www.youtube.com/watch?v=62uOt1GtNao

 Video 2.2: „Schnur-Enden blind verknoten: wie viele Ringe? (II)"

https://www.youtube.com/watch?v=WHbbFxsw9pY

 Video 2.3: „Schnur-Enden blind verknoten: wie viele Ringe? (III)"

https://www.youtube.com/watch?v=nEEhn8Rb97s

2.6 Aufgaben

Aufgabe 2.1
Es liegen n Schnüre vor, wobei jede Schnur ein grünes und ein rotes Ende besitze. Die Schnüre werden in der Mitte zusammengehalten, sodass n rote und n grüne Enden frei sind. Wir greifen uns ein rotes Ende und verknoten es mit einem rein zufällig gewählten grünen Ende. Danach fassen wir eines der noch freien roten Enden und verknoten dieses mit einem der freien grünen Enden. Das wiederholen wir so lange, bis keine Enden mehr frei sind. Die Zufallsgröße V_n ist die Anzahl der dabei entstehenden Ringe.

a) Bestimme die Verteilung und den Erwartungswert von V_3.

b) Bestimme die Verteilung und den Erwartungswert von V_4.

c) Beweise eine Rekursionsformel (Herleitung) analog zu (2.12).

d) Formuliere eine Vermutung, wie eine Formel für $E(V_n)$ aussehen könnte.

Aufgabe 2.2
Wir gehen von der Situation in Aufgabe 2.1 aus.

Zeige:

a) $P(V_n = 1) = \dfrac{1}{n}$

b) $P(V_n = n) = \dfrac{1}{n!}$

Aufgabe 2.3
In der Situation von Abb. 2.7 werden rein zufällig zwei Enden auf der linken Seite der Faust verknotet und anschließend die beiden anderen Enden, die dann noch frei sind. Danach wird das Gleiche auf der anderen Seite der Faust gemacht. Mit welchen Wahrscheinlichkeiten ergeben sich ein Ring bzw. zwei Ringe?

Aufgabe 2.4
In der Situation von Abb. 2.7 liegen jetzt nicht vier, sondern allgemein $2n$ Schnüre vor, $n \geq 2$. Es werden alle Enden auf der linken Seite der Faust rein zufällig verknotet, und danach geschieht das Gleiche auf der anderen Seite der Faust. Die Zufallsgröße W_n ist die zufällige Anzahl der dabei entstehenden Ringe. Bestimme die Verteilung von W_n.

Aufgabe 2.5
Es liegen drei Schnüre vor, deren Mitten wie in Abb. 2.1 in der geschlossenen Faust gehalten werden. Alle sechs Schnurenden werden rein zufällig verknotet. Wie oft muss dieser stochastische Vorgang mindestens wiederholt werden, damit die Wahrscheinlichkeit, mindestens einmal einen einzigen geschlossenen Ring zu erhalten, mindestens gleich $0{,}9$ ist?

3

Der verwirrte Passagier

Klassenstufe	Ab 9
Idee	Passagiere steigen in ein Flugzeug ein, der erste wählt seinen Platz rein zufällig. Konsequenz für den letzten Passagier?
Voraussetzungen	Pfadregeln
Lernziele	Systematische Auflistung von Ausgängen des Zufallsexperiments für konkrete Fälle, Symmetriebetrachtung wegen Gleichwahrscheinlichkeit
Zeitlicher Umfang	Mind. eine Unterrichtsstunde

Abb. 3.1. Schon der zweite Einsteigende kann sich nicht auf seinen Platz (Nr. 2) setzen, da die zuvor eingestiegene verwirrte Passagierin per Zufall darauf Platz genommen hat

N. Henze et al., *Stochastik rezeptfrei unterrichten*,
https://doi.org/10.1007/978-3-662-62744-0_3

Ob im Konzert, Kino oder Flugzeug, überall ist es den meisten Menschen wichtig, auf einem aus ihrer Sicht guten Platz zu sitzen. Schließlich hängt oft auch der Preis von der genauen Lage des Platzes ab. Bleiben wir in der oben geschilderten Situation des Boardings am Flughafen und nehmen an, der erste Passagier ist verwirrt und hat seine Bordkarte verloren, kann sich also nicht bewusst auf den ihm zustehenden Platz setzen (siehe Abb. 3.1). Von seiner daher zufälligen Platzwahl hängt nun ab, welche anderen Passagiere sich korrekt platzieren können. Besteht ein Fünkchen Hoffnung, dass der letzte Passagier seinen Platz erhält? Vielleicht trügt Sie hier das Bauchgefühl genauso wie anfangs uns (siehe hierzu das Video 3.1).

Wir formulieren die Fragestellung jetzt präzise:

Ein Flugzeug mit n Plätzen ist ausgebucht. Die Passagiere steigen in der Reihenfolge ihrer Platznummern ein. Der erste, verwirrte Fluggast hat seine Bordkarte verloren und setzt sich rein zufällig auf einen der n Plätze. Jeder weitere Einsteigende setzt sich auf den ihm durch die Bordkarte zugewiesenen Platz, falls dieser frei ist, andernfalls wählt er rein zufällig einen der noch freien Sitzplätze aus.
Mit welcher Wahrscheinlichkeit erhält der zuletzt einsteigende Passagier den Platz, der auf seiner Bordkarte angegeben ist?

3.1 Mathematischer Kern

Im Fall $n = 2$ erhält der letzte Passagier offenbar mit Wahrscheinlichkeit $\frac{1}{2}$ seinen korrekten Platz, denn als zweiter Einsteigender sitzt er genau dann richtig, wenn auch der verwirrte Passagier richtig Platz genommen hat. Was passiert im Fall von mehr als zwei Plätzen?

Wir nummerieren die n Plätze gedanklich von 1 bis n durch und vereinbaren ohne Beschränkung der Allgemeinheit, dass dem j-ten einsteigenden Fluggast durch die Bordkarte Platz j zugewiesen ist, $j = 1, \ldots, n$. Wir sprechen im Folgenden von Passagier 1, Passagier 2, etc.

Nach dem oben vereinbarten Einstiegsmodus gibt es für $n = 3$ genau vier mögliche Anordnungen, die in Tab. 3.1 zusammen mit ihren jeweiligen Wahrscheinlichkeiten aufgelistet sind: Der verwirrte Passagier 1 wählt mit gleicher Wahrscheinlichkeit $\frac{1}{3}$ Platz Nummer 1, 2 oder 3 aus. Falls er sich für einen der Sitzplätze 1 oder 3 entscheidet, so findet Passagier 2 seinen Platz unbesetzt vor, sodass die Sitzverteilung festgelegt ist. Jede dieser beiden Sitzverteilungen tritt mit der Wahrscheinlichkeit $\frac{1}{3}$ ein. Andernfalls entscheidet Passagier 2 mithilfe einer echten Münze, ob er sich auf Platz 1 oder 3 setzt, was nach der ersten Pfadregel jeweils zu der Wahrscheinlichkeit $\frac{1}{6}$ führt. Passagier 3 erhält also seinen Platz mit der Wahrscheinlichkeit $\frac{1}{3} + \frac{1}{6} = \frac{1}{2}$.

Für $n = 4$ gehen wir analog vor. Tabelle 3.2 zeigt die möglichen Sitzverteilungen.

Auch hier findet die erste Pfadregel Anwendung. So entsteht etwa die Sitzverteilung 2 1 3 4, wenn sich Fluggast 1 auf Platz 2 setzt, was mit der Wahrscheinlichkeit $\frac{1}{4}$ geschieht, und sich

Tab. 3.1. Mögliche Sitzverteilungen für $n = 3$ mit jeweiliger Wahrscheinlichkeit

Verteilung auf Plätze			Wahrschein-
1	2	3	lichkeit
1	2	3	$\frac{1}{3}$
2	1	3	$\frac{1}{6}$
3	1	2	$\frac{1}{6}$
3	2	1	$\frac{1}{3}$

Tab. 3.2. Mögliche Sitzverteilungen für $n = 4$ mit jeweiliger Wahrscheinlichkeit

Verteilung auf Plätze				Wahrschein-
1	2	3	4	lichkeit
1	2	3	4	$\frac{1}{4}$
2	1	3	4	$\frac{1}{12}$
3	1	2	4	$\frac{1}{24}$
4	1	2	3	$\frac{1}{24}$
4	1	3	2	$\frac{1}{12}$
4	2	1	3	$\frac{1}{8}$
3	2	1	4	$\frac{1}{8}$
4	2	3	1	$\frac{1}{4}$

dann Passagier 2, der seinen Platz besetzt vorfindet, unter den drei verbleibenden gleich wahrscheinlichen Plätzen für Platz 1 entscheidet. Da sich die beiden Reisenden 3 und 4 auf ihre jeweiligen Plätze setzen können, ergibt sich die Sitzverteilung 2 1 3 4 mit der Wahrscheinlichkeit $\frac{1}{12}$. In ähnlicher Weise ergeben sich alle anderen Wahrscheinlichkeiten. Die Wahrscheinlichkeit, dass Passagier 4 seinen Platz erhält, ist somit

$$\frac{1}{4} + \frac{1}{12} + \frac{1}{24} + \frac{1}{8} = \frac{1}{2}.$$

Können wir allgemein einsehen, dass die Antwort auf die eingangs gestellte Frage stets gleich $\frac{1}{2}$ ist und damit der Wert von n keine Rolle spielt?

Wir betrachten hierzu nochmals den Fall $n = 4$. Offenbar findet Passagier 4 entweder nur Platz 1 oder seinen Platz (Nummer 4) unbesetzt vor. Gilt dieser Sachverhalt auch ganz allgemein bei n Plätzen? Die Antwort ist „ja", und sie lässt sich wie folgt begründen: Setzt sich Passagier 1 auf seinen Platz (Nummer 1), so finden alle weiteren Fluggäste ihre jeweiligen Plätze frei vor. Insbesondere erhält der letzte Reisende seinen Platz Nummer n.

Setzt sich Passagier 1 auf Platz n, so erhält jeder der danach einsteigenden Passagiere mit den Nummern 2 bis $n-1$ seinen jeweiligen Platz, sodass für den letzten Passagier nur Platz Nummer 1 übrig bleibt.

Was passiert aber, wenn sich der verwirrte Fluggast auf einen der Plätze $2, \ldots, n-1$ setzt? Trägt dieser Platz die Nummer j, so können sich die Fluggäste mit den Nummern 2 bis $j-1$ auf ihre jeweiligen Plätze setzen. Der j-te Einsteigende ist aber dann in der Rolle des verwirrten Passagiers, denn sein Platz ist besetzt, und er muss sich rein zufällig zwischen einem der Plätze $1, j+1, \ldots, n$ entscheiden. Fällt diese Entscheidung auf einen der beiden Plätze 1 oder n, so können sich die Passagiere $j+1, \ldots, n-1$ auf ihre jeweiligen Plätze setzen, und für den letzten Fluggast bleibt nur entweder Platz n oder Platz 1 übrig. Setzt sich der j-te Reisende jedoch auf einen der Plätze $j+1, \ldots, n-1$ und wählt unter diesen etwa Platz k, so nehmen – falls $k > j+1$ ist – die Fluggäste $j+1$ bis $k-1$ auf ihrem jeweiligen Sitz Platz. In diesem Fall ist jetzt der k-te Einsteigende in der Rolle des verwirrten Passagiers, und er muss sich rein zufällig zwischen einem der Plätze $1, k+1, \ldots, n$ entscheiden. Im Fall $k = j+1$ ist bereits der nächste Einsteigende wieder verwirrt, und es gibt keine zwischenzeitlich einsteigenden Passagiere, die sich auf ihren richtigen Platz setzen. Irgendwann wird aber einer der Plätze 1 oder n besetzt. Aus Symmetriegründen geht diese Entscheidung mit Wahrscheinlichkeit $\frac{1}{2}$ zugunsten von Platz 1 aus, denn die beiden Plätze 1 und n sind unter der Bedingung, dass einer von ihnen besetzt wird, gleich wahrscheinlich. Genau dann erhält aber der zuletzt einsteigende Fluggast seinen Platz.

Der springende Punkt bei dieser Fragestellung ist, dass die Plätze $2, \ldots, n-1$ irrelevant sind und in gewisser Weise „nur Verwirrung stiften". Bevor der letzte Fluggast einsteigt, findet irgendwann im Verlaufe des Einstiegsprozesses eine reine Zufallsentscheidung zwischen den Plätzen 1 und n statt.

Letztlich hängt also die Entscheidung, ob der zuletzt einsteigende Reisende seinen Platz unbesetzt vorfindet, vom Ergebnis des Wurfs einer echten Münze ab.

Abschließend beleuchten wir folgende Frage:

Sind die Ereignisse, dass bestimmte Passagiere ihre jeweiligen Plätze erhalten, stochastisch unabhängig?

Hierzu sei A_i das Ereignis, dass der i-te Einsteigende seinen Platz erhält, $i = 1, \ldots, n$. Mithilfe von Tab. 3.1 ergibt sich, dass A_2 und A_3 stochastisch *unabhängig* sind, denn es gilt

$$P(A_2) \cdot P(A_3) = \frac{2}{3} \cdot \frac{1}{2} = \frac{1}{3} = P(A_2 \cap A_3).$$

Die Information, ob Passagier 2 seinen Platz einnimmt oder nicht, beeinflusst also anschaulich gesprochen nicht die Wahrscheinlichkeit, mit der Passagier 3 seinen Platz erhält. (Zur Unterscheidung von Unabhängigkeit und realer Beeinflussung siehe z. B. [15].)

Die Ereignisse A_1 und A_2 sind jedoch *nicht* stochastisch unabhängig, und das Gleiche trifft für A_1 und A_3 zu, denn es gelten

$$P(A_1) \cdot P(A_2) = \frac{1}{3} \cdot \frac{2}{3} = \frac{2}{9} \neq \frac{1}{3} = P(A_1 \cap A_2),$$

$$P(A_1) \cdot P(A_3) = \frac{1}{3} \cdot \frac{1}{2} = \frac{1}{6} \neq \frac{1}{3} = P(A_1 \cap A_3).$$

Beispielsweise beeinflusst die Information, dass Passagier 1 auf seinem richtigen Platz sitzt, die Wahrscheinlichkeit dafür, dass Passagier 2 sich auf den ihm zustehenden Platz setzen kann: Sitzt Passagier 1 korrekt, dann sitzt Passagier 2 sicher, also mit Wahrscheinlichkeit eins, auf seinem richtigen Platz.

3.2 Mathematische Tiefbohrung

Nachdem wir bisher den Fokus auf den als letzten einsteigenden Passagier gerichtet haben, stellen wir uns nun folgende Frage:

Mit welcher Wahrscheinlichkeit erhält der *vorletzte* Fluggast seinen korrekten Platz?

Für die Spezialfälle $n = 3$ und $n = 4$ können wir die Antwort auf diese Frage aus den bereits angegebenen Tabellen ablesen: Mit Tab. 3.1 bzw. 3.2 ergibt sich als Wahrscheinlichkeit

$$\frac{1}{3} + \frac{1}{3} = \frac{2}{3} \quad \text{bzw.} \quad \frac{1}{4} + \frac{1}{12} + \frac{1}{12} + \frac{1}{4} = \frac{2}{3}.$$

Auch dieses Ergebnis gilt allgemein, denn hier kommt es nur darauf an, wie die Entscheidung für einen der Plätze 1, $n-1$ und n ausgeht. Wird einer der Plätze 1 oder n besetzt, bevor Fluggast $n-1$ einsteigt (was mit der Wahrscheinlichkeit $\frac{2}{3}$ geschieht), so kann dieser Fluggast seinen Platz einnehmen (siehe hierzu auch [30]).

Dort wird allgemein gezeigt: Bezeichnet $P_{n,j}$ die Wahrscheinlichkeit, dass der j-te Passagier auf dem ihm zugewiesenen Platz sitzt, so gilt

$$P_{n,j} = \frac{n-j+1}{n-j+2}, \quad j \in \{2,\ldots,n\}. \tag{3.1}$$

Die Wahrscheinlichkeit für einen Passagier, auf dem richtigen Platz zu sitzen, nimmt somit für festes n mit abnehmender Platznummer j streng monoton zu. Da sie für den letzten Passagier $\frac{1}{2}$ beträgt, ist sie für jeden anderen ab dem zweiten Einsteigenden größer als $\frac{1}{2}$, was man auch direkt nachrechnen kann: Hierzu sei $k = n - j$, $k \geq 1$ die Nummer des $(k+1)$-letzten Passagiers, also $k = 1$ die des vorletzten Einsteigenden etc. Dann erhalten wir

$$P_{n,n-k} = \frac{n-(n-k)+1}{n-(n-k)+2} = \frac{k+1}{k+2} > \frac{1}{2}.$$

Das hier dargestellte Problem findet sich in unterschiedlichen Einkleidungen unter anderem in [3], S. 177, in [39], S. 33, und in [30]. Das Szenario, dass von vorneherein mehrere Passagiere verwirrt sind, wird in [29] und [21] untersucht. In letztgenannter Referenz wird auch die Verteilung der Anzahl der falsch platzierten Passagiere diskutiert. Interessanterweise treten in diesem Zusammenhang die *Stirling-Zahlen erster Art* (siehe Abschn. A.5) auf (siehe Theorem 2 in [21]).

Eine ähnliche Situation liegt bei dem auf S. 2 vorgestellten Beispiel *Einsen vor der ersten Sechs* vor. In diesem Beispiel sind es die Zahlen 2, 3, 4 und 5, die irrelevant sind und nur Verwirrung stiften.

3.3 Umsetzung im Unterricht

Im Unterricht bietet es sich an, den Vorgang, wie die Passagiere ihre Plätze einnehmen, nachzuspielen. Dadurch wird die Fragestellung anschaulich, und der spielerische Einstieg wirkt motivierend. Die Erkenntnis, dass für eine beliebige Platzanzahl n der letzte Passagier seinen richtigen Platz immer mit der Wahrscheinlichkeit $\frac{1}{2}$ erhält, kann mithilfe von Fallunterscheidungen gewonnen werden. Deren Verallgemeinerung ist dann intuitiv erkennbar.

Veranschaulichung

Eines der Lernziele besteht zunächst darin, dass die Schüler die Tab. 3.1 und 3.2 selbst erarbeiten. Hierbei hilft es, jeweils alle möglichen Konstellationen handelnd zu veranschaulichen.

> **Schüleraktivität**
>
> Stellt die Situation für $n = 3$ nach. Nehmt dazu drei Stühle und legt fest, wer von euch Passagier 1, 2 und 3 ist. Ihr könnt eure Nummer auf den Zettel schreiben, den ihr in der Hand haltet. Spielt alle Möglichkeiten durch und achtet dabei auf die Reihenfolge, in der die Plätze eingenommen werden.
> Legt eine Tabelle an: In der ersten Spalte steht die Reihenfolge der Ticketnummern, wie ihr auf den Stühlen sitzt, in die zweite wird die Wahrscheinlichkeit eingetragen, mit der diese Sitzverteilung eintritt.

Wenn die Stühle hintereinander in Einerreihen so angeordnet sind, dass die Klasse die Passagiere von der Seite sieht und die Zahlen von links nach rechts ansteigen, kann die Veranschaulichung direkt mit der Tabelle zur Deckung gebracht werden: Wenn z. B. ganz links Schüler 3 sitzt und ganz rechts Schüler 2, so wird klar, dass dadurch die Anordnung der dritten Zeile von Tab. 3.1 veranschaulicht wird.

Sie können hierzu einen Spielleiter ernennen und einen Protokollanten, der an der Tafel mitschreibt. Alternativ werden die Situationen lediglich vorgeführt, und jeder füllt dabei die Tabelle selbst aus.

Die Überlegungen zum zeitlichen Ablauf der Platzwahl sowie die Berechnung der zugehörigen Wahrscheinlichkeit können parallel erarbeitet werden. Dazu eignet sich ein Anschrieb wie in Abb. 3.2 und 3.3. Für die zugehörige Wahrscheinlichkeit verdeutlicht das explizite Notieren des Faktors 1, dass hier ein Passagier seinen Platz einnehmen konnte.

$$\underline{\quad}\ \underline{1}\ \underline{\quad} \qquad \frac{1}{3}$$

$$\underline{2}\ \underline{1}\ \underline{\quad} \qquad \frac{1}{3} \cdot \frac{1}{2}$$

$$\underline{\quad 2}\ \underline{1}\ \underline{3} \qquad \frac{1}{3} \cdot \frac{1}{2} \cdot 1$$

Abb. 3.2. Von links nach rechts sind die Plätze 1, 2 und 3 dargestellt. Eine Zahl gibt die Nummer des Passagiers an, der auf diesem Platz sitzt (und damit die Platznummer auf dessen Ticket), rechts steht die entsprechende Wahrscheinlichkeit. Von oben nach unten gelesen ergibt sich die zeitliche Abfolge der Platzbesetzungen

$$\underline{\quad}\ \underline{\quad}\ \underline{1}\ \underline{\quad} \qquad \frac{1}{4}$$

$$\underline{\quad}\ \underline{2}\ \underline{1}\ \underline{\quad} \qquad \frac{1}{4} \cdot 1$$

$$\underline{3}\ \underline{2}\ \underline{1}\ \underline{\quad} \qquad \frac{1}{4} \cdot 1 \cdot \frac{1}{2}$$

$$\underline{3}\ \underline{2}\ \underline{1}\ \underline{4} \qquad \frac{1}{4} \cdot 1 \cdot \frac{1}{2} \cdot 1$$

Abb. 3.3. Darstellung für $n = 4$ analog zu Abb. 3.2. Hier tritt schon früher ein Faktor 1 in den Ausdrücken für die Wahrscheinlichkeit auf, da Passagier 2 nicht wählen muss, denn er kann ja seinen Platz einnehmen

Diese Darstellungen sind (wie Tab. 3.1 und 3.2) nach Sitzplatznummern sortiert. Alternativ ist eine nach Platznummern geordnete Darstellung denkbar, die also zuerst die Platznummer von Passagier 1 angibt, dann die von Passagier 2 etc. Aus dieser könnte die chronologische Enstehung einer Besetzung direkt abgelesen werden. Man kann sich diese Art der Notation aus einem Baumdiagramm heraus entstanden denken, dessen Stufen jeweils die Platzwahl der Passagiere darstellt. Wir haben uns für die hier gewählte Variante entschieden, da sich diese direkt mit einer durch die Schüler nachgestellten Anordnung optisch zur Deckung bringen lässt. Ein Baumdiagramm bietet sich dabei nicht an. Wichtig ist, das richtige Lesen der Darstellung zu erarbeiten. Aus Tab. 3.2 ist z. B. ersichtlich, dass der vierte und damit letzte Passagier überhaupt nur auf dem ersten oder letzten Platz sitzen kann, da die Zahl 4 nur in der ersten und letzten Spalte vorkommt.

Je nach Ausgang dieser Phase und Zeitplanung wird auch der Fall $n = 4$ durchgespielt. Im Anschluss kann die Klasse in einem Abstraktionsschritt den Fall $n = 5$ direkt durch Überlegung behandeln. Hier ergeben sich 16 mögliche Sitzverteilungen, und die Wahrscheinlichkeit, dass der letzte Fluggast seinen Platz erhält, berechnet sich auch in diesem Fall zu $\frac{1}{2}$.

Ein Sitzplan zeigt, dass n keine Rolle spielt

Der Schritt zu der Erkenntnis, dass die Wahrscheinlichkeit für beliebiges n immer $\frac{1}{2}$ ist, kann durch die Analyse der Tabellen gedanklich vorbereitet werden.

Schüleraktivität

    a) Nenne die Nummern der Sitzplätze, auf denen der letzte Passagier überhaupt sitzen kann, wenn es insgesamt
       (i) drei Plätze und Passagiere,
      (ii) vier Plätze und Passagiere gibt.
    b) Formuliere eine Vermutung, auf welchen Plätzen der letzte Passagier im Fall von n Plätzen sitzen kann.

In jeder Tabelle kann bei der Sitzverteilung die Nummer des letzten Passagiers nur ganz am Anfang oder ganz am Schluss stehen.

Die weitergehende Überlegung aus Abschn. 3.1 ist in dieser formalen Darstellung nicht Ziel im Unterricht. Allerdings lässt sich die entscheidende Idee dahinter klarmachen, wenn wir wie im Folgenden einen bestimmten Wert für n nehmen. Wir gehen dabei von $n = 20$ aus.

Der verwirrte Passagier 1 kann z. B. einen der Plätze 1 oder 20 wählen. Diese beiden Fälle sind spiegelbildlich und haben die gleiche Wahrscheinlichkeit. Er kann aber auch irgendwo anders Platz nehmen, z. B. auf Platz 12. Dann können die Passagiere 2, 3, . . . , 11 ihre für sie vorgesehenen Plätze einnehmen (siehe das erste Bild in Abb. 3.4).

Passagier 12 kann sich nicht auf seinen Platz setzen, da dieser besetzt ist. Er kann auch wiederum Platz 1 oder Platz 20 wählen. Es steht ihm aber auch frei, sich einen beliebigen anderen freien Platz auszusuchen. Wählt er etwa wie im zweiten Bild von Abb. 3.4 gezeigt Platz 16, so können sich die Fluggäste 13, 14 und 15 auf ihre korrekten Plätze setzen.

Passagier 16 findet seinen Platz besetzt vor. Er wählt rein zufällig einen der verbliebenen Plätze. Setzt er sich auf Platz 1, so kann der letzte Einsteigende seinen Platz Nummer 20 einnehmen. Wählt Passagier 16 jedoch Platz 20, kann der letzte Fluggast diesen *nicht* besetzen. Sucht sich Passagier 16 nun etwa Platz 19 aus, so bleibt wieder alles in der Schwebe: Die Reisenden 17 und 18 können sich auf ihre jeweiligen Plätze setzen, und dann liegt die Situation wie in Abb. 3.4 im vierten Bild vor. Jetzt kommt es auf den vorletzten Einsteigenden, Nummer 19, an, der genau diese Situation vorfindet. Er wirft eine echte Münze, um sich zu entscheiden, wohin er sich setzt.

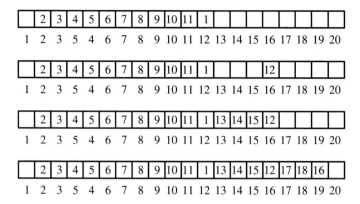

Abb. 3.4. Zeitliche Entwicklung des Sitzplans von oben nach unten

Entscheidend ist, dass die Plätze 2 bis 19 letztlich nur Verwirrung stiften (siehe Abb. 3.5).

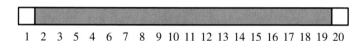

Abb. 3.5. In dieser Situation wirft Passagier 19 eine echte Münze, um sich zwischen den Plätzen 1 und 20 zu entscheiden

Die Anzahl _n_ der Plätze spielt keine Rolle (grafisch)

Ergänzend oder alternativ können wir auch für einen konkreten Wert von n die auftretenden typischen Fälle verbal formulieren und diese dann grafisch darstellen. Hierfür eignet sich die Situation mit $n = 6$ Plätzen. Damit haben wir zum einen für die Werte für j und k aus Abschn. 3.1 eine gewisse Freiheit, zum anderen bleibt die Diskussion übersichtlich. Außerdem wird den Schülern klar, dass die Auflistung aller möglichen Sitzverteilungen hier schon mühsam ist, sich also eine allgemeine Überlegung in der Tat lohnt und sogar erforderlich ist.

Ein Gedankengang könnte folgendermaßen aussehen:

Fall 1: Passagier 1 setzt sich auf Platz 1, einen „Randplatz".

Alles passt, am Ende setzt sich Passagier 6 auf Platz 6.

Fall 2: Passagier 1 setzt sich auf Platz 6, den anderen der beiden „Randplätze".

Nun finden die nach ihm einsteigenden Passagiere 2, 3, 4 und 5 ihren jeweiligen Platz. Fluggast 6 muss sich dann auf Platz 1 setzen.

Fall 3: Passagier 1 setzt sich auf Platz 2, 3, 4 oder 5, einen „Zwischenplatz".

Unterfall 3.1: Passagier 1 setzt sich auf Platz 5.

Passagier 2 kann sich auf seinen Platz setzen, ebenso die Fluggäste 3 und 4. Erst Passagier 5 hat ein Problem: Sein Platz ist besetzt, er kann aber zwischen Platz 1 oder 6 wählen. Nach ihm ist der letzte dran, er wird dann auf Platz 6 oder 1 sitzen – eben auf demjenigen, den Passagier 5 nicht gewählt hat.

Unterfall 3.2: Passagier 1 setzt sich auf Platz 4.

Dann findet Reisender 2 seinen Platz, nämlich Platz 2, ebenso Passagier 3. Aber jetzt hat schon Passagier 4 ein Problem, da auch er verwirrt wird. Er muss sich zwischen den unbesetzten Plätzen 1, 5 und 6 entscheiden. An dieser Stelle geht es völlig analog zu bisher weiter, nur dass Passagier 4 die Rolle des ersten Fluggastes einnimmt.

Unterfall 3.3: Passagier 1 setzt sich auf Platz 3.

Passagier 2 findet noch seinen Platz, doch schon der nächste Fluggast hat ein Problem. Er kann aber unter den Randplätzen 1 und 6 und den Zwischenplätzen 4 und 5 wählen.

Unterfall 3.4: Passagier 1 setzt sich auf Platz 2. Nun hat bereits Passagier 2 ein Platzproblem. Die Zwischenplätze sind diejenigen mit den Nummern 3, 4 und 5.

Diese Überlegungen werden durch eine Art Flussdiagramm (Abb. 3.6) veranschaulicht.

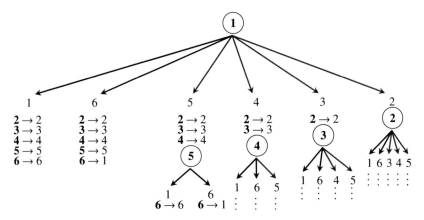

Abb. 3.6. Flussdiagramm für das Problem des verwirrten Passagiers im Fall $n = 6$. Ein Pfeil von i nach j besagt, dass sich Passagier i auf Platz j setzt. Die roten Pfeile bedeuten, dass sich der einsteigende Passagier auf einen „Zwischenplatz" setzt. Die eingekreisten Fluggäste sind verwirrt

Global betrachtet gibt es zwei Arten von Hauptverzweigungen. Bei denen, die zu Randplätzen führen und in Abb. 3.6 durch schwarze Pfeile dargestellt sind, bleibt für den letzten Einsteigenden der letzte (korrekte) bzw. der erste Platz übrig. Die andere Art von Verzweigung – sie führt zu „Zwischenplätzen" und ist rot dargestellt – ergibt mit mehr oder weniger zusätzlichen Verwirrungen ebenso immer entweder den letzten oder den ersten Platz für den letzten Passagier: An jedem Knoten, der in Abb. 3.6 eingekreist ist, kann ein Diagramm mit zwei Verzweigungsarten eingefügt werden, es sei denn, die Zwischenplätze sind alle „aufgebraucht". Dann gibt es keine Verzweigung zu den Zwischenplätzen, und es bleiben nur die beiden Randplätze übrig.

Jetzt wird auch klar, warum wir bei der Unterteilung von Fall 3 zuerst die Wahl desjenigen Zwischenplatzes mit der größten Nummer untersucht haben: In diesem Fall wird sicher nur ein weiterer Fluggast verwirrt, sodass man schneller zu den Überlegungen für den letzten Passagier gelangt. Dadurch werden die Schüler auf die aufwändigeren Unterfälle vorbereitet. Je niedriger die Nummer des Zwischenplatzes, desto größer kann die Zahl der Verwirrten werden, falls die Randplätze gemieden werden.

Wir kommen nochmals kurz zum Unterfall 3.2 zurück: Hätte das Flugzeug mehr als sechs Plätze und wäre ausgebucht, so stünde Passagier 4 unter den Zwischenplätzen nicht nur Platz 5 zur Auswahl. Dann könnten mindestens zwei Passagiere ihre richtigen Plätze einnehmen. Aber irgendein später einsteigender Passagier wird verwirrt, und zwar derjenige, für dessen Platz sich Passagier 4 entschieden hat.

Die vorgestellte Idee liefert die Grundlage für einen formalen Beweis für beliebiges n (siehe z. B. [21]). Diese Idee ist auch für Schüler erhellend, nicht das Ausrechnen mithilfe einer Formel.

Anhand des Beispiels gelangen wir zu folgender Erkenntnis:

Bei höherer Passagier- und damit Platzanzahl n wächst prinzipiell auch die Anzahl der Passagiere, die nicht auf ihrem korrekten Platz sitzen. Am Schluss jedoch bleibt – welchen Wert n auch hat – für den letzten Passagier immer nur genau einer der beiden Plätze 1 oder n übrig, und zwar jeweils mit gleicher Wahrscheinlichkeit.

Methodisch könnte diese Erkenntnisphase, dass n keine Rolle spielt, so umgesetzt werden: Der Ansatz zum Flussdiagramm (Abb. 3.6) wird gemeinsam erarbeitet, und die Schüler führen dieses Diagramm dann fort. Auch vom skizzierten Gedankengang her kann der Anfang vorgegeben werden, z. B. bis einschließlich zum Unterfall 3.1, und die Klasse führt diesen zu Ende.

Die Überlegungen zur stochastischen Unabhängigkeit am Ende von Abschn. 3.1 lassen sich im Anschluss in den Unterricht integrieren. Eine explizite Angabe der Definition von A_1, A_2 und A_3 ist für viele Schüler sicherlich verdaulicher. Die Untersuchung für $n = 4$ Plätze findet sich in den Aufgaben.

3.4 Randbemerkungen

Die Nummerierung der Fluggäste und Plätze im Passagierproblem macht das Ganze besser handhabbar. Insbesondere trägt die Vereinbarung, dass der j-te Einsteigende das Ticket mit der Nummer j hat, zur Vereinfachung bei. Die Fragestellung wird dadurch in keiner Weise verändert.

Folgende Einkleidung – frei nach [30] – mag passend sein, um das Problem anfangs vorzustellen, da sie den Schülern näherliegt: Es ist Schuljahresbeginn und Klasse 10a – das wird natürlich im kommenden Schuljahr genau die Klasse sein, die Sie im Moment unterrichten – erhält ein anderes (besseres!) Klassenzimmer. Die Klasse besteht aus 30 Schülern, und es gibt genau 30 Plätze, die mit Namen beschriftet sind. Die Schüler betreten nacheinander den Raum. Der erste hat das Privileg, sich nach dem Zufallsprinzip zu setzen. Alle anderen müssen ihren jeweiligen Platz einnehmen, falls dieser frei ist, ansonsten dürfen auch sie ihre Platzwahl dem Zufall überlassen ... .

3.5 Rezeptfreies Material

 Video 3.1: „Der verwirrte Passagier"

`https://www.youtube.com/watch?v=NJwlVpanplA`

3.6 Aufgaben

Aufgabe 3.1
Berechne für den Fall $n = 4$, mit welcher Wahrscheinlichkeit der

a) vorletzte Einsteigende,

b) drittletzte Einsteigende

seinen korrekten Platz einnimmt.

Aufgabe 3.2
Weise rechnerisch nach, dass A_2, A_3 und A_4 stochastisch unabhängig sind.

Aufgabe 3.3
Ermittle für den Fall $n = 4$ die bedingte Wahrscheinlichkeit dafür, dass Passagier 3 seinen Platz erhält, wenn sich Passagier 1 falsch gesetzt hat.

Aufgabe 3.4
Berechne für den Fall $n = 4$ die Wahrscheinlichkeit, dass der letzte Einsteigende seinen Platz erhält, wenn die Passagiere 1 und 2 falsch sitzen.

Aufgabe 3.5
Bestimme für den Fall $n = 4$ die Verteilung der Anzahl falsch platzierter Passagiere.

4

Ein faires Glücksrad mit unterschiedlich großen Sektoren

Klassenstufe	Ab 9 (in Mathe-AGs), sonst ab 10
Idee	Glücksrad mit Sektoren *A* und *B*, zwei Personen (*A* und *B*) drehen abwechselnd. Gewinner: Wer zuerst seinen Sektor trifft. Wie muss das Rad aufgeteilt sein, damit das Spiel fair ist?
Voraussetzungen	Mehrstufige Zufallsexperimente, Baumdiagramm, Lösen quadratischer Gleichungen, Pfadregeln
Lernziele	Untersuchung eines Spiels auf Fairness mit und ohne Baumdiagramme
Zeitlicher Umfang	Mind. eine Unterrichtsstunde, bis drei Unterrichtsstunden

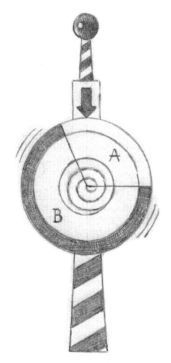

Abb. 4.1. Dieses Glücksrad hat unterschiedlich große Sektoren. Ist das Spiel fair, wenn Anja beginnt?

© Der/die Autor(en), exklusiv lizenziert durch
Springer-Verlag GmbH, DE, ein Teil von Springer Nature 2021
N. Henze et al., *Stochastik rezeptfrei unterrichten*,
https://doi.org/10.1007/978-3-662-62744-0_4

Denken wir an Glücksspiele, gehört zu den „üblichen Verdächtigen" sicher auch das Glücksrad (siehe Abb. 4.1). Es ist nicht nur etymologisch mit dem Roulette verwandt: In beiden Fällen dreht sich ein Rad, und nach vorher vereinbarten Regeln wird der Gewinner ermittelt, je nachdem, an welcher Stelle das Rad stehen bleibt.

So streng wie im Casino, wo ausschließlich der Croupier das Roulette-Rad in Schwung versetzen darf, geht es in dieser Unterrichtsidee nicht zu. Allerdings sind wir streng mit unserer Forderung, dass das Spiel fair sein muss.

Wir wählen besonders einfache Regeln – viel einfacher als beim Roulette – und gehen zunächst von zwei Personen aus. Anhand dieser übersichtlichen Situation untersuchen wir den Aspekt der Fairness und kommen zu unerwarteten Ergebnissen, z. B. über das Verhältnis der Sektorenflächeninhalte (siehe hierzu auch das Video 4.1). Das Spiel lässt sich auf mehr als zwei Personen verallgemeinern.

Anja und Bettina drehen abwechselnd ein Glücksrad mit den Sektoren A für Anja und B für Bettina. Gewonnen hat diejenige, die *als Erste* erreicht, dass der Zeiger in ihrem Sektor stehen bleibt. Anja beginnt.
Wie müssen die Sektoren eingeteilt sein, damit dieses Spiel fair ist?

4.1 Mathematischer Kern

Wir bezeichnen mit p den Anteil der Sektorfläche von Anja an der Gesamtfläche des Rades. Wären die Sektoren gleich groß, würde also $p = \frac{1}{2}$ gelten, so würde Anja schon im ersten Versuch mit der Wahrscheinlichkeit $\frac{1}{2}$ gewinnen, und Bettina dürfte überhaupt nur mit der Wahrscheinlichkeit $\frac{1}{2}$ das Rad drehen. Falls Bettina ihren Sektor verfehlt, käme Anja aber wieder an die Reihe, sodass sie deutlich im Vorteil wäre. Für eine 1:2-Einteilung wie ganz links in Abb. 4.2 ist das Spiel hingegen unfair für Anja. Warum das so ist und wie eine faire Aufteilung gefunden werden kann, wird jetzt erläutert.

Im Folgenden bezeichne eine *Spielrunde*, dass Anja und Bettina das Rad je einmal drehen, wobei Bettina unter Umständen gar nicht mehr zum Zuge kommt. Außerdem seien A und B die Ereignisse, dass Anja beziehungsweise Bettina das Spiel gewinnen. Wir verwenden sowohl für die Personen als auch für die Sektoren und die Ereignisse die Buchstaben A bzw. B, um zu verdeutlichen, was zusammengehört. Wenn Sie die Ereignisse deutlicher von Personen und Sektoren abheben möchten, verwenden Sie einfach G_A für das Ereignis, dass Anja gewinnt, und G_B für das Ereignis, dass Bettina gewinnt. Das Gebot der Fairness bedeutet, p so zu bestimmen, dass die Gleichung $P(A) = P(B)$ erfüllt ist.

Anja gewinnt mit Wahrscheinlichkeit p in der ersten Runde. Trifft sie Bettinas Sektor, kann sie nur dann noch gewinnen, wenn auch Bettina ihren Sektor verfehlt, das Spiel also nach der ersten Runde noch nicht entschieden ist. Die Wahrscheinlichkeit dafür, dass das Spiel weitergeht, ist $(1 - p)p$, denn hierfür treffen beide ihren jeweiligen Sektor *nicht*. In diesem Fall ist die Situation allerdings wie zu Beginn des Spiels, das heißt, Anjas

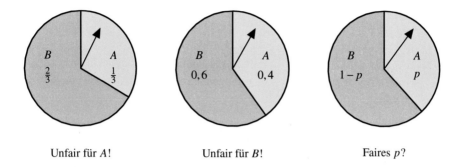

Unfair für A!   Unfair für B!   Faires p?

Abb. 4.2. Glücksräder mit unterschiedlich großen Sektoren. Wann ist das Spiel fair, wenn A beginnt?

Gewinnwahrscheinlichkeit beträgt nach einer sieglosen Runde wiederum $P(A)$. Für Bettina lässt sich genau so argumentieren. Zusammengefasst gelten

$$P(A) = p + (1-p)p \cdot P(A) \quad \text{und} \quad P(B) = (1-p)^2 + (1-p)p \cdot P(B). \qquad (4.1)$$

Weil die Gewinnwahrscheinlichkeit für beide Personen gleich groß sein und somit $P(A) = P(B)$ gelten soll, muss die Gleichung

$$p = (1-p)^2 \qquad (4.2)$$

gelöst werden, um das faire p zu ermitteln. Die Wahrscheinlichkeit p, dass Anja gewinnt, muss also genauso groß sein, wie die Wahrscheinlichkeit $(1-p)$, dass Anja ihren Sektor verfehlt, multipliziert mit der Wahrscheinlichkeit $(1-p)$, dass Bettina anschließend ihren Sektor trifft.

Das Spiel ist genau dann fair, wenn beide Personen in der ersten Runde die gleiche Gewinnwahrscheinlichkeit besitzen. Das ist der Fall, wenn (4.2) erfüllt ist.

Gleichung (4.2) ist gleichbedeutend mit

$$p^2 - 3p + 1 = 0. \qquad (4.3)$$

Diese quadratische Gleichung hat im Einheitsintervall die einzige Lösung

$$p = \frac{3 - \sqrt{5}}{2} \approx 0{,}382.$$

Nachdem das Problem für Anja und Bettina gelöst wurde, untersuchen wir folgende Situation:

Drei Personen drehen abwechselnd ein Glücksrad mit den Sektoren A, B und C in der Reihenfolge $A, B, C, A, B, C, A, \dots$. Gewonnen hat diejenige, die als Erste erreicht, dass der Zeiger in ihrem Sektor stehen bleibt. Wie müssen nun die Sektoren eingeteilt sein, damit das Spiel fair ist?

Eine Bezeichnung der Personen mit 1, 2 und 3 ist zweckmäßig, insbesondere wenn wir später die Fragestellung auf vier und mehr Personen verallgemeinern (siehe Abschn. 4.2).

Auch hier endet gemäß der vereinbarten Regel das Spiel mit dem Gewinn derjenigen Person, die als Erste ihren eigenen Sektor trifft. Die Anteile für die drei Personen an der Gesamtfläche seien p_1, p_2 und p_3. Im Folgenden sei G_j das Ereignis, dass Person j gewinnt, $j = 1, 2, 3$.

Die Wahrscheinlichkeit, dass das Spiel in der ersten Runde nicht entschieden wird, ist $w := (1 - p_1)(1 - p_2)(1 - p_3)$. Wenn wir analog zur Herleitung von (4.1) argumentieren, gewinnt Person 1 mit Wahrscheinlichkeit p_1 in der ersten Runde. Trifft sie ihren Sektor nicht, kann sie nur dann noch gewinnen, wenn auch die beiden anderen Personen ihren jeweiligen Sektor verfehlen. Dann ist die Situation dieselbe wie zu Beginn des Spiels. Folglich ist die Gewinnwahrscheinlichkeit für die erste Person nach einer sieglosen Runde erneut $P(G_1)$.

Für die anderen Personen lässt sich in gleicher Weise argumentieren. Ihre Gewinnwahrscheinlichkeiten sind nach einer sieglosen Runde erneut $P(G_2)$ bzw. $P(G_3)$. Person 2 gewinnt genau dann in der ersten Runde, wenn Person 1 ihren Sektor nicht trifft (was mit Wahrscheinlichkeit $1 - p_1$ geschieht) und dann Person 2 ihren Sektor trifft. Die Wahrscheinlichkeit dafür ist $(1 - p_1)p_2$. Person 3 gewinnt in der ersten Runde genau dann, wenn weder Person 1 noch Person 2 Erfolg haben und sie dann ihren eigenen Sektor trifft, und die Wahrscheinlichkeit hierfür ist $(1 - p_1)(1 - p_2)p_3$.

Insgesamt müssen somit die Gleichungen

$$P(G_1) = p_1 + wP(G_1),$$

$$P(G_2) = (1 - p_1)p_2 + wP(G_2)$$

und

$$P(G_3) = (1 - p_1)(1 - p_2)p_3 + wP(G_3)$$

erfüllt sein.

Auch hier ist das Spiel genau dann fair, wenn die Gewinnwahrscheinlichkeiten der Personen in der *ersten Runde*, die aus maximal drei Drehungen des Rades besteht, gleich sind. Es müssen also die Gleichungen

$$p_1 = (1 - p_1)p_2 = (1 - p_1)(1 - p_2)p_3$$

gelten, was nach Auflösen

$$p_2 = \frac{p_1}{1 - p_1} \tag{4.4}$$

und

$$p_3 = \frac{p_2}{1 - p_2} = \frac{p_1}{1 - 2p_1} \tag{4.5}$$

ergibt. Wegen $p_1 + p_2 + p_3 = 1$ folgt mit $x := p_1$

$$x + \frac{x}{1-x} + \frac{x}{1-2x} = 1.$$

Nach Durchmultiplizieren mit $(1-x)(1-2x)$ und Zusammenfassen von Termen mit gleicher Potenz von x erhält man für x eine kubische Gleichung.

Ein faires Glücksrad für drei Personen mit den Anteilen p_1, p_2 und p_3 an der Gesamtfläche für die erste, zweite bzw. dritte Person führt auf die in $x = p_1$ kubische Gleichung

$$2x^3 - 8x^2 + 6x - 1 = 0.$$

Die numerische Lösung ergibt p_1, und daraus berechnen sich p_2 sowie p_3. Man erhält

$$p_1 \approx 0,237, \quad p_2 \approx 0,311, \quad p_3 \approx 0,452.$$

Die Werte von p_2 und p_3 kann man mithilfe von (4.4) und (4.5) aus p_1 ermitteln. Abbildung 4.3 zeigt das faire Glücksrad für drei Personen.

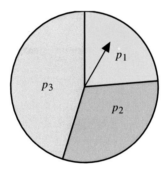

Abb. 4.3. Faires Glücksrad für drei Personen

Bevor wir mathematisch tiefer bohren, sei gesagt, dass man sowohl für das Spiel zwischen Anja und Bettina als auch für den Fall, dass drei Personen A, B und C gegeneinander spielen, recht einfach Ergebnismengen festlegen kann. Im ersten Fall ist eine mögliche Wahl $\Omega := \{A, AB, ABA, ABAB, \ldots\}$. Dabei stehen A für Anja und B für Bettina, und jede alternierende Symbolfolge aus A's und B's bedeutet, dass Anja und Bettina abwechselnd drehen, wobei das letzte auftretende Symbol markiert, wer gewonnen hat. So steht etwa ABA dafür, dass zunächst Anja und Bettina ihren jeweiligen Sektor verfehlen und dann Anja trifft. Bei drei Personen ist die Ergebnismenge $\Omega := \{A, AB, ABC, ABCA, ABCAB, \ldots\}$ mit einer analogen Interpretation der Elemente von Ω wie oben eine mögliche Wahl.

4.2 Mathematische Tiefbohrung

Wir haben gesehen, dass die Fragestellung mit elementaren Mitteln – unter anderem dem Lösen einer in p quadratischen bzw. kubischen Gleichung – untersucht werden kann. Bohren wir mathematisch etwas tiefer, treten bei diesem Glücksradproblem eine Reihe mathematischer Edelsteine zutage. Außerdem lassen sich Varianten dieses Spiels finden.

Die geometrische Reihe kommt ins Spiel

Wir kommen zunächst auf den Fall mit zwei Spielern zurück, die wir wie zu Beginn dieses Kapitels Anja und Bettina bzw. A und B nennen. Ein anderer Gedankengang, um das faire p zu erhalten, ist der folgende: Bezeichnet $w := p(1 - p)$ die Wahrscheinlichkeit, dass das Spiel nach einer Runde weitergeht, so gewinnt Anja mit Wahrscheinlichkeit pw^{j-1} in der j-ten Runde, $j \geq 1$. Summieren wir über j, so ergibt sich die Gewinnwahrscheinlichkeit für Anja zu

$$P(A) = \sum_{j=1}^{\infty} pw^{j-1}.$$

Hier tritt also eine geometrische Reihe auf (siehe Abschn. A.1). Unter Verwendung der Formel für deren Grenzwert erhalten wir

$$P(A) = \sum_{j=1}^{\infty} pw^{j-1} = p \sum_{k=0}^{\infty} w^k = \frac{p}{1 - w} = \frac{p}{1 - (1 - p)p}.$$

Setzen wir den letzten Ausdruck gleich $\frac{1}{2}$, da Fairness $P(A) = \frac{1}{2}$ bedeutet, ergibt sich ebenfalls (4.3) für p. In einer Mathe-AG kann die Konvergenz von Reihen in einer früheren Einheit unterrichtet werden. So können die Schüler das analytische Wissen über die geometrische Reihe im Stochastikunterricht vertiefen.

Faire Bedingungen sind goldene Verhältnisse

Betrachten wir im Fall von zwei Personen das Verhältnis $\frac{1-p}{p}$ der Wahrscheinlichkeiten zueinander, so ergibt sich mit $1 - p = 2p - p^2$ (vgl. (4.3)) der Wert

$$\frac{1-p}{p} = \frac{2p - p^2}{p} = 2 - p = \frac{1 + \sqrt{5}}{2}.$$

Bemerkenswerterweise teilen $1 - p$ und p das Einheitsintervall im Verhältnis des *goldenen Schnitts*. Es sorgt also ein „goldener Schnitt" für Gerechtigkeit bei diesem Spiel.

Alles im Einklang: Harmonisches Mittel

Für den Fall, dass drei Personen spielen, kamen wir in Abschn. 4.1 auf (4.4), d. h. auf die Gleichung

$$p_2 = \frac{p_1}{1 - p_1}.$$

Diese Beziehung besagt, dass Person 2 den gleichen „Wahrscheinlichkeitsanteil am Glücksrad" erhält wie Person 1, nur mit dem Unterschied, dass sich dieser Anteil auf das bezieht, was Person 1 „noch übrig lässt", nämlich den Anteil $1 - p_1$. Analog kann das erste Gleichheitszeichen in (4.5) für Person 3 in Bezug auf Person 2 interpretiert werden. Schreiben wir allgemein

$$\bar{x}_h := \frac{n}{\frac{1}{x_1} + \ldots + \frac{1}{x_n}}$$

für das *harmonische Mittel* von positiven Zahlen $x_1, \ldots, x_n$, so folgt aus (4.4) und (4.5) durch Kehrtwertbildung und Addition

$$\frac{1}{p_1} + \frac{1}{p_2} + \frac{1}{p_3} = \frac{3}{p_1} - 3$$

und somit

$$\bar{p}_h = \frac{3}{\frac{3}{p_1} - 3} = \frac{1}{\frac{1}{p_1} - 1} = \frac{p_1}{1 - p_1} = p_2.$$

Der Wahrscheinlichkeitsanteil von Person 2 am Glücksrad ist also das harmonische Mittel von p_1, p_2 und p_3.

Mehr als drei Personen

Die Überlegungen zum Spiel für zwei bzw. drei Personen übertragen sich auch auf vier oder allgemeiner n Personen. Bezeichnet p_j den Anteil von Person j an der Gesamtfläche des Glücksrades, $j \in \{1, \ldots, n\}$, so müssen diese Anteile den Gleichungen

$$p_j = \frac{p_{j-1}}{1 - p_{j-1}}, \quad j = 2, \ldots, n,$$

genügen, damit das Spiel fair ist, wenn die Personen das Glücksrad in der Reihenfolge $1, 2, \ldots, n$ und anschließend gegebenenfalls wieder $1, 2, \ldots$ drehen. Aus obigen Gleichungen folgt jetzt

$$p_j = \frac{p_1}{1 - j p_1}, \quad j = 2, \ldots, n.$$

Zusammen mit $p_1 + \ldots + p_n = 1$ erhält man dann den Anteil p_1 bzw. x als Lösung der Gleichung

$$x + \sum_{j=1}^{n-1} \frac{x}{1 - jx} = 1.$$

Nach Hochmultiplizieren mit dem Hauptnenner ergibt sich x als Lösung einer Polynomgleichung n-ten Grades.

Änderung der Spielregeln

Wir kehren zurück zu Anja und Bettina, ändern aber die Regeln. Wir erlauben jetzt Bettina für den Fall, dass sie an die Reihe kommt, das Rad höchstens zweimal drehen zu dürfen, bevor eventuell wieder Anja drehen darf. Mit dieser Spielregel ergibt sich das faire p aus der Beziehung

$$p = (1-p)(1-p+p(1-p)),$$

die zur kubischen Gleichung

$$p^3 - p^2 - 2p + 1 = 0$$

äquivalent ist.

Im Intervall $[0,1]$ ist die durch $f(x) = x^3 - x^2 - 2x + 1$ definierte Funktion $f : \mathbb{R} \to \mathbb{R}$ streng monoton fallend, und sie besitzt dort die (approximative) Nullstelle $x_0 \approx 0,445$. Falls das Glücksrad in der 10. Klasse behandelt wird, wäre hier im Unterricht ein Einschub zum Newton-Verfahren möglich, womit die numerische Mathematik ins Spiel käme. Generell bieten Iterationsverfahren die Möglichkeit einer Vernetzung mit der Informatik.

Alternatives Sicherstellen von Fairness

Im letzten Unterabschnitt haben wir gesehen, dass das Glücksrad für $p \approx 0,445$ fair ist, wenn Bettina zweimal drehen darf. Auch die Umkehraufgabe ist interessant! Geben wir einen beliebigen Wert p kleiner als $\frac{1}{2}$ vor, stellt sich die Frage, wie viele Drehungen Bettina mindestens erlaubt sein müssen, damit das Spiel für sie vorteilhaft wird. Im Fall $p = \frac{1}{2}$ kann das Spiel nur dann fair sein, wenn Bettina beliebig oft drehen darf, weil Anja in der ersten Runde bereits mit der Wahrscheinlichkeit $\frac{1}{2}$ gewinnt. Nehmen wir nun an, dass Bettina k-mal drehen darf, so gewinnt sie in der ersten Runde mit der Wahrscheinlichkeit

$$(1-p)\left(1-p+p(1-p)+p^2(1-p)+\ldots+p^{k-1}(1-p)\right)$$
$$= (1-p)^2\left(1+p+p^2+\ldots+p^{k-1}\right)$$
$$= (1-p)\left(1-p^k\right). \tag{4.6}$$

Dabei haben wir für das letzte Gleichheitszeichen die geometrische Summenformel (A.3) verwendet.

Anja gewinnt in der ersten Runde mit Wahrscheinlichkeit p. Damit Bettina bevorzugt wird, muss p kleiner als der Ausdruck in (4.6) sein. Wir fordern daher die Gültigkeit der Ungleichung

$$p < (1-p)(1-p^k),$$

damit Bettina im Vorteil ist. Diese Forderung ist gleichbedeutend mit

$$p^k < \frac{1-2p}{1-p}.$$

Nach Logarithmieren ist diese Ungleichung äquivalent zu

$$k > \frac{\ln \frac{1-2p}{1-p}}{\ln p}.$$

Abschließend verweisen wir auf [22].

4.3 Umsetzung im Unterricht

Durch den im Folgenden beschriebenen Einstieg sollen die Schüler erkennen, dass die Wahl von $p = \frac{1}{2}$ nicht fair ist, und das Bedürfnis entwickeln, das faire p zu bestimmen. Schlagen Sie vor, das Spiel mit einem Glücksrad zu spielen, bei dem $p = \frac{1}{2}$ gilt. Ein reales Glücksrad bietet allein durch das haptische Element des Drehens ein gewisses Motivationsmoment. Außerdem können Sie ein reales Glücksrad dazu nutzen, die Spielregeln zu erklären. Sie können ein einfaches Glücksrad zur Demonstration aufbauen oder die Schüler aktiv werden lassen. Das Demonstrationsrad lässt sich mit ein wenig Stativmaterial bauen, das die Physikkollegen sicher gerne ausborgen. Das kleine Glücksrad funktioniert mit CDs oder DVDs, die sich gut drehen lassen. Diese sind zwar fast schon historisch, aber oft noch in Mediensammlungen vorhanden.

Sie können zwei Schüler gegeneinander spielen lassen und in eine Strichliste an der Tafel die Anzahl der Siege festhalten. Nennen Sie bereits in diesem Experiment den Startspieler A und den anderen Spieler B. Dadurch lernen Ihre Schüler im Hinblick auf die spätere Arbeitsphase sowohl die Spielregeln als auch nützliche Bezeichnungen kennen. Losen Sie aus, wer beginnt, und fragen Sie nach einigen Runden, ob das Spiel fair ist. Sobald erkannt wird, dass das Spiel mit zwei gleich großen Sektoren unfair ist, können Sie Vorschläge sammeln, wie das Spiel verändert werden könnte, damit niemand im Vorteil ist. Lassen Sie die Schüler das Spiel anschließend mit der nachfolgend verlinkten GeoGebra-Datei in Zweierteams spielen (siehe auch Abb. 4.4).

https://www.geogebra.org/m/fjv9jwyw

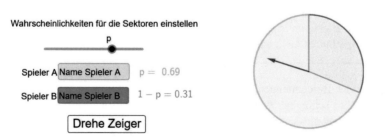

Abb. 4.4. GeoGebra-Datei für den Unterricht

Spielen

Die Zweierteams spielen mit verschiedenen Werten von p je elfmal einen Sieger aus. Durch die ungerade Anzahl vermeiden Sie einen Gleichstand an Siegen. Dabei wird auf dem über die GeoGebra-Website zur Verfügung gestellten Arbeitsblatt festgehalten, wer wie oft gewonnen hat. So entsteht ein Gefühl dafür, welche p's für ein faires Spiel infrage kommen. Danach bestimmt jedes Zweierteam ein p, mit dem in einer Entscheidungsrunde um einen Preis gespielt wird. Sammeln Sie anschließend die Werte, mit denen die Schüler in der Entscheidungsrunde gespielt haben, und diskutieren Sie diese Werte.

Rechnen

Bevor Sie mit Ihrer Klasse der Frage nachgehen, wie das faire p berechnet werden kann, lohnt es sich, die folgende Aufgabe zu stellen. Anhand von Beispielen können Ihre Schüler die Wahrscheinlichkeiten für den Sieg einer der beiden Personen nach drei Runden berechnen. Diese Aufgabe bereitet in unterschiedlicher Weise auf das anschließende Finden des fairen p vor. Durch die Einführung des Begriffs *Runde* wird dem Spiel eine Struktur gegeben. Es wird klar, dass es nach einer vorgegebenen Anzahl an Runden einen Sieger geben kann oder das Spiel noch nicht entschieden ist. Außerdem wird durch die Berechnung der Gewinnwahrscheinlichkeiten für verschiedene p ein Gefühl dafür entwickelt, wie groß das faire p in etwa sein muss. Falls Ihre Schüler bei der anschließenden Suche nach dem fairen p keinen Ansatz finden, können Sie zu dieser Aufgabe zurückkehren und versuchen, die Situation zu verallgemeinern.

Schüleraktivität

Eine *Runde* endet entweder mit dem Sieg von Person A oder andernfalls, nachdem Person B gedreht hat. Der Spielleiter gibt vor, dass höchstens drei Runden gespielt werden dürfen.
Berechnet für $p = \frac{1}{2}$, $p = \frac{1}{3}$ und $p = \frac{2}{5}$ sowie den Wert aus eurer Entscheidungsrunde jeweils die Wahrscheinlichkeiten dafür, dass

a) Person A gewinnt,
b) Person B gewinnt,
c) das Spiel noch nicht entschieden ist.

Sie können die Berechnungen arbeitsteilig in den Partnergruppen durchführen lassen, in denen vorher schon gespielt wurde. Dadurch stehen den Teams alle Ergebnisse zur Verfügung, und es muss nicht jeder viermal die gleichen Rechenoperationen durchführen. Durch das Spielen und Rechnen entwickelt die Klasse das Bedürfnis, das faire p zu bestimmen.

Problemlösen

Sammeln Sie auf dieser Basis Ideen, wie man das faire p ermitteln kann. Es ist möglich, dass der Ansatz

$$p = (1 - p) \cdot (1 - p)$$

direkt vorgeschlagen wird. In diesem Fall haben Sie vermutlich Schüler in Ihrer Klasse, die eine gute stochastische Intuition besitzen. Das Argument „Das Spiel ist fair, wenn beide in der ersten Runde die gleiche Gewinnchance haben", das an dieser Stelle eventuell genannt wird, ist zwar richtig, es sollte aber trotzdem nach dem Warum gefragt werden. Sie können ihren intuitiven Problemlösern also die Aufgabe geben, eine gute Begründung für den Ansatz zu formulieren, während die anderen versuchen sollen, die Behauptung zu überprüfen.

Ein Baumdiagramm wie in Abb. 4.5 kann helfen, die Situation zu veranschaulichen. Dieses können Sie mit Ihrer Klasse gemeinsam an der Tafel entwickeln. Jede Stufe entspricht dabei dem einmaligen Drehen des Zeigers. Person A, der Startspieler, wählt in dieser Situation den gelben Sektor. Die Knotenfarben Gelb bzw. Blau zeigen an, in welchem Sektor der Zeiger zu stehen kommt. Falls der Sieger feststeht, ist der Knoten durch einen Kreis markiert. Die Wahrscheinlichkeiten, den gelben bzw. den blauen Sektor zu treffen, sind p bzw. $1 - p$. Der Kasten kennzeichnet die erste Runde. Sie können das Ende der ersten Runde auch durch eine gestrichelte Linie kennzeichnen.

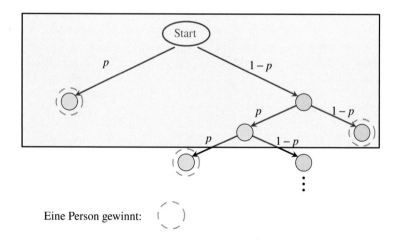

Abb. 4.5. Baumdiagramm für zwei Personen. Der Kasten kennzeichnet die erste Runde

Geben Sie Ihren Schülern Zeit, das faire p zu bestimmen. Diese Arbeitsphase kann in den Partnergruppen erfolgen, in denen vorher bereits gespielt und gerechnet wurde.

Manche Schüler werden versuchen, das faire p mithilfe der Pfadregeln zu ermitteln. Dabei stoßen sie auf das Problem, dass es „unendlich weitergeht". Diese Beobachtung führt zur

Gleichung

$$P(A) = p + (1-p) \cdot p \cdot p + (1-p) \cdot p \cdot (1-p) \cdot p \cdot p + \dots$$
$$= p + (1-p) \cdot p^2 + (1-p)^2 \cdot p^3 + \dots$$

beziehungsweise zu

$$P(B) = (1-p)^2 + (1-p) \cdot p \cdot (1-p)^2 + \dots$$

Falls dieser Ansatz gewählt wird, können Sie ihn in der späteren Sicherung aufgreifen, indem Sie in der ersten Gleichung p und in der zweiten Gleichung $(1-p)^2$ ausklammern. Sie erhalten

$$P(A) = p \cdot \left(1 + p \cdot (1-p) + (p \cdot (1-p))^2 + \dots\right)$$

beziehungsweise

$$P(B) = (1-p)^2 \left(1 + p \cdot (1-p) + (p \cdot (1-p)^2 + \dots\right),$$

was zum Ansatz $p = (1-p)^2$ führt.

Alternativ kann folgendermaßen argumentiert werden: Person A gewinnt mit Wahrscheinlichkeit p in der ersten Runde. Trifft sie den Sektor von Person B, kann sie nur dann noch gewinnen, wenn B den eigenen Sektor ebenfalls verfehlt, das Spiel also nach der ersten Runde noch nicht entschieden ist. Die Wahrscheinlichkeit dafür beträgt $(1-p)p$. In diesem Fall ist die Situation allerdings wie zu Beginn des Spiels. Machen Sie diesen Zusammenhang am Baumdiagramm deutlich. Folglich ist die Gewinnwahrscheinlichkeit für A nach einer sieglosen Runde erneut $P(A)$. Für B lässt sich genauso argumentieren. Zusammengefasst gelten

$$P(A) = p + (1-p) \cdot p \cdot P(A) \quad \text{und} \quad P(B) = (1-p)^2 + (1-p) \cdot p \cdot P(B).$$

Auch aus diesen Gleichungen folgt, dass $p = (1-p)^2$ gelöst werden muss, um das faire p zu ermitteln. Falls Sie Schüler haben, die bereits zu Beginn intuitiv die richtige Lösung genannt haben, so liefert diese Argumentation eine überzeugende Begründung. Formal entsprechen diesem Ansatz die in (4.1) stehenden Gleichungen.

Eine Lösung mithilfe der geometrischen Reihe wie zu Beginn von Abschn. 4.2 ist nicht zu erwarten, wenn Sie nicht in einer leistungsstarken Mathe-AG unterrichten, in der Reihen vorher thematisiert wurden.

Falls eine Partnergruppe keinen Ansatz findet, können Sie fragen, wie groß die Wahrscheinlichkeiten für A beziehungsweise B ist, das Spiel nach einer Runde zu gewinnen. A gewinnt mit Wahrscheinlichkeit p, während B mit Wahrscheinlichkeit $1-p$ überhaupt zum Zug kommt und dann mit Wahrscheinlichkeit $1-p$ gewinnt. Geben Sie diese Hilfe aber nicht zu früh im Prozess des Problemlösens, um diesen nicht zu stark zu beeinflussen (vgl. auch Abschn. 2.3 und [41], S. 315–319).

Das Lösen der quadratischen Gleichung führt schließlich auf

$$p_1 = \frac{3 - \sqrt{5}}{2} \approx 0,382 \quad \text{und} \quad p_2 = \frac{3 + \sqrt{5}}{2} \approx 2,618.$$

Erinnern Sie Ihre Schüler daran, dass sie nach einer Wahrscheinlichkeit suchen, also nur eine Lösung im Einheitsintervall infrage kommt, womit $p = p_1$ der gesuchte Wert ist. Manche Schüler werden erstaunt sein, dass im Stochastikunterricht quadratische Gleichungen auftreten und das Ergebnis eine irrationale Zahl ist.

Sichern Sie diese Arbeitsphase, indem Sie die Ansätze aus mehreren Gruppen im Plenum sammeln. Machen Sie auch klar, dass es nicht schlimm ist, wenn keine Lösung gefunden wurde. Sie können für die Sicherung das Baumdiagramm verwenden. Unterschätzen Sie nicht die Probleme, die beim Lösen der quadratischen Gleichung auftreten können. Da sich diese nicht in einer Form befindet, für die eine der bekannten Lösungsformeln direkt angewandt werden kann, müssen Sie hier vielleicht Hilfestellung geben.

Falls Sie in einer Mathe-AG unterrichten, kann auch das Spiel für drei Personen thematisiert werden. Diesen Kontext können Sie nutzen, um auf die Lösbarkeit von Gleichungen dritter oder höherer Ordnung einzugehen: Für die Lösung von Polynomgleichungen dritten und vierten Grades gibt es entsprechende Formeln wie die *pq*- bzw. *abc*-Formel für quadratische Gleichungen (siehe z. B. [36], Abschn. 1.6f). Allein der Blick auf die cardanischen Formeln für kubische Gleichungen kann beeindrucken. Für die allgemeine Gleichung fünften und höheren Grades gibt es keine entsprechende Formeln mehr, und man kann sogar zeigen, dass es solche prinzipiell nicht geben kann (vgl. [36], Abschn. 8.4). Außerdem bietet sich mit besonders befähigten Schülern die Untersuchung geometrischer Reihen an (siehe Abschn. A.1).

4.4 Randbemerkungen

In heutigen Spielbanken ist das Glücksrad in Form des europäischen Roulette-Rades häufig anzutreffen. Dieses Rad hat 37 Felder: 18 schwarze, 18 rote und ein grünes mit der Beschriftung „0“. Die Anordnung der Felder auf dem Rad hat freilich keinen Einfluss auf irgendeine Wahrscheinlichkeit, sie dient wohl vor allem der Verwirrung der Spieler. Betrachtet man benachbarte Fächer, so wechseln sich bei der Beschriftung niedrige Zahlen aus dem Bereich 1 bis 18 mit hohen Werten zwischen 19 und 36 ab – bis auf die Ausnahme, dass sich die 5 neben der 10 befindet.

Die Idee eines Rades, dessen Stellung Glück oder Unglück bedeutet, ist schon alt: Fortuna, die Göttin des Glücks oder auch des Schicksals, wird in mitteralterlichen Darstellungen oft mit einem Rad abgebildet. Im heutigen englischen Sprachgebrauch heißt das Glücksrad *wheel of fortune*, und *fortune* hat auch die Bedeutung *Schicksal*. Auch Cicero verwendete *rota fortunae* in einer Rede.

4.5 Rezeptfreies Material

Video 4.1: „Ein faires Glücksrad mit ungleichen Sektoren"

`https://www.youtube.com/watch?v=vX93rO1uG7I`

4.6 Aufgaben

Aufgabe 4.1
Wenn $p = \frac{1}{2}$ ist, kann das Spiel nur dann fair sein, wenn Bettina beliebig oft drehen darf (siehe Abschn. 4.2). Wir geben nun einen Wert p kleiner als $\frac{1}{2}$ vor, z. B. $p = 0,45$.

a) Berechne für $p = 0,45$, wie viele Drehungen Bettina mindestens erlaubt sein müssen, damit das Spiel für sie vorteilhaft wird.

b) Verallgemeinere dein Ergebnis, indem der gegebene Wert mit p bezeichnet wird.

Aufgabe 4.2
Untersuche das faire Glücksrad für drei Personen.

a) Wir bezeichnen mit p_1, p_2 und p_3 die Wahrscheinlichkeiten, dass der Zeiger im Feld von Person 1 bzw. Person 2 bzw. Person 3 stehen bleibt. Gib die Wahrscheinlichkeiten dafür an, dass in der ersten Runde Person 1 bzw. Person 2 bzw. Person 3 gewinnt.

b) Stelle Gleichungen dafür auf, was es bedeutet, dass das Spiel fair ist.

c) Überlege, welche weitere Gleichung gilt (Hinweis: Summe $p_1 + p_2 + p_3$).

Für Profis:

Finde eine einzige Gleichung, die für das faire Glücksrad erfüllt sein muss, indem du für p_1 die Variable x schreibst und die restlichen Variablen dadurch ausdrückst.

Ergebnis: $2x^3 - 8x^2 + 6x - 1 = 0$.

Aufgabe 4.3
Wir geben jetzt Anja den zusätzlichen Vorteil, dass sie das Glücksrad maximal zweimal drehen darf.

Zeige:

a) Das Spiel ist in der ersten Runde fair, wenn p die Gleichung

$$p^3 - 4p^2 + 5p - 1 = 0$$

erfüllt.

b) Mit der Wahrscheinlichkeit $p(1-p)^2$ ist das Spiel nach einer Runde noch nicht entschieden.

c) Das durch $f(x) := x^3 - 4x^2 + 5x - 1$ definierte Polynom hat nur eine Nullstelle p im Intervall $(0, 1)$, und für diese gilt $\frac{1}{5} < p < \frac{1}{4}$.

Rekorde bei Temperaturdaten: Alles reiner Zufall?

Klassenstufe	Ab 10
Idee	Werte einer Datenreihe werden rein zufällig vertauscht. Wie groß ist die Wahrscheinlichkeit für bestimmte Rekordanzahlen?
Voraussetzungen	Erwartungswert
Lernziele	Erwartungswert und Varianz können ohne Kenntnis der Verteilung erhalten werden.
Zeitlicher Umfang	Zwei Unterrichtsstunden

Abb. 5.1. Hohe Temperaturen lassen viele Menschen ermatten

© Der/die Autor(en), exklusiv lizenziert durch
Springer-Verlag GmbH, DE, ein Teil von Springer Nature 2021
N. Henze et al., *Stochastik rezeptfrei unterrichten*,
https://doi.org/10.1007/978-3-662-62744-0_5

Auch zum Klimawandel hat die Stochastik einiges zu sagen. Dieses Kapitel handelt von Rekorden bei zehnjährigen Durchschnittstemperaturen (siehe Tab. 5.1).

Tab. 5.1. Durchschnittswerte der bodennahen Temperaturen (in °C) in Deutschland. Quelle: Deutscher Wetterdienst

1881 – 1890	7,64	1951 – 1960	8,20
1891 – 1900	7,89	1961 – 1970	7,99
1901 – 1910	7,90	1971 – 1980	8,25
1911 – 1920	8,25	1981 – 1990	8,49
1921 – 1930	8,14	1991 – 2000	8,93
1931 – 1940	8,21	2001 – 2010	9,18
1941 – 1950	8,45	2011 – 2019	9,54

In Berichten über extreme Temperaturen wie in Abb. 5.1 hört bzw. liest man oft die Formulierung „seit Beginn der Wetteraufzeichnungen". Welcher Zeitpunkt ist hierbei gemeint? An bestimmten Orten wurden immer wieder Messungen durchgeführt, jedoch lässt sich aus einzelnen Stationen noch keine verlässliche Aussage über die klimatologische Entwicklung in einer Region oder gar weltweit ableiten. Der Deutsche Wetterdienst schreibt: „Zur Berechnung einer relativ gut räumlich aufgelösten Temperaturverteilung in Deutschland liegen erst seit 1881 genügend Stationswerte vor. Daher beziehen sich Angaben wie z. B. über extreme Monate in der Regel auf dieses Anfangsdatum" (siehe [38]).

Ausgangspunkt für dieses Kapitel sind die jeweils über einen Zeitraum von einer Dekade gemittelten bodennahen Lufttemperaturen in Deutschland seit 1881, gemessen in Grad Celsius. Tabelle 5.1 zeigt dazu Daten des Deutschen Wetterdienstes. Man sieht Zeiträume von jeweils zehn Jahren, bis auf den letzten, der nur neun Jahre umfasst. Diese Daten sind in Abb. 5.2 veranschaulicht. Dabei haben wir *Rekorde*, also Werte, die größer sind als alle Werte davor, rot markiert.

Unter 14 verschiedenen, zeitlich geordneten Werten tritt neunmal ein Rekord auf, also ein Wert, der höher ist als alle zeitlich davor liegenden. Wie groß ist die Wahrscheinlichkeit, dass sich beim rein zufälligen Vertauschen von 14 Zahlen mindestens neun Rekorde ergeben?

5.1 Mathematischer Kern

Der erste Wert 7,64 °C ist definitionsgemäß ein Rekord, er setzt eine Vergleichsmarke. Der zweite Wert 7,89 °C ist größer als diese Marke und somit auch ein Rekord, ebenso der

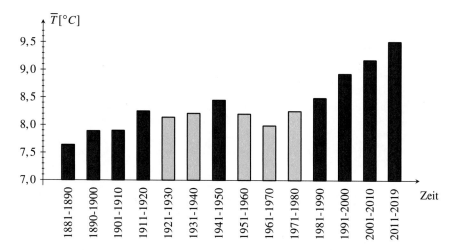

Abb. 5.2. Temperaturmittelwerte. Rot dargestellt sind die Dekaden, in denen ein Rekord auftritt. Quelle: Deutscher Wetterdienst

nächste, der um $0,01\,°C$ größer ist. Das darauffolgende Jahrzehnt liefert mit $8,25\,°C$ einen weiteren Rekord, nicht aber die beiden sich anschließenden Jahrzehnte mit $8,14\,°C$ bzw. $8,21\,°C$. Der nächste Rekord wird mit $8,45\,°C$ in den 1940er Jahren erreicht. Danach folgen drei Dekaden mit niedrigeren Durchschnittstemperaturen. Der Rekordwert $8,49\,°C$ in den 1980er Jahren ist nur etwas größer als derjenige der 1940er Jahre, und danach stellen sich mit $8,93\,°C$, $9,18\,°C$ und $9,54\,°C$ noch drei weitere Rekorde ein. Insgesamt liegen also bei diesen 14 Werten neun Rekorde vor. Man beachte, dass der Wert $8,25\,°C$ aus den 1970er Jahren gleich dem Wert aus der Dekade $1911 - 1920$ ist. Da dieser die Gesamtanzahl der Rekorde nicht beeinflusst, unterscheiden wir ihn gedanklich von dem im Jahrzehnt $1911 - 1920$ gemessenen Wert, indem wir ihn um $0,01\,°C$ erhöhen oder erniedrigen. Wir gehen also im Folgenden stets von 14 verschiedenen Werten aus.

Eine Ergebnismenge aus Permutationen

Die erste Überlegung ist, dass es für die Bildung von Rekorden aus 14 Werten nur entscheidend ist, dass man Größenvergleiche anstellen kann, aber nicht, wie diese Werte konkret aussehen. Der Einfachheit halber nehmen wir an, dass die Zahlen von 1 bis 14 vorliegen. Wir lösen uns aber auch direkt von der konkreten Zahl 14 und betrachten ohne Beschränkung der Allgemeinheit Permutationen, also Vertauschungen, der Zahlen von 1 bis n. Für eine stochastische Modellierung definieren wir als Ergebnismenge Ω die Menge aller Permutationen dieser Zahlen, setzen also

$$\Omega = \big\{(a_1,\ldots,a_n) : (a_1,\ldots,a_n) \text{ ist Permutation von } 1,2,\ldots,n\big\}. \qquad (5.1)$$

Jede solche Permutation lässt sich als ein n-Tupel mit Komponenten $a_1,\ldots,a_n$ schreiben. Dabei tritt jede der Zahlen von 1 bis n im Tupel genau einmal auf. Insgesamt gibt es $n!$

derartiger Tupel. Wir nehmen an, dass der blinde Zufall diese Tupel erzeugt, arbeiten also mit der Gleichverteilung auf Ω, d. h. mit einem Laplace-Modell. Formal wird A_j als das Ereignis definiert, dass in einem solchen n-Tupel von links nach rechts gelesen an der j-ten Stelle ein Rekord auftritt.

Dieses Ereignis besteht aus denjenigen n-Tupeln, in denen die an der j-ten Stelle stehende Zahl a_j die größte der ersten j Zahlen ist. Es handelt sich dabei um eine Teilmenge von Ω, die formal durch

$$A_j = \big\{(a_1, \ldots, a_n) \in \Omega : a_j = \max(a_1, \ldots, a_j)\big\}, \quad j = 1, \ldots n, \tag{5.2}$$

ausgedrückt werden kann. Insbesondere ist das Ereignis A_1 mit der gesamten Menge Ω identisch. Die erste Komponente im Tupel setzt also den Referenzwert im Hinblick auf weitere Rekorde.

Die Zufallsgröße R_n sei die Anzahl der Rekorde in solch einem n-Tupel. Dabei zeigt der Index n an, wie viele Zahlen vertauscht werden. Obwohl die Bezeichnung R_n in Kap. 2 für die Anzahl der Ringe beim zufälligen Verknoten von n Schnüren steht, sind keine Verwechslungen zu befürchten; es handelt sich um kapitelbezogene „lokale Variablen".

Das Wort *Anzahl* lässt jeden, dessen Stochastik-Gespür schon etwas trainiert ist, an eine Zählvariable oder Indikatorsumme denken (vgl. die Betrachtungen auf S. 7). Da gezählt wird, wie viele der Ereignisse $A_1, \ldots, A_n$ eintreten, modellieren wir R_n als die Indikatorsumme

$$R_n = \mathbf{1}\{A_1\} + \mathbf{1}\{A_2\} + \ldots + \mathbf{1}\{A_n\}. \tag{5.3}$$

Dabei nimmt für jedes $j \in \{1, \ldots, n\}$ der Indikator $\mathbf{1}\{A_j\}$ den Wert 1 bzw. 0 an, je nachdem, ob A_j eintritt oder nicht (vgl. S. 7). Wir betrachten als Nächstes das konkrete Beispiel $n = 4$.

Wie groß sind jeweils die Wahrscheinlichkeiten, dass unter vier verschiedenen Zahlen genau ein Rekord bzw. zwei, drei bzw. vier Rekorde auftreten?

Im diesem Fall besteht die Ergebnismenge Ω aus folgenden $4! = 24$ Permutationen:

$$\Omega = \begin{Bmatrix} (1,2,3,4) & (2,1,3,4) & (3,1,2,4) & (4,1,2,3) \\ (1,2,4,3) & (2,1,4,3) & (3,1,4,2) & (4,1,3,2) \\ (1,3,2,4) & (2,3,1,4) & (3,2,1,4) & (4,2,1,3) \\ (1,3,4,2) & (2,3,4,1) & (3,2,4,1) & (4,2,3,1) \\ (1,4,2,3) & (2,4,1,3) & (3,4,1,2) & (4,3,1,2) \\ (1,4,3,2) & (2,4,3,1) & (3,4,2,1) & (4,3,2,1) \end{Bmatrix}. \tag{5.4}$$

Die Permutationen sind unterschiedlich gefärbt, und zwar entsprechend der Rekordanzahl: Ein einziger Rekord tritt genau dann auf, wenn 4 an der ersten Stelle steht, und das ist für die sechs orange gefärbten Permutationen in der letzten Spalte der Fall. Die Wahrscheinlichkeit, dass R_4 den Wert 1 annimmt, berechnen wir, indem wir die Anzahl der günstigen Fälle durch die Anzahl aller möglichen Fälle dividieren, und erhalten $\frac{6}{24}$. Genau zwei Rekorde treten bei den blau gekennzeichneten Permutationen auf. Das sind alle in der dritten Spalte auftretenden Fälle, bei denen 3 an der ersten Stelle steht, aber auch drei weitere Permutationen in der zweiten Spalte, die mit 2 beginnen. Entscheidend ist, dass danach 4 vor 3 auftritt. Hinzu kommen noch zwei Permutationen aus der ersten Spalte, bei denen 4 direkt auf die an der ersten Stelle stehende Zahl 1 folgt. Insgesamt gibt es elf Permutationen mit zwei Rekorden, und somit nimmt R_4 den Wert 2 mit der Wahrscheinlichkeit $\frac{11}{24}$ an. Drei Rekorde treten bei den sechs Permutationen auf, die rot gekennzeichnet sind, und nur die identische Permutation ganz links oben weist vier Rekorde auf.

Zusammengefasst ergibt sich

$$P(R_4 = 1) = \frac{6}{24}, \ P(R_4 = 2) = \frac{11}{24}, \ P(R_4 = 3) = \frac{6}{24} \ \text{und} \ P(R_4 = 4) = \frac{1}{24},$$

womit die Verteilung von R_4 bestimmt ist.

Hieraus kann man mithilfe von $E(R_4) = \sum_{k=1}^{4} k \cdot P(R_4 = k)$ unmittelbar den Erwartungswert von R_4 berechnen und erhält

$$E(R_4) = 1 \cdot \frac{6}{24} + 2 \cdot \frac{11}{24} + 3 \cdot \frac{6}{24} + 4 \cdot \frac{1}{24} = \frac{50}{24}. \tag{5.5}$$

Dieser Wert lässt sich bemerkenswerterweise auch als

$$\frac{50}{24} = 1 + \frac{1}{2} + \frac{1}{3} + \frac{1}{4}$$

schreiben. Wir werden jetzt sehen, dass hinter dieser letzten Identität eine Strukturüberlegung steckt und dass sich der Erwartungswert von R_n für allgemeines n einfach bestimmen lässt, ohne die Verteilung von R_n zu kennen.

Wahrscheinlichkeit für Rekorde an bestimmten Stellen

Die Plätze eines n-Tupels beschriften wir gemäß

$$(1, 2, 3, 4, \ldots, \ldots, \ldots, \ldots, \ldots, \ldots, n-1, n)$$

von links nach rechts mit den Zahlen von 1 bis n. Damit wird die identische Permutation dargestellt, die jede Zahl an ihrer Stelle lässt. Werden diese Zahlen rein zufällig vertauscht, könnte sich bei 14 Zahlen beispielsweise die Permutation

$$(5, 9, 2, 6, 12, 1, 10, 4, 14, 7, 13, 3, 8, 11)$$

ergeben.

Jetzt gehen wir diese Zahlen von links nach rechts durch und notieren jeweils eine 1 oder eine 0, je nachdem, ob ein Rekord auftritt oder nicht. Die erste Zahl ist nach Definition ein Rekord, und da $9 > 5$ gilt, liegt an der zweiten Stelle ebenfalls ein Rekord vor. Jede der weiteren Zahlen wird jetzt mit 9 verglichen. Insofern ergeben die beiden nächsten Zahlen keine Rekorde, wohl aber die 12. Danach kommen drei Zahlen, die kleiner als 12 sind und somit keine weiteren Rekorde liefern. Der nächste Rekord ist die 14, und da die 14 die größte aller Zahlen ist, stellen sich danach keine weiteren Rekorde ein. Wir schreiben die Angabe, ob es sich bei einem Element der Permutation um einen Rekord handelt, direkt unter dieses Element und notieren demnach

$$\begin{array}{cccccccccccccccc}(& 5, & 9, & 2, & 6, & 12, & 1, & 10, & 4, & 14, & 7, & 13, & 3, & 8, & 11 &)\\ & 1 & 1 & 0 & 0 & 1 & 0 & 0 & 0 & 1 & 0 & 0 & 0 & 0 & 0 & \end{array}. \tag{5.6}$$

Offenbar liegt die Information, die zur Bestimmung der Anzahl der Rekorde benötigt wird, in Form einer Sequenz aus Einsen und Nullen vor. Die Summe aus allen Einsen und Nullen ergibt gerade die Anzahl der Einsen und damit die Anzahl der Rekorde. An diesem Beispiel sieht man, dass sich *Indikatorsummen* zur Modellierung der Anzahl eintretender Ereignisse geradezu aufdrängen.

Nun werden die Zahlen nochmals rein zufällig permutiert.

Wie groß ist die Wahrscheinlichkeit, dass bei einer rein zufälligen Permutation n verschiedener Zahlen an der j-ten Stelle ein Rekord vorliegt?

Das Einzige, was sich sicher sagen lässt, ist: An der ersten Stelle tritt ein Rekord auf, was durch

$$\begin{array}{cccccccccccccccc}(& *, & *, & *, & *, & *, & *, & *, & *, & *, & *, & *, & *, & *, & * &)\\ & 1 & ? & ? & ? & ? & ? & ? & ? & ? & ? & ? & ? & ? & ? & \end{array}$$

gekennzeichnet wird. Mit der Notation wie in (5.2) ist A_1 wegen $A_1 = \Omega$ ein sicheres Ereignis, es gilt also

$$P(A_1) = 1.$$

Mit welcher Wahrscheinlichkeit steht auch an der zweiten Stelle eine 1, d. h., mit welcher Wahrscheinlichkeit tritt das Ereignis A_2 ein? An den beiden ersten Stellen befinden sich auf jeden Fall zwei verschiedene Zahlen, und eine davon ist die größere. Diese steht entweder an der ersten Stelle oder an der zweiten. Da der reine Zufall wirkt, sind diese beiden Fälle gleich wahrscheinlich, d. h., es gilt

$$P(A_2) = \tfrac{1}{2}.$$

Damit an der dritten Stelle eine 1 auftritt, muss dort die größte der ersten drei Zahlen stehen. Eine dieser drei Zahlen *ist* die größte, und aus Symmetriegründen ist die Wahrscheinlichkeit, dass sie hier steht, gleich $\tfrac{1}{3}$, d. h., es ergibt sich

$$P(A_3) = \tfrac{1}{3}.$$

Dieses Argument gilt allgemeiner für die ersten j Zahlen, von denen eine die größte ist, und so können wir diesen Schluss ziehen:

Für die Wahrscheinlichkeit, dass das Ereignis A_j eintritt, also in einer rein zufälligen Permutation die größte der ersten j Zahlen an der j-ten Stelle steht, gilt aus Symmetriegründen

$$P(A_j) = \frac{1}{j}, \quad j = 1,\ldots,n. \tag{5.7}$$

Man kann jetzt sagen: „Das Argument war ja quasi aus dem Bauch heraus, mit reichlich Stochastik-Gespür." Ja, zweifellos, aber wir können Gleichung (5.7) auch rechnerisch begründen: Da ein Laplace-Modell vorliegt, muss die Anzahl der für das Eintreten von A_j günstigen Permutationen bestimmt und durch die Anzahl $n!$ aller Permutationen dividiert werden. Wir stellen uns eine bestimmte Position j vor und markieren eine solche exemplarisch durch

$$(*,*,*,*,*,*,*,*,*,*,*,*,*,*),$$

$$1$$

$$\uparrow$$

$$j$$

wobei ein Stern (*) für eine Zahl der Permutation steht. Zunächst wird die Anzahl derjenigen Permutationen ermittelt, bei denen die größte der ersten j Zahlen an der j-ten Stelle steht, denn genau dann steht ja an dieser Stelle eine 1. Dazu wählen wir aus allen n Zahlen j aus, mit denen die ersten j Plätze im Tupel besetzt werden. Da es sich hierbei um eine j-elementige Teilmenge aller n Zahlen handelt, gibt es dafür nach Definition des Binomialkoeffizienten in Abschn. 1.3 genau $\binom{n}{j}$ Möglichkeiten. Eine dieser ausgewählten Zahlen ist die größte. Diese wird an die j-te Stelle gesetzt. Die $j-1$ Zahlen davor können auf beliebige Weise vertauscht werden, und hierfür existieren $(j-1)!$ Möglichkeiten. Dann bleiben noch die $n-j$ Zahlen übrig, die nicht ausgewählt wurden. Diese können wir beliebig permutieren und setzen sie auf die $n-j$ Plätze rechts von Platz j im Tupel. Die Anzahl der möglichen Vertauschungen dafür liefert den Faktor $(n-j)!$. Nach der Multiplikationsregel der Kombinatorik muss das resultierende Produkt noch durch die Anzahl aller Permutationen dividiert werden, womit man insgesamt

$$P(A_j) = \frac{\binom{n}{j}(j-1)!(n-j)!}{n!} = \frac{1}{j}$$

erhält. Das letzte Gleichheitszeichen ergibt sich, indem man den Binomialkoeffizienten durch Fakultäten ausdrückt und dann kürzt. Wichtig ist jedoch, dass man das Stochastik-Gespür trainiert und auch ohne jegliche Rechnung einsieht, *warum* $P(A_j) = \frac{1}{j}$ gilt (siehe hierzu auch das Video 5.1).

Erwartungswert der Rekordanzahl

Mit diesen Überlegungen lässt sich jetzt der Erwartungswert von R_n direkt hinschreiben. Dabei nutzen wir aus, dass R_n eine Indikatorsumme ist.

Da die Erwartungswertbildung additiv ist, ergibt sich mit (1.12)

$$E(R_n) = E\left(\sum_{j=1}^{n} \mathbf{1}\{A_j\}\right) = \sum_{j=1}^{n} E(\mathbf{1}\{A_j\})$$

$$= \sum_{j=1}^{n} P(A_j)$$

$$= \sum_{j=1}^{n} \frac{1}{j}$$

$$= H_n.$$

Dabei ist H_n die in (2.6) eingeführte n-te harmonische Zahl. Wegen

$$H_n \approx \ln n + C, \quad C = 0,57721\ldots,$$

mit der Euler-Mascheroni-Konstanten C (siehe Abschn. 5.5 und Video A.1) wächst der Erwartungswert der Anzahl der Rekorde recht langsam mit n. Für $n = 14$ ergibt sich der auf zwei Nachkommastellen gerundete Werte 3, 25. Die Anzahl von neun Rekorden, die wir bei den Durchschnittstemperaturen beobachtet haben, liegt also weit über dem Erwartungswert in einem Laplace-Modell.

Die Rekordereignisse sind paarweise unabhängig

Auch für die Berechnung der Varianz von R_n benötigen wir die Verteilung von R_n nicht, sondern nutzen wie oben die Struktur von R_n als Indikatorsumme aus (siehe hierzu das Video 5.3). Sicher ist nur, dass sich an der ersten Stelle ein Rekord einstellt, also das Ereignis A_1 eintritt. Angenommen, jemand, der eine rein zufällige Permutation der Zahlen durchgeführt hat, würde uns mitteilen, dass sich an der j-ten Stelle ein Rekord ergeben hat, wobei $j > 1$ gelte. Die Zahl an dieser Stelle ist also die größte der ersten j Zahlen. Wir wählen eine Zahl $i < j$ und fragen uns, mit welcher Wahrscheinlichkeit *unter dieser Bedingung* an der i-ten Stelle eine 1 steht, also ein Rekord auftritt. Analog zur Darstellung (5.6) kann diese Situation in der Form

$$\Big(*, *, *, *, *, *, *, *, *, *, *, *, *, * \Big)$$

veranschaulicht werden.

Die folgende, mit Stochastik-Gespür angestellte Überlegung lässt vermuten, dass die in der Form $P_{A_j}(A_i) := P(A_i|A_j)$ notierte bedingte Wahrscheinlichkeit von A_i unter der Bedingung A_j gleich

$$P_{A_j}(A_i) = \frac{1}{i}$$

sein sollte.

Den i Zahlen auf den Plätzen von 1 bis i „ist es egal", dass unter allen Zahlen die Zahl auf dem j-ten Platz die größte der ersten j ist. Auch unter der Bedingung A_j sind alle Plätze von 1 bis i für die größte der ersten i Zahlen gleich wahrscheinlich. Insofern sollte nicht nur $P(A_i)$, sondern auch obige bedingte Wahrscheinlichkeit gleich $\frac{1}{i}$ sein. Damit wären die Ereignisse A_i und A_j stochastisch unabhängig.

Für einen formalen Beweis der Unabhängigkeit von A_i und A_j zeigen wir, dass die Gleichung $P(A_i \cap A_j) = P(A_i) \cdot P(A_j)$ erfüllt ist. Hierzu berechnen wir zunächst die Wahrscheinlichkeit des Durchschnittes von A_i und A_j. Auch diese Wahrscheinlichkeit ist ein Quotient aus Anzahlen günstiger Fälle und aller möglichen Fälle, wobei die Fälle hier Permutationen der Zahlen von 1 bis n sind. Im Zähler steht die Anzahl aller Permutationen, bei denen sowohl an der i-ten als auch an der j-ten Stelle ein Rekord auftritt. Diese Anzahl kann man wie folgt bestimmen: Wir wählen zunächst aus allen n Zahlen j für die ersten j Plätze aus, wofür es $\binom{n}{j}$ Möglichkeiten gibt. Von diesen j Zahlen wird die größte an die j-te Stelle gesetzt, damit dort ein Rekord entsteht. Dann werden von den $j-1$ Zahlen, die auf die ersten $j-1$ Plätze kommen, i Zahlen für die ersten i Plätze ausgewählt.

Die Anzahl der Möglichkeiten dafür ist durch den Binomialkoeffizienten $\binom{j-1}{i}$ gegeben. Von diesen i Zahlen setzen wir die größte an die i-te Stelle, sodass auch dort ein Rekord auftritt. Jetzt können die Zahlen auf den ersten $i-1$ Plätzen beliebig permutiert werden, und dafür gibt es $(i-1)!$ Möglichkeiten. Dann werden die Zahlen zwischen dem i-ten und dem j-ten Platz (das sind $j-i-1$ Stück) beliebig vertauscht, wofür es $(j-i-1)!$ verschiedene Weisen gibt. Zu guter Letzt permutieren wir die verbleibenden $n-j$ Zahlen beliebig auf den letzten $n-j$ Plätzen, und dafür gibt es $(n-j)!$ Möglichkeiten. Mit der Multiplikationsregel der Kombinatorik folgt

$$P(A_i \cap A_j) = \frac{\binom{n}{j}\binom{j-1}{i}(i-1)!(j-i-1)!(n-j)!}{n!}.$$

Wenn man jetzt die beiden Binomialkoeffizienten mithilfe von Fakultäten ausschreibt und kürzt, ergibt sich

$$P(A_i \cap A_j) = \frac{1}{i \cdot j} = P(A_i) \cdot P(A_j),$$

was die Definition für die stochastische Unabhängigkeit der Ereignisse A_i und A_j ist. Da dieses Argument für beliebiges i und j mit $i < j$ gilt, sind die Ereignisse $A_1, \dots, A_n$ *paarweise stochastisch unabhängig*. In Abschn. 5.2 werden wir sehen, dass $A_1, \dots, A_n$ sogar *stochastisch unabhängig* sind.

Varianz der Rekordanzahl

Die paarweise Unabhängigkeit von $A_1, \dots, A_n$ reicht aus, um direkt die Varianz von R_n zu erhalten. Auch hier nutzen wir aus, dass R_n eine Indikatorsumme ist, und verwenden

Gleichung (1.23). Da die Doppelsumme in (1.23) wegen der paarweisen Unabhängigkeit von $A_1, \ldots, A_n$ verschwindet, erhalten wir

$$\begin{aligned}
V(R_n) = V\left(\sum_{j=1}^n \mathbf{1}\{A_j\}\right) &= \sum_{j=1}^n V(\mathbf{1}\{A_j\}) \\
&= \sum_{j=1}^n P(A_j)\left(1 - P(A_j)\right) \\
&= \sum_{j=1}^n \frac{1}{j}\left(1 - \frac{1}{j}\right) \\
&= H_n - \sum_{j=1}^n \frac{1}{j^2}.
\end{aligned}$$

Hier geht ein, dass allgemein die Varianz des Indikators eines Ereignisses A gleich $P(A)(1 - P(A))$ ist, und es wurde der Ausdruck aus (5.7) eingesetzt. Mit H_n bezeichnen wir wie oben die n-te harmonische Zahl. Man sieht, dass die Varianz von R_n kleiner ist als der Erwartungswert, und dass auch sie wie der Erwartungswert grob logarithmisch mit n wächst, denn die Summe, die subtrahiert wird, konvergiert für $n \to \infty$ gegen $\frac{\pi^2}{6}$ (siehe z. B. [20], S. 339f).

Speziell für $n = 14$ ergibt sich auf zwei Nachkommastellen gerundet die Varianz $V(R_{14}) \approx 1,68$ und damit eine Standardabweichung von $\sigma_{14} = \sqrt{V(R_{14})} \approx 1,29$. Der Erwartungswert ist $E(R_{14}) \approx 3,25$. Wegen $E(R_{14}) + 4\sigma_{14} \approx 3,25 + 4 \cdot 1,29 = 8,41$ stellen wir fest:

Der aus den Daten für die Durchschnittstemperaturen erhaltene Wert von neun Rekorden bei 14 Werten ist mehr als vier Standardabweichungen vom Erwartungswert entfernt.

Da mit der Festsetzung $\varepsilon := 4 \cdot \sigma_{14}$ aus dem Ereignis $\{R_{14} \geq 9\}$ das Ereignis $\{|R_{14} - E(R_{14})| \geq \varepsilon\}$ folgt, liefert die Tschebyschow-Ungleichung (1.19) die Abschätzung

$$P(R_{14} \geq 9) \leq \frac{\sigma_{14}^2}{\varepsilon^2} = \frac{1}{16} = 0,0625.$$

Wir sehen also ohne weitere Kenntnis über die Verteilung von R_{14}, dass mindestens neun Rekorde bei insgesamt 14 Werten unter der Annahme eines Laplace-Modells relativ unwahrscheinlich sind. Nach einer mathematischen Tiefbohrung werden wir feststellen, dass die Wahrscheinlichkeit des Ereignisses $\{R_{14} \geq 9\}$ sogar nur ungefähr $0,002$ beträgt (siehe S. 90).

5.2 Mathematische Tiefbohrung

Es war möglich, Erwartungswert und Varianz der Rekordanzahl R_n zu erhalten, ohne die Verteilung dieser Zufallsgröße zu kennen. Wie wir jetzt sehen werden, lässt sich diese

Verteilung rekursiv bestimmen. Zunächst überlegen wir uns, dass die Ereignisse $A_1, \ldots, A_n$ stochastisch unabhängig sind – bisher wurde nur deren *paarweise* Unabhängigkeit gezeigt.

Die Rekordereignisse $A_1, \ldots, A_n$ sind unabhängig

Um die Unabhängigkeit der Ereignisse $A_1, \ldots, A_n$ nachzuweisen, muss man sich beliebige dieser Ereignisse herausgreifen und zeigen, dass die Wahrscheinlichkeit des Durchschnittes der herausgegriffenen Ereignisse gleich dem Produkt der Wahrscheinlichkeiten dieser Ereignisse ist. Für je zwei der Ereignisse haben wir den Nachweis in Abschn. 5.1 geführt, was die paarweise Unabhängigkeit bedeutet.

Jetzt werden drei beliebige verschiedene Stellen im n-Tupel fixiert. Diese drei Stellen nennen wir i, j und k, und wir fragen nach der Wahrscheinlichkeit, dass an jeder dieser drei Stellen ein Rekord auftritt. Da Rekorde mit „1" markiert werden, lässt sich die allgemeine Situation durch

$$
\begin{array}{ccccccccccccc}
(\;*\,,&*\,,&*\,,&*\,,&*\,,&*\,,&*\,,&*\,,&*\,,&*\,,&*\,,&*\,,&*\;) \\
1 & & & & 1 & & & & 1 & & & & \\
\uparrow & & & & \uparrow & & & & \uparrow & & & & \\
i & & & & j & & & & k & & & &
\end{array}
$$

darstellen. Wie wahrscheinlich ist es, dass *jedes* der Ereignisse A_i, A_j und A_k eintritt?

Da wir ein Laplace-Modell zugrunde legen, muss ein Quotient gebildet werden. In dessen Nenner steht die Anzahl aller möglichen Permutationen, also $n!$, und für den Zähler muss die Anzahl aller Permutationen bestimmt werden, die an den Stellen i, j und k jeweils einen Rekord aufweisen. Die Vorgehensweise ist ganz analog zu der bei der paarweisen Unabhängigkeit: Wir wählen zunächst aus allen n Zahlen diejenigen k aus, die von links nach rechts gesehen die ersten k Plätze belegen, und dafür gibt es $\binom{n}{k}$ Möglichkeiten. Von diesen Zahlen wird die größte an die k-te Stelle platziert, denn dort soll ja ein Rekord auftreten. Jetzt wählen wir von den übrigen $k-1$ Zahlen j aus, die auf die ersten j Plätze kommen. Hierfür gibt es $\binom{k-1}{j}$ Möglichkeiten. Eine dieser Zahlen ist die größte; sie besetzt Platz j, denn dort soll ja ein Rekord auftreten. Im dritten Schritt werden von den übrigen $j-1$ Zahlen diejenigen i ausgewählt, die die ersten i Plätze belegen. Hierfür gibt es $\binom{j-1}{i}$ Möglichkeiten. Von diesen i Zahlen positionieren wir die größte auf Platz i, denn auch dort soll ja ein Rekord sein.

Die $i-1$ Zahlen, die auf den ersten $i-1$ Plätzen zu liegen kommen, können beliebig permutiert werden, wofür es $(i-1)!$ Möglichkeiten gibt. Dann können wir die Zahlen auf den Plätzen $i+1$ bis $j-1$ beliebig vertauschen. Das sind $j-1-i$ Plätze, und daher existieren hierfür $(j-1-i)!$ Möglichkeiten. Wenn i direkt vor j auftritt, also $j-1-i = 0$ ist, steht hier $0!$, und das ist gleich 1.

Die Zahlen, die auf den $k-1-j$ Plätzen zwischen j und k zu liegen kommen, können auf $(k-1-j)!$ Weisen permutiert werden. Zu guter Letzt können wir die Zahlen auf den $n-k$

Plätzen rechts von k beliebig vertauschen, wofür es $(n - k)!$ Möglichkeiten gibt. Mit der Multiplikationsregel der Kombinatorik erhalten wir also

$$P(A_i \cap A_j \cap A_k) = \frac{\binom{n}{k}\binom{k-1}{j}\binom{j-1}{i}(i-1)!(j-1-i)!(k-1-j)!(n-k)!}{n!}. \tag{5.8}$$

Schreibt man jetzt die drei Binomialkoeffizienten mithilfe von Fakultäten aus, so kürzt sich fast alles weg, und es ergibt sich

$$P(A_i \cap A_j \cap A_k) = \frac{1}{ijk} = P(A_i)P(A_j)P(A_k).$$

Diese Vorgehensweise lässt sich auch allgemein formulieren: Dazu nimmt man auf der formalen Ebene für eine beliebige Zahl ℓ mit $\ell \in \{2,\dots,n\}$ Indizes $i_1,\dots,i_\ell$ mit der Nebenbedingung $1 \le i_1 < \dots < i_\ell \le n$. Durch kombinatorische Überlegungen in Verallgemeinerung von (5.8) und Vereinfachung erhält man

$$P\left(\bigcap_{r=1}^{\ell} A_{i_r}\right) = \frac{1}{i_1 i_2 \dots i_\ell}.$$

Da andererseits

$$\frac{1}{i_1 i_2 \dots i_\ell} = P(A_{i_1})P(A_{i_2})\dots P(A_{i_\ell})$$

gilt, ist die Unabhängigkeit von $A_1,\dots,A_n$ bewiesen. Eine detaillierte Durchführung dieser Idee findet sich im Video 5.2.

Wichtig ist, dass man hier nicht nur formal rechnet, sondern das Stochastik-Gespür trainiert und die Unabhängigkeit auch einsieht. Betrachten wir dazu noch einmal die oben gekennzeichneten Stellen i, j und k. Weiß man, dass das Ereignis A_i eintritt, so heißt das, dass unter den ersten i permutierten Zahlen die i-te die größte ist. Eine der ersten i Zahlen ist natürlich die größte der ersten i, aber an welcher der ersten i Stellen diese Zahl steht, ist Meister Zufall hinsichtlich möglicher weiterer Rekorde an den Stellen j und k völlig egal.

Verteilung von R_n

Nun zeigen wir, wie man die Verteilung von R_n rekursiv erhalten kann. Da diese Verteilung im Fall $n = 4$ bekannt ist und die Fälle $n = 2$ und $n = 3$ keinerlei Probleme bereiten, kennen wir somit die Verteilung von R_n prinzipiell für jedes n. Nach unseren bisherigen Überlegungen ist die Anzahl der Rekorde eine Indikatorsumme der Gestalt

$$R_n = \sum_{j=1}^{n} \mathbf{1}\{A_j\},$$

wobei $A_1, \ldots, A_n$ stochastisch unabhängig sind und

$$P(A_j) = \frac{1}{j}, \quad j = 1, \ldots, n,$$

gilt.

Im Folgenden schreiben wir

$$p(n, k) := P(R_n = k)$$

für die Wahrscheinlichkeit, dass sich in einer rein zufälligen Permutation der Zahlen von 1 bis n genau k Rekorde ergeben.

Was passiert, wenn man n um 1 erhöht, also jetzt die Zahlen von 1 bis $n + 1$ vertauscht?

Wir fragen zunächst nach der Wahrscheinlichkeit, dass *genau ein Rekord* auftritt. Dieser muss an der ersten Stelle vorliegen, denn A_1 ist ein sicheres Ereignis. Also steht die Zahl $n + 1$ an der ersten Stelle, d. h., wir haben die Situation

$$\begin{pmatrix} *, & *, & *, & *, & *, & *, & *, & *, & *, & *, & *, & *, & *, & * \end{pmatrix}.$$
$$\;\; 1 \;\; 0 \;\; 0 \;\; 0 \;\; 0 \;\; 0 \;\; 0 \;\; 0 \;\; 0 \;\; 0 \;\; 0 \;\; 0 \;\; 0 \;\; 0$$
$$\uparrow$$
$$n + 1$$

Die Wahrscheinlichkeit, dass die Zahl $n + 1$ an der ersten Stelle steht, ist aber aus Symmetriegründen gleich $\frac{1}{n+1}$, und daher gilt

$$p(n + 1, 1) = \frac{1}{n + 1}. \tag{5.9}$$

Jetzt fragen wir nach der Wahrscheinlichkeit für den anderen Extremfall, dass *nur Rekorde* auftreten, dass also die Situation

$$\begin{pmatrix} *, & *, & *, & *, & *, & *, & *, & *, & *, & *, & *, & *, & *, & * \end{pmatrix}$$
$$\;\; 1 \;\; 1 \;\; 1 \;\; 1 \;\; 1 \;\; 1 \;\; 1 \;\; 1 \;\; 1 \;\; 1 \;\; 1 \;\; 1 \;\; 1 \;\; 1$$
$$\uparrow$$
$$n + 1$$

eintritt. Diese ist jedoch nur für eine einzige der insgesamt $(n + 1)!$ Permutationen gegeben, und zwar für die Identität, d. h., die Zahlen von 1 bis $n + 1$ liegen aufsteigend sortiert vor. Die Wahrscheinlichkeit hierfür beträgt

$$p(n + 1, n + 1) = \frac{1}{(n + 1)!}. \tag{5.10}$$

Jetzt interessieren uns die Wahrscheinlichkeiten $p(n + 1, k)$, dass sich beim rein zufälligen Vertauschen der Zahlen von 1 bis $n + 1$ genau k Rekorde ergeben, wobei $k \in \{2, \ldots, n\}$ gelte.

Kann man diese Wahrscheinlichkeiten einfach erhalten, wenn man $p(n,1),\ldots,p(n,n)$ kennt? Kann man also eine sogenannte *Rekursionsformel* aufstellen und $p(n+1,k)$ durch $p(n,1),\ldots,p(n,n)$ ausdrücken? Ja, das geht, und zwar durch geschickte Anwendung der Formel (1.4) von der totalen Wahrscheinlichkeit. Hierzu führen wir eine Fallunterscheidung danach durch, dass an der letzten, also der $(n+1)$-ten Stelle, ein Rekord auftritt (Ereignis A_{n+1}) oder nicht (Gegenereignis $\overline{A}_{n+1}$).

Das Ereignis A_{n+1} tritt genau dann ein, wenn die Zahl $n+1$ auf den letzten Platz kommt, denn andernfalls kann dort kein Rekord auftreten. Aus Symmetriegründen gilt also $P(A_{n+1}) = \frac{1}{n+1}$. Damit sich insgesamt k Rekorde ergeben (Ereignis B), müssen sich also unter der Bedingung A_{n+1} auf den Plätzen von 1 bis n genau $k-1$ Rekorde einstellen. Aufgrund der gezeigten stochastischen Unabhängigkeit der Ereignisse $A_1,\ldots,A_{n+1}$ ist die Bedingung A_{n+1} für Rekordereignisse an den Stellen $1,\ldots,n$ irrelevant, und deshalb gilt $P_{A_{n+1}}(B) = p(n,k-1)$. Unter der Bedingung $\overline{A}_{n+1}$, dass an der letzten Stelle *kein* Rekord vorliegt, sind wir mit der Situation konfrontiert, dass auf den ersten n Plätzen die größte Zahl $n+1$ und außerdem $n-1$ kleinere Zahlen zu liegen kommen. Entscheidend ist, dass wir für die ersten n Plätze n verschiedene Zahlen vorliegen haben, und dass wegen der stochastischen Unabhängigkeit der Rekordereignisse die Bedingung $\overline{A}_{n+1}$ keinen Einfluss auf das Auftreten oder Nichtauftreten von Rekorden an den ersten n Stellen hat. Da insgesamt k Rekorde auftreten sollen, gilt somit $P_{\overline{A}_{n+1}}(B) = p(n,k)$. Wegen $P(\overline{A}_{n+1}) = \frac{n}{n+1}$ liefert die Formel (1.4) von der totalen Wahrscheinlichkeit

$$p(n+1,k) = \frac{1}{n+1}p(n,k-1) + \frac{n}{n+1}p(n,k), \quad k = 2,\ldots,n. \qquad (5.11)$$

Zusammen mit den Randbedingungen (5.9) und (5.10) lässt sich mithilfe eines Computers die Verteilung von R_n prinzipiell für jedes n bestimmen. Abbildung 5.3 zeigt das Stabdiagramm der Verteilung von R_{200}.

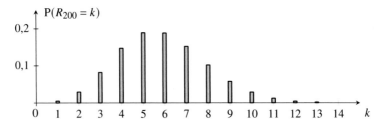

Abb. 5.3. Verteilung der Anzahl der Rekorde in einer zufälligen Permutation von 200 verschiedenen Werten. Für 13 oder mehr Rekorde ist die Wahrscheinlichkeit jeweils so klein, dass sie hier nicht mehr sichtbar wird

Daran lässt sich ablesen, dass fünf oder sechs Rekorde am wahrscheinlichsten sind, gefolgt von vier und sieben Rekorden. Der Erwartungswert liegt bei etwa 5,8.

Zusammenhang mit den Stirling-Zahlen erster Art

Wir ersetzen jetzt im Vergleich zu vorher stets $n + 1$ durch n. Die Randbedingungen (5.9), (5.10) und die Rekursionsformel (5.11) für $p(n, k) = \mathrm{P}(R_n = k)$ lauten dann

$$p(n, 1) = \frac{1}{n}, \quad p(n, n) = \frac{1}{n!},$$

$$p(n, k) = \frac{1}{n} p(n - 1, k - 1) + \frac{n - 1}{n} p(n - 1, k), \quad k = 2, \ldots, n - 1.$$

Die Wahrscheinlichkeit $p(n, k)$ ist ein Quotient aus günstigen zu möglichen Fällen, und wir bezeichnen die Anzahl der günstigen Fälle, d. h. die Anzahl der Permutationen mit genau k Rekorden, mit $s(n, k)$. Die obigen Randbedingungen und die Rekursionsformel liefern dann natürlich auch Randbedingungen und eine Rekursionsformel für die $s(n, k)$, denn es ist

$$s(n, k) = n! \cdot p(n, k).$$

Damit gelten

$$s(n, 1) = (n - 1)!, \quad s(n, n) = 1,$$

$$s(n, k) = s(n - 1, k - 1) + (n - 1)s(n - 1, k), \quad k = 2, \ldots, n - 1.$$

Diese Gleichungen bilden exakt die Randbedingungen und die Rekursionsformel für die *Stirling-Zahlen erster Art*. Diese nach J. Stirling (1692–1770) benannten Zahlen haben einen festen Platz in der Kombinatorik, und sie werden üblicherweise auf folgende Weise eingeführt: Sind k und n natürliche Zahlen mit $k \leq n$, so ist $s(n, k)$ definiert als die Anzahl der Permutationen der Zahlen von 1 bis n, die in genau k *Zyklen* zerfallen.

Wir machen kurz an einem Beispiel klar, was ein Zyklus in einer Permutation ist. Hierzu betrachten wir für den Spezialfall $n = 6$ die Permutation

$$\begin{bmatrix} 1 \ 2 \ 3 \ 4 \ 5 \ 6 \\ 4 \ 2 \ 1 \ 3 \ 6 \ 5 \end{bmatrix}, \tag{5.12}$$

die mit der in (5.1) verwendeten Notation als $(4, 2, 1, 3, 6, 5)$ geschrieben würde. Durch diese Permutation werden die Zuordnungen

$$1 \mapsto 4 \qquad 2 \mapsto 2 \qquad 3 \mapsto 1 \qquad 4 \mapsto 3 \qquad 5 \mapsto 6 \qquad 6 \mapsto 5$$

vorgenommen. Wir verfolgen jetzt den Weg, den die Zahl 1 bei dieser Permutation beschreitet: 1 wird auf 4 abgebildet, was in Abb. 5.4 durch einen Pfeil dargestellt ist.

Abb. 5.4. Die drei Zyklen der Permutation in (5.12)

Die Zahl 4 wiederum wird auf 3 abgebildet, und der Zahl 3 wird 1 zugeordnet. Das bedeutet, dass die Zahlen einen sogenannten Zyklus der Länge drei bilden.

Wir gehen jetzt diejenigen Zahlen von 1 bis 6 durch, die noch nicht betrachtet wurden. Das ist zunächst die Zahl 2. Sie wird auf sich selbst abgebildet, ist also ein Fixpunkt. Hier entsteht also ein Zyklus der Länge eins. Schließlich bleiben noch 5 und 6. Die Zahl 5 wird auf die 6 abgebildet (siehe auch Abb. 5.4) und 6 auf 5, sodass ein Zyklus der Länge zwei entsteht. Diese Permutation besitzt also insgesamt drei Zyklen.

Da wir für die Anzahl der Permutationen mit k Rekorden die gleichen Anfangsbedingungen und die gleiche Rekursionsformel wie für die Stirling-Zahlen erster Art erhalten haben, folgt bemerkenswerterweise: Für die Zahlen von 1 bis n gibt es genauso viele Permutationen mit k Rekorden wie Permutationen mit k Zyklen.

Für die Stirling-Zahlen erster Art ist auch die Schreibweise

$$\begin{bmatrix} n \\ k \end{bmatrix}$$

anzutreffen. Diese ähnelt einem Binomialkoeffizienten, aber mit dem Unterschied, dass eine eckige und keine runde Klammer geschrieben wird. Man könnte dieses Konstrukt „n Zyklus k" aussprechen. Eine Diskussion und Begründung der Notation findet sich in [26], Abschn. 6.1.

Die Verteilung der Rekordanzahl in einer zufälligen Permutation von n verschiedenen Zahlen ist durch

$$P(R_n = k) = \frac{\begin{bmatrix} n \\ k \end{bmatrix}}{n!}, \quad k = 1, \dots, n,$$

gegeben. Dabei treten im Zähler die Stirling-Zahlen erster Art auf.

In Abschn. A.5 finden sich Details zu Stirling-Zahlen erster Art.

Zum Schluss weisen wir noch darauf hin, dass für die Zufallsgröße R_n ein zentraler Grenzwertsatz gilt: Wenn man R_n standardisiert, also den Erwartungswert von R_n subtrahiert und durch die Standardabweichung von R_n dividiert, dann konvergiert die Folge dieser Zufallsvariablen beim Grenzübergang $n \to \infty$ in Verteilung gegen eine Standardnormalverteilung, es gilt also

$$\frac{R_n - \mathrm{E}(R_n)}{\sqrt{\mathrm{V}(R_n)}} \xrightarrow{\mathrm{D}} \mathrm{N}(0,1) \quad \text{für} \quad n \to \infty.$$

Dabei steht das „D" über dem Pfeil für *distribution*, dem englischen Wort für Verteilung. Die Wahrscheinlichkeit, dass R_n nach Standardisierung in ein beliebiges gegebenes Intervall fällt, konvergiert beim Grenzübergang $n \to \infty$ gegen das Integral der Gaußschen Glockenkurve über diesem Intervall. Der Beweis kann mit dem zentralen Grenzwertsatz von J. W. Lindeberg (1876–1932) und W. Feller (1906–1970) erfolgen, denn R_n ist eine Summe von unabhängigen Zufallsvariablen. Am einfachsten prüft man hier die nach A. M. Ljapunov (1857–1918) benannte Bedingung nach (siehe z. B. [17], S. 222).

5.3 Umsetzung im Unterricht

Wir bereiten zunächst den Begriff des Rekords an sich vor und erarbeiten, was Vertauschungen sind. Geeignete Zufallsexperimente dazu lassen sich mit geringem Aufwand in Gruppen durchführen. Die Idee, den Erwartungswert der Rekordanzahl zu berechnen, ohne dass man die Verteilung kennt, lässt sich in vereinfachter Form vermitteln.

Rekorde durch Zufall?

Der Einstieg erfolgt über die Temperaturdaten in Tab. 5.1 bzw. Abb. 5.5. Die Definition eines Rekords wird vorgegeben, und die Schüler markieren diejenigen Zeitintervalle, in denen ein Rekord auftritt (vgl. auch Abb. 5.2). Hier ist ein kurzer Exkurs zum Klimawandel unbedingt angebracht. Gehen Sie an dieser Stelle auch darauf ein, wie man mit den beiden gleichen Werten von $8,25\,°C$ für die Dekaden 1911–1920 und 1971–1980 umgeht. Da sich bei höherer Messgenauigkeit wohl verschiedene Werte ergeben hätten, liegt es nahe, einen der beiden Werte minimal zu verändern und um $0,01\,°C$ zu erhöhen oder zu erniedrigen, um 14 verschiedene Werte zu erhalten. Es liegen also in einer bestimmten zeitlichen

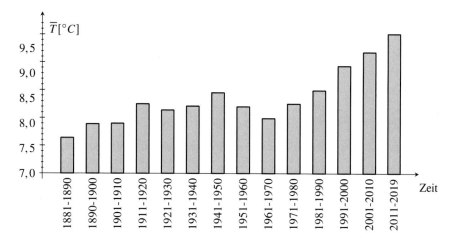

Abb. 5.5. Temperaturdaten aus Tab. 5.1. Quelle: Deutscher Wetterdienst

Abfolge gemessene Daten vor. Erst jetzt kommt der Zufall ins Spiel, und die Leitfrage für die Unterrichtsstunde lässt sich so formulieren:

Ich behaupte, solche recht häufigen Rekorde lassen sich allein durch den bloßen Zufall nicht erklären. Welche Rekordanzahl ist zu erwarten, wenn der bloße Zufall wirken würde?

Entscheidend ist, dass das zu dieser Fragestellung passende Zufallsexperiment erst konstruiert wird: Erarbeiten Sie mit den Schülern, wie man dazu vorgehen könnte. Die Durchführung des Versuchs selbst ermöglicht eine hohe Schüleraktivierung.

Schüleraktivität

Schreibt die 14 Durchschnittswerte auf 14 Zettel, legt sie in eine Schachtel und mischt sie durcheinander. Zieht dann die Zettel blind der Reihe nach heraus und tragt ganz links, also über dem Jahrzehnt von 1881 bis 1890, den Wert auf, der auf dem ersten gezogenen Zettel steht. Der Wert auf dem zweiten gezogenen Zettel wird dann über dem folgenden Jahrzehnt aufgetragen etc.
Bestimmt die Anzahl der Rekorde.

Beim Arbeiten in Zweiergruppen ergeben sich mehr als zehn Werte von Rekordanzahlen, die sich an der Tafel sammeln lassen, später kann man auf diese zurückgreifen.

Vertauschungen

Um deutlich zu machen, dass man in der Mathematik allgemeine Strukturen erkennen möchte, befreien wir uns jetzt von den konkreten Temperaturdurchschnittswerten. Werden die Zettel mit den Daten von 1 bis 14 nummeriert, kann aus der Reihenfolge der gezogenen Nummern genauso die Anzahl der Rekorde ermittelt werden.

Die Schüler überlegen selbst, dass die Zettel zuvor nach aufsteigenden Werten zu sortieren und dann in dieser Reihenfolge zu nummerieren sind. Dabei mag es für einige eine Erkenntnis sein, dass die Zettel *nicht chronologisch* nummeriert werden.

Danach werden auf den Zetteln die Temperaturwerte gestrichen. Wir hätten das Zufallsexperiment also von Anfang an einfach mit Zetteln, die mit den natürlichen Zahlen von 1 bis 14 beschriftet sind, durchführen können. Damit ist ein erster Schritt im mathematischen Arbeiten gemacht. Der zweite ist, die Anzahl zunächst zu verringern, um die Frage nach der Wahrscheinlichkeit für eine bestimmte Rekordanzahl handhabbarer zu machen.

Schüleraktivität

Wir nehmen nur die Zettel mit den Nummern 1 bis 4.

a) Bestimme alle möglichen Ziehungsreihenfolgen, die sich hierbei ergeben können.
b) Notiere jeweils alle Reihenfolgen, deren Rekordanzahl gleich ist, in derselben Farbe.

Die Schüler erarbeiten sich damit die in (5.4) angegebene Ergebnismenge. Danach kann die Wahrscheinlichkeitsverteilung für R_4 – diese Zufallsgröße gibt die Anzahl der Rekorde an – bestimmt werden und dann deren Erwartungswert. Hier ist eine Binnendifferenzierung gut möglich, da die schnelleren Schüler damit schon früher beginnen und ihre Ergebnisse den Mitschülern erläutern können.

Auch mit den vier Zetteln kann das entsprechende Zufallsexperiment in Zweiergruppen durchgeführt werden. Der Mittelwert der Rekordanzahlen aller Gruppen wird mit dem Erwartungswert $\frac{50}{24} \approx 2,083$ aus (5.5) verglichen. Damit wird die Interpretation des Erwartungswerts als Prognose für den Mittelwert bei häufiger Durchführung gefestigt.

Erwartungswertberechnung einmal anders

Um einen Prognosewert für die mittlere Rekordanzahl bei sehr häufiger Durchführung anzugeben, benutzen wir jetzt keine Formel, sondern denken nach und nehmen dazu nochmals die vereinfachte Version der vier Zettel.

Schüleraktivität

Vor dir liegen verdeckt vier Zettel nebeneinander, von denen du weißt, dass sie mit den Zahlen von 1 bis 4 beschriftet sind. Wir nummerieren von links nach rechts: der erste Zettel liegt am weitesten links etc.
Gib die Wahrscheinlichkeit dafür an, dass

  a) der zweite Zettel eine größere Zahl trägt als der erste,
  b) der dritte Zettel die größte Zahl unter den ersten drei Zetteln trägt.

Hier sind die Symmetrieüberlegungen entscheidend, die zu (5.7) führen: Die Wahrscheinlichkeiten sind $\frac{1}{2}$ bzw. $\frac{1}{3}$. Besonders starken Schülern kann die formale Begründung, die im Anschluss an (5.7) gegeben wird, nahegebracht werden, z. B. über eine gestufte Hilfe.

Die im Kasten angegebenen Ereignisse kann man auch als A_2 und A_3 bezeichnen. Analog sind die Ereignisse A_1 und A_4 definiert, und deren Wahrscheinlichkeiten betragen $P(A_1) = 1$ bzw. $P(A_4) = \frac{1}{4}$. Nun berechnen wir

$$P(A_1) + P(A_2) + P(A_3) + P(A_4) = 1 + \frac{1}{2} + \frac{1}{3} + \frac{1}{4},$$

wobei der Grund dafür bewusst noch nicht genannt wird. Dieser wird mit dem Ergebnis $\frac{50}{24}$ dieses Ausdrucks klar: Es ergibt sich – überraschenderweise – der Erwartungswert der Rekordanzahl.

In dieser starken didaktischen Reduktion wird also an einem Beispiel mit Indikatorsummen gearbeitet, ohne dass diese formal angegeben werden: Zählt eine Zufallsgröße X, wie viele von gegebenen Ereignissen eintreten, dann berechnen wir den Erwartungswert von X einfach dadurch, dass wir die Wahrscheinlichkeiten aller Ereignisse addieren.

Damit lässt sich die Leitfrage der Unterrichtsstunde beantworten: Bei 14 Werten ist der Erwartungswert der Rekordanzahl gleich

$$1 + \frac{1}{2} + \frac{1}{3} + \ldots + \frac{1}{14} \approx 3,252.$$

Diesen Wert kann man noch mit dem Taschenrechner ermitteln, und es bietet sich ein kleiner Exkurs darüber an, wie der Erwartungswert bei einer größeren Anzahl von Werten berechnet werden kann. Das ist mit GeoGebra z. B. für $n = 50$ über `Summe(1/j, j, 1, 50)` möglich. Bei Verwendung der App kann hier das Smartphone für eine kurze Übung eingesetzt werden. Weitere Beispiele für diesen Befehl, bei denen auch das Denken aktiviert wird, lassen sich leicht finden: Berechnung der Summe aller natürlichen Zahlen von 1 bis 100 bzw. aller geraden Zahlen bzw. aller ungeraden Zahlen etc.

Es ist eindrucksvoll, sich klarzumachen, wie man ohne diese Überlegungen vorgehen müsste, um den Erwartungswert zu erhalten. Bei Anwendung der Regel „Bilde die Summe aus Wert mal Wahrscheinlichkeit" ergibt sich die Darstellung $E(R_{14}) = 1 \cdot P(R_{14} = 1) + 2 \cdot P(R_{14} = 2) + \ldots + 14 \cdot P(R_{14} = 14)$. Es müssten also analog zur Vorgehensweise für $n = 4$ die Wahrscheinlichkeiten $P(\mathbb{R}_{14} = j)$ bestimmt werden. Es wären alle Vertauschungen von 14 Zahlen zu ermitteln und jeweils die Anzahl der Rekorde zu zählen. Aufgrund der schieren Größe von 14! (= 3 128 800) ist eine solche Vorgehensweise offenbar zum Scheitern verurteilt.

Möglichkeiten zur Binnendifferenzierung ergeben sich für stärkere Schüler unter anderem durch die rekursive Berechnung der Wahrscheinlichkeitsverteilung wie in Abschn. 5.2. Schwächere Schüler können die Wahrscheinlichkeitsverteilung für $n = 3$ bestimmen (siehe Abschn. 5.6).

5.4 Randbemerkungen

Hier kann auch der Unterschied zwischen Wetter und Klima betont werden. Da die vorliegenden Temperaturdurchschnittswerte längere Zeiträume umfassen, haben sie vergleichsweise wenig mit Wetter, aber dafür umso mehr mit Klima zu tun: Klima ist als das über einige Jahre, üblicherweise z. B. 30 Jahre, „gemittelte Wetter" definiert. Es sei noch gesagt, dass die Wahrscheinlichkeit für mindestens neun Rekorde unter einem Laplace-Modell ungefähr gleich $\frac{1}{5000}$ ist. Die Zeitgenossen, die den Klimawandel verharmlosen oder gar in Abrede stellen, sollte man einmal fragen, wie sich eine verschwindend kleine Wahrscheinlichkeit von 0,2 Promille für mindestens neun Rekorde bei 14 Werten mit den beschwichtigenden Worten „durchaus auch mit reinem Zufall erklärbar" verträgt. Aufgabe 5.5 zeigt, dass man im Zusammenhang mit zufälligen Permutationen neben der Anzahl der Rekorde auch andere Zufallsgrößen wie etwa die Anzahl der *Anstiege* untersuchen kann.

5.5 Rezeptfreies Material

Video 5.1: „Rekorde in zufälligen Permutationen – Teil 1"

`https://www.youtube.com/watch?v=ukBDpXbitTs`

Video 5.2: „Rekorde in zufälligen Permutationen – Teil 2"

`https://www.youtube.com/watch?v=mN9RIyNVY_4`

Video 5.3: „Die Varianz einer Zählvariablen"

`https://www.youtube.com/watch?v=Cq1SeH9GQ8Q`

5.6 Aufgaben

Aufgabe 5.1
Bestimme analog zum Fall $n = 4$ die Wahrscheinlichkeitsverteilung für die Rekordanzahl bei einer zufälligen Vertauschung von drei Zahlen (siehe (5.4) und die nachfolgenden Überlegungen).

Aufgabe 5.2
Wie viele Permutationen der Zahlen von $1, \ldots, 5$ gibt es, bei denen die 1 vor der 3 sowie die 3 vor der 4 steht?

Aufgabe 5.3
Vier Zettel mit den Zahlen 1, 2, 3, 4 werden in rein zufälliger Reihenfolge gezogen. Das Ereignis A_1 ist so definiert, dass beim ersten Zug ein Rekord auftritt, und A_2 so, dass beim zweiten Zug ein Rekord auftritt, etc.

a) Gib die Vierfeldertafel für A_1 und A_2 dazu an.

b) Beweise, dass A_1 und A_2 unabhängig sind.

c) Beweise, dass je zwei der Ereignisse A_1, A_2, A_3 und A_4 stochastisch unabhängig sind.

Aufgabe 5.4
Wir betrachten den Fall $n = 5$.

a) Ermittle die Anzahl aller Permutationen.

b) Gib an, bei wie vielen Permutationen genau ein Rekord auftritt.

c) Bei 24 Permutationen steht die 5 an der dritten Stelle. Bei wie vielen dieser Permutationen treten genau zwei Rekorde auf?

Aufgabe 5.5

Es sei Ω die Menge der Permutationen der Zahlen $1, \ldots, 5$, wobei jede Permutation als gleich wahrscheinlich angesehen wird. Für $j \in \{1, 2, 3, 4\}$ definieren wir A_j als das Ereignis, dass an der j-ten Stelle der Permutation ein Anstieg stattfindet. Formal ist also

$$A_j := \{(a_1, \ldots, a_5) \in \Omega : a_j < a_{j+1}\}.$$

So hat etwa die Permutation $(2, 3, 1, 4, 5)$ Anstiege an den Stellen 1, 3 und 4.

a) Berechne $P(A_2)$ und $P(A_2 \cap A_3)$.

b) Sind A_2 und A_4 stochastisch unabhängig?

c) Welchen Erwartungswert besitzt die Anzahl aller Anstiege?
   Hinweis: Die Anzahl aller Anstiege ist eine Indikatorsumme (vgl. S. 7).

6

Bingo! Lösung eines Wartezeitproblems

Klassenstufe	Ab 10
Idee	Auf einem Bingo-Schein stehen r der Zahlen von 1 bis n. In einer Trommel sind n, von 1 bis n beschriftete Kugeln. Nacheinander werden so lange Kugeln gezogen, bis jede Zahl auf dem Schein vorgekommen ist.
Voraussetzungen	Erwartungswerte berechnen, mit Binomialkoeffizienten umgehen
Lernziele	Wahrscheinlichkeit für *Bingo!* im k-ten Zug und Erwartungswert der Wartezeit auf *Bingo!* berechnen
Zeitlicher Umfang	Circa zwei Unterrichtsstunden

Abb. 6.1. Das Spiel Bingo!

Bingo! Diesen Ausruf kennt fast jeder. Das Glücksspiel mit diesem Namen ist weltweit bekannt und erfreut sich großer Beliebtheit (siehe Abb. 6.1). Ein Grund dafür ist die Einfachheit der Spielregeln und der Spielvorbereitung. Wir gehen in diesem Kapitel unter anderem der folgenden Frage auf den Grund:

Auf einem Spielschein stehen 15 verschiedene Zahlen zwischen 1 und 90. In einer Lostrommel befinden sich Kugeln mit den Nummern 1 bis 90. Diese werden so lange nacheinander rein zufällig und ohne Zurücklegen gezogen, bis alle Zahlen auf dem Spielschein vorgekommen sind.

Wie viele Kugeln müssen im Mittel gezogen werden, bis jede auf dem Schein stehende Zahl dabei ist?

6.1 Mathematischer Kern

Der Spielschein besteht aus drei Reihen und neun Spalten. Jede Reihe enthält fünf Zahlen. In der ersten Spalte kommen nur die Zahlen 1 bis 10 vor, in der zweiten 11 bis 20 etc., und in der letzten Spalte dürfen nur die Zahlen 81 bis 90 auftreten. Da in diesen 27 Feldern nur 15 Zahlen enthalten sind, gibt es auch leere Felder. Abbildung 6.2 zeigt einen exemplarischen Spielschein.

	15		36	46		63		84
		24	37		53		77	80
9		25		44	51		70	

Abb. 6.2. Ein möglicher Bingo-Spielschein

Neben dem Warten auf alle 15 Zahlen – auch „Coverall"-Bingo genannt – gibt es Varianten des Spiels, bei denen auf eine oder zwei vollständige Reihen oder auf andere Muster gewartet wird (siehe hierzu auch [19]). Das ist der Grund für die ungleichmäßige Anordnung der Zahlen auf dem Schein. Hier wird nur das Warten auf alle 15 Zahlen thematisiert, wir können die leeren Felder also gedanklich ausblenden. Die Anordnung der Zahlen hat für unsere Überlegungen keine Auswirkungen.

Die Zufallsvariable X beschreibe die Anzahl der nötigen Ziehungen, um alle Zahlen eines Bingo-Scheins zu erhalten. Die möglichen Werte, die X annehmen kann, sind somit die Zahlen von 15 bis 90.

Wir gehen im Folgenden davon aus, dass es sich um den Spielschein aus Abb. 6.2 handelt. Bevor wir fortfahren, dürfen Sie selbst eine Schätzung für den Erwartungswert von X abgeben. Fangen Sie bitte nicht an zu rechnen, sondern schätzen Sie aus dem Bauch heraus und notieren sich diese Zahl.

Um in unserem konkreten Beispiel *Bingo!* rufen zu können, muss jede der Zahlen $9, 15, 24, 25, 36, 37, 44, 46, 51, 53, 63, 70, 77, 80$ und 84 gezogen werden.

Betrachten wir nur eine dieser Zahlen, etwa die 51, und definieren Y als die Anzahl der Ziehungen, bis diese Zahl gezogen wird, so können wir die Verteilung von Y bestimmen.

Da 90 Kugeln in der Urne enthalten sind, ist die Wahrscheinlichkeit dafür, dass die 51 gleich im ersten Zug auftritt, gleich $\frac{1}{90}$; es gilt also

$$P(Y = 1) = \frac{1}{90}.$$

Damit die Zufallsvariable Y den Wert 2 annimmt, muss im ersten Zug eine der anderen 89 Kugeln gezogen werden, was mit einer Wahrscheinlichkeit von $\frac{89}{90}$ geschieht. Anschließend sind noch 89 Kugeln in der Urne, und nach der ersten Pfadregel gilt

$$P(Y = 2) = \frac{89}{90} \cdot \frac{1}{89} = \frac{1}{90}.$$

Mit dem gleichen Argument können wir die Wahrscheinlichkeiten

$$P(Y = 3) = \frac{89}{90} \cdot \frac{88}{89} \cdot \frac{1}{88} = \frac{1}{90}, \ldots, P(Y = 90) = \frac{89}{90} \cdot \frac{88}{89} \cdots \frac{2}{3} \cdot \frac{1}{2} \cdot \frac{1}{1} = \frac{1}{90}$$

erhalten. Man kann auch ohne Rechnung einsehen, dass die Kugel mit der Nummer 51 in jeder der 90 Ziehungen mit der gleichen Wahrscheinlichkeit gezogen wird: Aus Symmetriegründen ist keine Nummer vor der anderen ausgezeichnet, und somit hat in jeder Ziehung jede Nummer die gleiche Chance, gezogen zu werden. Eine hilfreiche Vorstellung ist hier vielleicht auch, die Kugeln bestünden aus zwei Hälften, die auseinandergezogen werden müssten, um die Zahl zu sehen, und wir legen diese von außen nicht unterscheidbaren Kugeln in eine Reihe. Die erste Kugel in der Reihe entspricht dann der ersten gezogenen Zahl etc. Die 51 landet dabei auf jedem Platz mit der gleichen Wahrscheinlichkeit $\frac{1}{90}$. Der Erwartungswert der Zufallsvariablen Y lässt sich mit der bekannten Regel „Bilde die Summe aus Wert mal Wahrscheinlichkeit" zu

$$E(Y) = 1 \cdot \frac{1}{90} + 2 \cdot \frac{1}{90} + \ldots + 90 \cdot \frac{1}{90} = 45,5$$

berechnen. Auf die 51 (und auch auf jede andere Zahl auf dem Spielschein) warten wir also im Mittel $45,5$ Züge. Da auf dem Spielschein noch 14 weitere Zahlen stehen, muss der Erwartungswert von X deutlich größer sein als $45,5$. Falls Ihr Schätzwert darunterlag, schätzen Sie jetzt noch einmal.

Um die Verteilung von X zu bestimmen, verwenden wir wieder die gedankliche Vorstellung, dass die Zahlen im Inneren der Kugeln stehen, was Meister Zufall völlig unbeeindruckt lässt. Die 90 Kugeln werden zunächst in eine Reihe gelegt, was in Abb. 6.3 veranschaulicht ist.

Abb. 6.3. Die 90 äußerlich nicht unterscheidbaren Kugeln werden rein zufällig von links nach rechts in eine Reihe gelegt

Wichtig ist hier, dass jede Zahl mit der gleichen Wahrscheinlichkeit an jeder der Stellen zu liegen kommt, denn die 90! möglichen Vertauschungen der Zahlen sind alle gleich wahrscheinlich. Die Wahrscheinlichkeit, dass die letzte Kugel im Inneren eine der 15 Nummern unseres Spielscheins enthält, ist damit $\frac{15}{90}$. Wir fassen diese 15 der insgesamt 90 Kugeln als günstige Fälle auf. Die Wahrscheinlichkeit, dass wir alle 90 Kugeln ziehen müssen, um *Bingo!* rufen zu können, ist also

$$P(X = 90) = \frac{15}{90} = \frac{1}{6} \approx 0,1667.$$

Die letzte Kugel enthält mit einer Wahrscheinlichkeit von $\frac{75}{90}$ *keine* der Zahlen des Spielscheins. Wir betrachten die Kugeln für die weitere Berechnung immer von rechts nach links. Um im 89. Zug *Bingo!* rufen zu können, muss die letzte Kugel (ganz rechts) eine der 75 Zahlen enthalten, die nicht auf dem Spielschein stehen. Dann gibt es noch 89 mögliche Kugeln für den vorletzten Zug. Da wir in diesem Zug *Bingo!* rufen wollen, sind 15 der Fälle günstig, und wir erhalten

$$P(X = 89) = \frac{75}{90} \cdot \frac{15}{89} \approx 0,1494.$$

Genauso lässt sich auch für weitere Realisierungen von X argumentieren. Es gilt

$$P(X = 88) = \frac{75}{90} \cdot \frac{74}{89} \cdot \frac{15}{88} \approx 0,1181,$$

da in den beiden letzten Zügen keine der Zahlen auf dem Spielschein gezogen werden sollen, aber im drittletzten. In gleicher Weise gilt

$$P(X = 87) = \frac{75}{90} \cdot \frac{74}{89} \cdot \frac{73}{88} \cdot \frac{15}{87} \approx 0,0991.$$

Letztlich haben wir die erste Pfadregel nur „rückwärts" angewendet und somit das Rückwärtsdenken geschult. Summiert man die bisher berechneten Wahrscheinlichkeiten auf, so ergibt sich

$$P(X \geq 87) \approx 0,5243.$$

Die Wahrscheinlichkeit, mindestens 87 der 90 Kugeln ziehen zu müssen, um alle Zahlen des Spielscheins zu erhalten, ist also erstaunlicherweise größer als 52 %.

Möchten Sie nun vielleicht auch Ihren zweiten Schätzwert für den Erwartungswert von X verwerfen? Einen weiteren Aspekt, wie man sich dem Erwartungswert von X durch „Emporirren" nähern kann, zeigt das Video 6.1.

Nach dem gleichen Prinzip können wir allgemein die Wahrscheinlichkeit

$$P(X = k) = \frac{15 \cdot (k-1) \cdot (k-2) \cdot \ldots \cdot (k-14)}{90 \cdot 89 \cdot \ldots \cdot 76}, \quad k = 15, \ldots, 90,$$

dafür angeben, nach dem k-ten Zug *Bingo!* rufen zu können. Für den Erwartungswert von X gilt

$$\begin{aligned} E(X) &= \sum_{k=15}^{90} k \cdot P(X = k) = \sum_{k=15}^{90} k \cdot \frac{15 \cdot (k-1) \cdot (k-2) \cdot \ldots \cdot (k-14)}{90 \cdot 89 \cdot \ldots \cdot 76} \\ &= \frac{1365}{16} \approx 85,31. \end{aligned}$$

Dabei kann die Auswertung der Summe mit einem digitalen Hilfsmittel erfolgen. Wir warten auf die Dauer im Mittel also etwas mehr als 85 Züge, bis wir *Bingo!* rufen können. Ein alternativer Weg, den Erwartungswert zu bestimmen, findet sich im folgenden Abschnitt *Spielschein mit r Zahlen bei n Kugeln*, wo er für ein allgemeineres Problem erläutert wird.

6.2 Mathematische Tiefbohrung

Neben dem bereits erwähnten alternativen Weg für die Berechnung des Erwartungswertes von X werden wir hier auf den Zusammenhang zwischen Bingo und Lotto sowie auf die Verteilung der k-kleinsten Gewinnzahl beim Lotto eingehen. Ein Grundraum Ω, auf dem die Zufallsvariable X als Abbildung definiert ist, wird im Video 6.2 thematisiert.

Spielschein mit r Zahlen bei n Kugeln

Wir untersuchen jetzt den allgemeineren Fall, in dem der Spielschein r der Zahlen von 1 bis n enthält. In der bislang vorliegenden konkreten Situation müssen also r durch 15 und n durch 90 ersetzt werden. Wir stellen uns wieder vor, die Kugeln seien äußerlich nicht unterscheidbar, und die Zahlen stünden jeweils im Inneren der Kugeln. Wir nehmen außerdem an, dass die Kugeln, welche die Nummern unseres Spielscheins enthalten, von innen rot gefärbt sind. Es gibt also n äußerlich nicht unterscheidbare Kugeln, von denen r innen rot gefärbt sind. Ein solches Vorgehen ist möglich, da es nicht von Bedeutung ist, *welche* der Zahlen auf dem Spielschein stehen, sondern nur, wann *irgendwelche r bestimmte* Zahlen gezogen werden.

Die Zufallsvariable X beschreibt dann die Anzahl der Ziehungen, bis alle (von innen) roten Kugeln gezogen werden. Das Ereignis $\{X = k\}$, also *Bingo!* im k-ten Zug, bedeutet, dass $r-1$ Zahlen des Spielscheins in den ersten $k-1$ Zügen gezogen werden und die r-te im k-ten Zug. In unserer Vorstellung von äußerlich nicht unterscheidbaren Kugeln ist das gleichbedeutend damit, dass $r - 1$ der Kugeln, wie in Abb. 6.4, die von innen rot sind, auf $r - 1$ der ersten $k - 1$ Plätze (von links) liegen und eine auf Platz Nummer k.

Abb. 6.4. Die r Kugeln mit den Nummern des Spielscheins (rot markiert) liegen auf r der ersten k Plätze, wobei eine auf dem k-ten Platz liegt

Da mindestens r Züge erfolgen müssen, bis jede Zahl auf dem Spielschein vorgekommen ist, gilt $P(X = k) = 0$, falls $k < r$. Im Fall $k \geq r$ gibt es nach Definition des Binomialkoeffizienten $\binom{n}{r}$ Möglichkeiten, die r roten Kugeln auf die n Plätze zu verteilen. Davon sind diejenigen Fälle günstig, in denen eine Kugel auf Platz k und die $r - 1$ anderen roten Kugeln auf $r - 1$ der ersten $k - 1$ Plätze liegen. Die Anzahl der günstigen Fälle ist also $1 \cdot \binom{k-1}{r-1}$. Die Wahrscheinlichkeit für ein *Bingo!* im k-ten Zug ist somit

$$P(X = k) = \frac{\binom{k-1}{r-1}}{\binom{n}{r}}, \quad k = r, \ldots, n.$$

Hiermit folgt

$$E(X) = \sum_{k=r}^{n} k \cdot P(X = k) = \sum_{k=r}^{n} k \cdot \frac{\binom{k-1}{r-1}}{\binom{n}{r}} = \frac{1}{\binom{n}{r}} \sum_{k=r}^{n} k \cdot \binom{k-1}{r-1}.$$

Wenn Sie hier nicht mit einem Taschenrechner weiterrechnen möchten, können Sie den Ausdruck mithilfe der Identität

$$\frac{k}{r} \cdot \binom{k-1}{r-1} = \binom{k}{r}$$

für den Binomialkoeffizienten und des Gesetzes der oberen Summation (1.26) vereinfachen. Wir erhalten

$$E(X) = \frac{1}{\binom{n}{r}} \sum_{k=r}^{n} r \cdot \binom{k}{r} = \frac{r}{\binom{n}{r}} \sum_{k=r}^{n} \binom{k}{r} = \frac{r}{\binom{n}{r}} \binom{n+1}{r+1} = r \cdot \frac{n+1}{r+1}.$$

Zusammenhang mit Lotto

Zieht man n mit den Zahlen von 1 bis n beschriftete Kugeln der Reihe nach rein zufällig und ohne Zurücklegen, so erzeugt man eine rein zufällige Permutation dieser Zahlen. Aus stochastischer Sicht ergibt sich eine „totale Symmetrie" in Bezug auf die Verteilung der Kugelnummern auf die Plätze von 1 bis n. In der Konsequenz bedeutet diese Symmetrie nicht nur, dass jede vorgegebene Zahl mit gleicher Wahrscheinlichkeit an jeder der Stellen von 1 bis n zu liegen kommt, sondern allgemeiner Folgendes: Für jedes $k \in \{1, \ldots, n\}$ ist die Wahrscheinlichkeit, dass k vorgegebene Zahlen – ohne Beschränkung seien das die Zahlen $1, 2, \ldots, k$ – auf k vorgegebene Plätze $i_1, \ldots, i_k$ mit $1 \leq i_1 < i_2 < \ldots < i_k \leq n$ zu liegen kommen, gleich ist und jeweils

$$\frac{1}{\binom{n}{k}}$$

beträgt. Zur Begründung muss man nur abzählen: Insgesamt gibt es $n!$ Permutationen, und die günstigen Fälle ergeben sich wie folgt: Zunächst verteilt man die Zahlen von 1 bis k auf die Plätze $i_1, \ldots, i_k$, wofür es $k!$ Möglichkeiten gibt. Für jede dieser Verteilungen existieren dann $(n - k)!$ Möglichkeiten, die restlichen $n - k$ Zahlen auf die verbleibenden $n - k$ Plätze zu verteilen. Nach der Multiplikationsregel der Kombinatorik ist die Wahrscheinlichkeit also gleich

$$\frac{k!(n-k)!}{n!} = \frac{1}{\binom{n}{k}}.$$

Insbesondere folgt, dass die Nummern der Züge, bei denen die Kugeln mit den Nummern $1, \ldots, r$ gezogen werden, eine rein zufällige r-elementige Teilmenge der Zahlen $1, \ldots, n$ bilden. Diese Überlegung gilt natürlich in gleicher Weise für die konkreten r Zahlen auf dem Spielschein.

Wir erkennen also, dass die zufälligen Ziehungsnummern, in denen die Zahlen auf dem Spielschein gezogen werden, die gleiche Verteilung wie die Gewinnzahlen eines Lottos „r aus n" besitzen.

Im Folgenden bezeichne die Zufallsgröße Y_j, $j \in \{1, \ldots, r\}$, die Nummer derjenigen Ziehung, bei der wir das j-te Kreuz auf dem Bingo-Spielschein machen können, bei der also zum ersten Mal irgendwelche j verschiedenen der r Zahlen auf dem Spielschein aufgetreten sind. Dann ist die gemeinsame Verteilung von $(Y_1, \ldots, Y_r)$ die gleiche wie die Verteilung der nach aufsteigender Größe sortierten Gewinnzahlen bei einem „r aus n-Lotto".

Bislang haben wir uns im Fall $r = 15$ und $n = 90$ für die Verteilung von Y_{15}, also der größten der Gewinnzahlen, interessiert. Wir könnten aber in diesem Fall z. B. auch nach der Verteilung von Y_1 oder Y_8 fragen, also danach, wann die erste Zahl auf unserem Schein auftritt bzw. wann zum ersten Mal mehr als die Hälfte der Zahlen auf unserem Schein gezogen wurden. Solche Überlegungen stellen wir im nächsten Abschnitt für den allgemeinen Fall eines „r aus n-Lottos" an.

Verteilung der k-kleinsten Gewinnzahl

Im Folgenden betrachten wir weiterhin den allgemeinen Fall, dass r von insgesamt n Kugeln rot sind. Die mit $Y_1 < Y_2 < \ldots < Y_r$ bezeichneten Nummern der Ziehungen, bei denen die roten Kugeln bzw. die Zahlen unseres Spielscheins gezogen werden, sind dann verteilt wie die nach aufsteigender Größe sortierten Gewinnzahlen eines „r aus n-Lottos". Welche Verteilung besitzt die k-kleinste dieser Gewinnzahlen, also Y_k? Hier gelten $k \leq Y_k$ und $Y_k \leq n - (r - k)$. Außerdem tritt für jedes $j \in \{k, k+1, \ldots, n - (r - k)\}$ das Ereignis $\{Y_k = j\}$ genau dann ein, wenn aus den Plätzen $1, \ldots, j - 1$ exakt $k - 1$ Stück für die

$k - 1$ kleineren Zahlen und dann aus den Plätzen $j + 1, \ldots, n$ die $r - k$ für die größeren Gewinnzahlen ausgewählt werden. Nach der Multiplikationsformel der Kombinatorik gilt also

$$P(Y_k = j) = \frac{\binom{j-1}{k-1}\binom{n-j}{r-k}}{\binom{n}{r}}, \qquad j = k, k+1, \ldots, n - (r - k).$$

Bislang haben wir speziell für $k = r$

$$P(Y_r = j) = \frac{\binom{j-1}{r-1}}{\binom{n}{r}}, \qquad j = r, r + 1 \ldots, n,$$

sowie mithilfe des Gesetzes der oberen Summation (1.26)

$$E(Y_r) = E(X) = r \cdot \frac{n+1}{r+1}$$

erhalten. Im Folgenden wird gezeigt, dass allgemein

$$E(Y_k) = k \cdot \frac{n+1}{r+1}, \qquad k = 1, \ldots, r, \tag{6.1}$$

gilt. Die Erwartungswerte der sortierten Gewinnzahlen ordnen sich also (plausiblerweise) linear an. Zunächst ergibt sich

$$E(Y_k) = \sum_{j=k}^{n-(r-k)} j P(Y_k = j).$$

Beachtet man die Beziehung $j \cdot \binom{j-1}{k-1} = k \cdot \binom{j}{k}$, so folgt

$$E(Y_k) = \frac{k}{\binom{n}{r}} \sum_{j=k}^{n-(r-k)} \binom{j}{k}\binom{n-j}{r-k}.$$

Wir behaupten, dass in Verallgemeinerung des Gesetzes der oberen Summation

$$\binom{n+1}{r+1} = \sum_{j=k}^{n-(r-k)} \binom{j}{k}\binom{n-j}{r-k} \tag{6.2}$$

gilt, womit (6.1) bewiesen wäre. Der Beweis von (6.2) ergibt sich, wenn man beachtet, dass auf der linken Seite von (6.2) die Anzahl der Möglichkeiten steht, aus den Zahlen $1, \ldots, n + 1$ genau $r + 1$ auszuwählen. Diese Auswahlen unterscheiden wir danach, welches die k-kleinste dieser Zahlen ist. Die k-kleinste dieser Zahlen kann jeden Wert j von k bis $n - (r - k)$ annehmen, was dem Summationsindex in (6.2) entspricht. Ist die k-kleinste der $r + 1$ Zahlen gleich j, so gibt es $\binom{j-1}{k-1}$ Möglichkeiten, die $k - 1$ kleineren Zahlen auf die Plätze $1, \ldots, j - 1$ zu verteilen, und für jede dieser Möglichkeiten kann man auf $\binom{n+1-j}{r+1-k}$ Weisen den $r + 1 - k$ größeren Zahlen die Plätze $j + 1, \ldots, n + 1$ zuweisen. Es folgt

$$\binom{n+1}{r+1} = \sum_{j=k}^{n-(r-k)} \binom{j-1}{k-1}\binom{n+1-j}{r+1-k}.$$

Setzt man hier $i := j - 1$ und $\ell := k - 1$, so geht diese Darstellung in

$$\binom{n+1}{r+1} = \sum_{i=\ell}^{n-(r-\ell)} \binom{i}{\ell}\binom{n-i}{r-\ell}$$

über, was zu zeigen war.

6.3 Umsetzung im Unterricht

Auch wenn zu erwarten ist, dass die meisten Ihrer Schüler das Spiel *Bingo* kennen – wiederholen Sie zu Beginn die Spielregeln. Das ist vor allem wegen der vielen existierenden Varianten dieses Spiels sinnvoll (vgl. Abschn. 6.1 und Abschn. 6.4). Für den Unterricht empfehlen wir, Spielscheine ohne leere Felder zu verwenden, um keine Verwirrung zu stiften.

Sie können mit einer (kleinen) Bingo-Runde in die Stunde einsteigen. Wir schlagen vor, $n = 15$ und $r = 4$ zu wählen. Die Schüler werden so mit dem Unterrichtsgegenstand in eine handelnde Auseinandersetzung gebracht, was sich positiv auf die Motivation auswirken kann. Dafür bedarf es der folgenden Vorbereitung:

Bringen Sie einen Beutel mit, in dem sich Karten befinden, die mit den Zahlen 1 bis 15 beschriftet sind. Diese Karten können Sie in der Unterrichtsstunde nacheinander ziehen und mit Magneten an der Tafel befestigen. Wir empfehlen, die Karten aus weißem Tonkarton herzustellen. Sie sollten so groß sein, dass sie von allen Schülern gut gesehen werden können. Für eine gute Übersichtlichkeit können Sie an der Tafel die Nummer der Ziehung notieren und die gezogenen Karten in einer zweiten Zeile befestigen. Ein mögliches Tafelbild findet sich in Abb. 6.5.

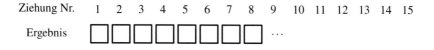

Abb. 6.5. Möglicher Tafelanschrieb. Die Quadrate kennzeichnen die gezogenen Karten

Zeichnen Sie zu Beginn der Stunde ein (2×2)-Gitter wie in Abb. 6.6 an die Tafel und fordern Sie Ihre Schüler auf, dieses auf ein Blatt zu übernehmen. Anschließend trägt jeder vier beliebige Zahlen zwischen 1 und 15 in die Felder ein.

Abb. 6.6. Raster für das „4 aus 15-Bingo"

Bei der anschließenden Erklärung der Spielregeln können Sie die folgenden Punkte nennen:

- Im Beutel befinden sich die Zahlen von 1 bis 15.

- Diese Zahlen werden nacheinander gezogen und an die Tafel geheftet.

- Wenn eine Zahl gezogen wird, die auf eurem Schein enthalten ist, dürft ihr sie durchstreichen.

- Wir spielen so lange, bis jeder alle Zahlen durchgestrichen hat.

- Wenn das bei einem von euch der Fall ist, habt ihr ein *Bingo!*. Hebt dann euren Zettel in die Luft und notiert euch die Nummer der aktuellen Ziehung.

Abhängig von Ihrer Klasse können Sie Ihre Schüler auch auffordern, *Bingo!* zu rufen, wenn sie den Zettel in die Luft heben. Falls Sie ein Arbeitsblatt entwerfen, bietet es sich an, diese Regeln dort aufzunehmen.

Stellen Sie Ihren Schülern die folgende Aufgabe, bevor Sie mit dem Spiel beginnen:

Schüleraktivität

Gib einen Tipp für die Anzahl der Ziehungen ab, die im Mittel nötig sind, bis alle Zahlen auf dem Schein gezogen wurden.

Für die Sammlung der Tipps bieten sich verschiedene Möglichkeiten an:

1. Nutzen Sie ein Online-Umfrageprogramm. Falls Ihre Schule ein Lernmanagementsystem verwendet, können Sie dort eine Umfrage erstellen. Leichter geht es noch mit kostenlosen Tools wie *Mentimeter* (für einen Überblick siehe [34]). Ihre Schüler nehmen mit ihren Smartphones an der Umfrage teil, und sie können an einem Computer oder Smartphone direkt die Ergebnisse sehen.

2. Lassen Sie Ihre Schüler den Tipp auf die Rückseite des Bingo-Scheins schreiben. Anschließend können Sie die Zahlen 4 bis 15 nacheinander nennen (siehe unten). Jeder, der die genannte Zahl getippt hat, hebt seinen Zettel hoch. So vermeiden Sie, dass die Schüler sich beim Tippen durch ihre Klassenkameraden beeinflussen lassen. Sie können die Ergebnisse entweder an der Tafel notieren oder sie als Stimmungsbild stehen lassen.

Wir empfehlen die erste Variante, weil Sie mit dieser im Unterricht Zeit sparen können. Außerdem bietet sich so die Möglichkeit, auch die Ergebnisse der Durchführung zu sammeln und die beiden Diagramme zu vergleichen. Wenn Sie sich *relative* Häufigkeiten anzeigen lassen, haben Sie mit dieser Variante darüber hinaus ein Diagramm, das Schätzwerte für die Wahrscheinlichkeiten der Anzahl der Ziehungen bis zum *Bingo!* enthält.

Um zu überprüfen, ob die Spielregeln verstanden wurden, fragen Sie vor der Durchführung, wie viele Ziehungen mindestens und wie viele höchstens nötig sind, bis der eigene Schein in die Luft gehoben werden kann. Dadurch verhindern Sie, dass Werte angegeben werden, die kleiner als 4 sind. Um von Anfang an Fehlvorstellungen entgegenzuwirken, können Sie zusätzlich fragen, ob die konkrete Wahl der Zahlen auf dem eigenen Spielschein eine Rolle spielt. Es gibt keine Zahlen, die vor anderen bevorzugt sind.

Für den weiteren Verlauf der Stunde ist es hilfreich, wenn Sie selbst auch mitspielen. Tragen Sie also vier Zahlen in das Raster an der Tafel ein. So können Sie sich bei der Besprechung immer wieder auf Ihren Spielschein beziehen.

Führen sie nun die Ziehungen nach den obigen Regeln durch. Die Anzahl der Ziehungen, die Ihre Schüler bis zum *Bingo!* benötigen, können sie wieder mit einer der beschriebenen Umfragemöglichkeiten erfassen. Es ist zu erwarten, dass die Tipps Ihrer Schüler deutlich unter den durch das Spiel ermittelten Werten liegen. Diese Beobachtung können Sie als Ausgangspunkt für weitere Untersuchungen heranziehen.

Da die Schüler ja zunächst „vorwärts denken", muss man ihr Stochastik-Gespür für eine Symmetrie anregen, damit sie die folgende Aufgabe bearbeiten können. Hierzu können Sie etwa die folgenden Frage an Ihre Klasse stellen und sich dabei auf den von Ihnen an der Tafel ausgefüllten Bingo-Schein beziehen:

Welche Zahlen können denn an der 15. Stelle stehen, wenn ich *Bingo!* erst im letzten Zug rufe?

Lassen Sie Ihre Schüler jetzt die folgende Aufgabe zunächst in Einzelarbeit bearbeiten.

Schüleraktivität

Wir bezeichnen die Anzahl der Ziehungen bis zum *Bingo!* mit X.

a) Berechne die Wahrscheinlichkeit
   (i) für *Bingo!* im letzten Zug, also $P(X = 15)$,
   (ii) für *Bingo!* im vorletzten Zug, also $P(X = 14)$,
   (iii) für *Bingo!* im k-ten Zug, also $P(X = k)$.
b) Berechne den Erwartungswert von X.

Aufgabe b) ist schwierig, insbesondere, weil Ihren Schülern das Summenzeichen für eine kompakte Darstellung des Erwartungswerts nicht bekannt ist, sofern Sie nicht in einer Mathe-AG unterrichten. Machen Sie von Anfang an klar, dass diese Aufgabe im Plenum besprochen wird und für Schnelle als Zusatzaufgabe gedacht ist. Je nachdem, wie lange es her ist, dass Ihre Schüler das letzte Mal Erwartungswerte berechnet haben, können Sie als Hilfe die Berechnungsformel angeben. Stellen Sie außerdem einen Taschenrechner oder einen Computer für die Berechnung zur Verfügung.

Unterbrechen Sie die Arbeitsphase nach fünf bis zehn Minuten, um über mögliche Ansätze zu sprechen. Falls es Schüler gibt, die die Lösung $\frac{4}{15}$ für Aufgabenteil a) (i) gefunden haben, lassen Sie diese ihren Ansatz vorstellen. Es ist aber auch möglich, dass keiner Ihrer Schüler einen Ansatz gefunden hat. Um auf eine Lösung zu kommen, ist es hilfreich, die gezogenen Zahlen von hinten nach vorne zu betrachten.

Ändern Sie die Reihenfolge der Zahlen an der Tafel so, dass eine der Zahlen auf Ihrem Spielschein an 15. Stelle steht.

Vergewissern Sie sich, dass Ihre Schüler eingesehen haben, dass es egal ist, welche der vier Zahlen des Spielscheins dies ist. Es gibt also vier günstige von insgesamt 15 möglichen Fällen, eine Karte zu ziehen, die zu *Bingo!* im letzten Zug führt. Falls Ihre Schüler fragen, ob die Wahrscheinlichkeit nicht auch von den vorherigen Zügen abhängt, können Sie erwidern, dass alle weiteren 14! Möglichkeiten, die übrigen Zahlen anzuordnen, auch günstig sind – solange eine der vier Karten des Spielscheins an 15. Stelle steht. Es gilt also

$$P(X = 15) = 4 \cdot \frac{1 \cdot 14!}{15!} = \frac{4}{15} \approx 0,27.$$

Die erste Pfadregel wurde in gewisser Weise rückwärts angewendet, und wir erhalten eine Wahrscheinlichkeit von erstaunlicherweise über 25 %.

Auch ein Ansatz mithilfe von Binomialkoeffizienten wie in Abschn. 6.2 ist möglich. Es gibt $\binom{15}{4}$ Möglichkeiten, die Zahlen vom Spielschein auf die Ziehungen zu verteilen. Günstig sind alle Fälle, in denen drei dieser Zahlen in den ersten 14 Ziehungen gezogen werden und eine an letzter Stelle. Dafür gibt es $\binom{14}{3} \cdot 1$ Möglichkeiten. Es gilt also auch hier

$$\frac{\binom{14}{3} \cdot 1}{\binom{15}{4}} = \frac{4}{15} \approx 0,27.$$

Für diesen Ansatz müssen die Schüler verinnerlicht haben, dass die konkreten Zahlen auf dem Schein keine Rolle spielen und man sie durch rote und weiße Kugeln ersetzen könnte, wie wir das in Abschn. 6.2 machen. Falls Sie sich entscheiden, diesen Ansatz ausführlicher zu thematisieren – z. B. weil ein Schüler ihn vorschlägt oder es Schüler gibt, die mit dem zuvor genannten Ansatz Probleme haben –, ist es hilfreich, die an der Tafel hängenden Karten einzusetzen.

Sie können sich bereits im Vorfeld überlegen, welche Zahlen Sie in Ihren Spielschein an der Tafel eintragen, und die Rückseiten der entsprechenden Karten rot anmalen. Erklären Sie Ihren Schülern, dass die konkrete Wahl der Zahlen egal ist und dass es lediglich darauf ankommt, dass *irgendwelche* vier der Karten in bestimmten Ziehungen gezogen werden. Sagen Sie, dass Sie diese bestimmten Zahlen durch rote und alle übrigen durch weiße Zettel ersetzen. Drehen Sie anschließend alle Zettel um. Jetzt ist es leichter nachzuvollziehen, warum es insgesamt $\binom{15}{4}$ Möglichkeiten gibt, die roten Kugeln anzuordnen, und warum es $\binom{14}{3}$ günstige Fälle gibt.

Lassen Sie Ihre Klasse nun in Partnerarbeit weiterarbeiten und abschließend Ergebnisse präsentieren. Auch in Aufgabenteil b) und c) führen beide oben vorgestellten Ansätze zum Ziel.

Auch eine Begründung ohne Binomialkoeffizienten ist möglich: Die Überlegung ist, dass im letzten Zug eine der elf Zahlen gezogen wird, die nicht auf dem Spielschein stehen. Im vorletzten Zug muss eine der vier Zahlen auf dem Spielschein auftreten. Dann gibt es noch 13! Möglichkeiten, die alle günstig sind, und wir erhalten

$$P(X = 14) = \frac{11}{15} \cdot \frac{4}{14} \cdot \frac{13!}{13!} \approx 0,21.$$

Mit dem gleichen Argument gilt

$$P(X = k) = \frac{11}{15} \cdot \frac{10}{14} \cdot \ldots \cdot \frac{k-(4-1)}{k+1} \cdot \frac{4}{k} \cdot \frac{(k-1)!}{(k-1)!}.$$

Eine ausführliche Herleitung dieser Gleichung finden Sie in Abschn. 6.1.

Mithilfe von Binomialkoeffizienten erhält man die Darstellungen

$$P(X = 14) = \frac{1 \cdot \binom{13}{3}}{\binom{15}{4}} \approx 0,21$$

und

$$P(X = k) = \frac{1 \cdot \binom{k-1}{3}}{\binom{15}{4}}.$$

Die detaillierte Herleitung erfolgt in Abschn. 6.2.

Die Berechnung des Erwartungswerts kann prinzipiell mit beiden Ergebnissen für $P(X = k)$ erfolgen. Es gilt

$$E(X) = 15 \cdot P(X = 15) + 14 \cdot P(X = 14) + \ldots + 4 \cdot P(X = 4)$$

$$= 15 \cdot \frac{1 \cdot \binom{14}{3}}{\binom{15}{4}} + 14 \cdot \frac{1 \cdot \binom{13}{3}}{\binom{15}{4}} + \ldots + 4 \cdot \frac{1 \cdot \binom{3}{3}}{\binom{15}{4}}. \tag{6.3}$$

Die Schwierigkeit besteht darin, dass die Formel sehr sperrig ist, wenn das Summenzeichen nicht bekannt ist. Geben Sie (6.3) an und erklären, dass die Berechnung mithilfe eines Computers erfolgen kann. In GeoGebra können Summen mit dem Befehl

```
Summe ( < Ausdruck >,< Variable >,< Startwert >,< Endwert >)
```

ausgewertet werden. Wenn Sie (6.3) mit Ihren Schülern hergeleitet haben, besteht der nächste Schritt darin, zu erklären, dass jeder Summand die Form

$$k \cdot \frac{\binom{k-1}{3}}{\binom{15}{4}}$$

hat. Mit GeoGebra erhält man dann

```
Summe ( k *nCr(k-1,3)/nCr(15,4), k, 4, 15 ) = 12,8.
```

In einer Mathe-AG ist eventuell auch die gemeinsame Herleitung des Lösungswegs

$$E(X) = \sum_{k=4}^{15} k \cdot P(X = k)$$

$$= \sum_{k=4}^{15} k \cdot \frac{11}{15} \cdot \frac{10}{14} \cdot \ldots \cdot \frac{k-(4-1)}{k+1} \cdot \frac{4}{k} \cdot \frac{(k-1)!}{(k-1)!}$$

$$= \sum_{k=4}^{15} k \cdot \frac{1 \cdot \binom{k-1}{3}}{\binom{15}{4}} = 12,8$$

möglich. Dabei muss auch hier im letzten Schritt mit einem Computer gerechnet werden. Vergleichen Sie diesen Erwartungswert sowohl mit den getippten Werten als auch mit dem Mittelwert, der durch das Spiel generierten Werte. Hier bietet es sich an, das arithmetische Mittel als Schätzwert für den Erwartungswert und die relativen Häufigkeiten als Schätzwert für Wahrscheinlichkeiten zu thematisieren. Diese Grundkonzepte – und vor allem deren feine Unterschiede – können die Schüler nur dann verinnerlichen, wenn sie immer wieder aktiviert und von den Schülern selbst formuliert werden. Eines der Ziele einer Stochastikunterrichtseinheit besteht darin, dass die Schüler bei Wahrscheinlichkeiten unter anderem an relative Häufigkeiten denken und ihnen irgendwann von selbst das empirische Gesetz der großen Zahlen einfällt.

Wenn Sie in einer Mathe-AG unterrichten, eröffnet die letzte Berechnung die Möglichkeit, die abkürzende Schreibweise mithilfe des Summenzeichens einzuführen. Mit einer sehr leistungsstarken Lerngruppe ist es außerdem denkbar, den allgemeinen Fall im Abschnitt *Spielschein mit r Zahlen bei n Kugeln* auf S. 97 zu untersuchen.

6.4 Randbemerkungen

Der Name des Spiels *Bingo!* kommt aus Amerika, und er wurde 1929 von Edwin Lowe (1910–1986) eingeführt. Dieser beobachtete auf einem Jahrmarkt eine Gruppe von spanischen Spielern, die auf einem Spielschein Bohnen auf Zahlen legten, die vorher von einem Spielleiter gezogen wurden. Hatte ein Spieler alle Zahlen bedeckt, rief er *Beano!*. Er war von dieser Spielidee so angetan, dass er das Spiel selbst produzierte. Bei eine *Beano*-Runde rief eine Spielerin *Bingo!*, als die letzte Zahl ihres Spielscheins gezogen wurde. Der Ausruf gefiel Edwin Lowe so gut, dass das Spiel von da an den Namen *Bingo!* trägt.

Es ist möglich, dass Ihre Schüler das Spiel in einem anderen Zusammenhang kennen. In der unter dem Namen *Buzzword-Bingo* oder auch *Besprechungs-Bingo* bekannten Variante des Spiels hat jeder Spieler einen Zettel, auf dem (oft inhaltslose) Schlagwörter wie auf einem Bingo-Spielschein angeordnet sind. Das Spiel wird während eines Vortrags gespielt, und immer, wenn eines der Schlagwörter genannt wird, dürfen es alle Spieler, die es auf ihrem Zettel haben, markieren. Gewonnen hat, wer als Erstes ein vorher festgelegtes Muster abstreichen konnte. Bei dieser Variante ist zu beachten, dass die Felder keinesfalls gleich wahrscheinlich sind. Wenn Sie *Buzzword-Bingo* im Web suchen, stoßen Sie noch auf eine weitere, nicht besonders vornehme Bezeichnung.

6.5 Rezeptfreies Material

Video 6.1: „Bingo! Wir irren uns empor"

`https://www.youtube.com/watch?v=Gy19Y9zBXC4&t=665s`

Video 6.2: „Bingo! Lösung eines Wartezeitproblems"

`https://www.youtube.com/watch?v=FF57X5KR1pA&t=16s`

6.6 Aufgaben

Aufgabe 6.1
Die Zufallsgröße X ist die größte Gewinnzahl bei einem „r aus n-Lotto".

a) Zeige: $P(X \le k) = \dfrac{\binom{k}{k}}{\binom{n}{r}}$, $k = r, \ldots, n$.

b) Leite aus Aufgabenteil a) folgende Darstellung her:

$$P(X = k) = \frac{\binom{k-1}{r-1}}{\binom{n}{r}}, \quad k = r, \ldots, n$$

Aufgabe 6.2
Wir spielen ein „2 aus 5-Bingo", d. h., auf dem Spielschein stehen zwei der Zahlen von 1 bis 5.

a) Berechne die Wahrscheinlichkeit, dass frühestens im dritten Zug die erste der beiden Zahlen des Spielscheins auftritt.

b) Wie groß ist die Wahrscheinlichkeit, im dritten Zug *Bingo!* rufen zu können?

c) Wir bezeichnen mit X_1 und X_2 die Nummern der Ziehungen, in denen die erste bzw. die zweite Zahl des Spielscheins gezogen werden. Berechne die Wahrscheinlichkeit $P(X_2 - X_1 = 3)$.

d) Zeige: $E(X_2) = 4$, $V(X_2) = 1$.

Aufgabe 6.3

Wir spielen ein „3 aus n-Bingo", wobei n unbekannt sei. Die Zufallsgröße X ist die Nummer der Ziehung, in der man *Bingo!* rufen kann. Es soll

$$P(X \leq 4) = \frac{1}{5}.$$

gelten. Wie kannst du hieraus n ermitteln? Erläutere deine Überlegungen.

7

Das Pólyasche Urnenmodell

Klassenstufe	Ab 11
Idee	Ziehen mit Zurücklegen von c Kugeln derselben Farbe
Voraussetzungen	Binomialverteilung
Lernziele	Eine Verallgemeinerung der Binomialverteilung kennenlernen
Zeitlicher Umfang	Zwei Unterrichtsstunden

Ziehen wir aus einer Urne mit roten und schwarzen Kugeln n-mal mit Zurücklegen nach jeweils gutem Mischen, so besitzt die Anzahl der gezogenen roten Kugeln eine Binomialverteilung. Diese Verteilung nimmt in der Schule einen großen Stellenwert innerhalb der Stochastik ein. Wir werden in diesem Kapitel einen Blick über den Tellerrand der Binomialverteilung wagen, indem wir die folgenden Fragen beantworten: Was ändert sich, wenn wir *ohne* Zurücklegen ziehen, oder wenn wir nach Ziehen einer Kugel noch weitere Kugeln derselben Farbe zurücklegen? Wir bringen es noch einmal auf den Punkt:

Gegeben sei eine Urne mit r roten und s schwarzen Kugeln. Aus dieser Urne werden *wiederholt* wie folgt rein zufällig Kugeln gezogen: Nach jedem Zug werden die gezogene Kugel *sowie c weitere Kugeln derselben Farbe* in die Urne gelegt, und der Urneninhalt wird dann gut gemischt. Dieser Vorgang wird noch $(n-1)$-mal wiederholt, sodass insgesamt n-mal gezogen wird.

Mit diesem Ziehungsmodus wollte G. Pólya (1887–1985) die Ausbreitung einer ansteckenden Krankheit modellieren ([31], S. 135 ff). Steht etwa eine gezogene rote Kugel für einen Krankheitsfall, so ist zum nächsten Zeitpunkt wegen der Ansteckungsgefahr die (bedingte) Wahrscheinlichkeit erhöht, einen weiteren Krankheitsfall zu beobachten. Obwohl für diese Deutung die Zahl c positiv sein muss, sind auch die Fälle $c = 0$, also das vertraute Ziehen mit Zurücklegen, sowie der Fall $c < 0$, also insbesondere das in der Qualitätskontrolle wichtige Ziehen ohne Zurücklegen, d. h. der Fall $c = -1$, zugelassen. Ist c negativ, so muss der Urneninhalt natürlich hinreichend groß sein.

Die uns interessierende Zufallsgröße X ist die Anzahl der gezogenen roten Kugeln. Im Fall $c = 0$ besitzt X eine Binomialverteilung mit Parametern n, also der Anzahl der Ziehungen, und $p = \frac{r}{r+s}$, also dem Anteil der roten Kugeln in der Urne. Doch wie sieht die Verteilung von X für allgemeines c aus (siehe hierzu auch das Video 7.1)?

7.1 Mathematischer Kern

Wir beginnen mit einem Beispiel, in dem die Urne zunächst zwei rote und eine schwarze Kugel enthält. Nach rein zufälligem Ziehen einer Kugel legen wir *diese und zusätzlich eine weitere Kugel derselben Farbe* in die Urne. Es ist also $r = 2$, $s = 1$ und $c = 1$. Wie groß ist die Wahrscheinlichkeit, aus dieser jetzt vier Kugeln enthaltenen Urne eine rote Kugel zu ziehen? Um diese Frage zu beantworten, würde man etwa ein Baumdiagramm wie in Abb. 7.1 zeichnen und die Pfadregeln verwenden.

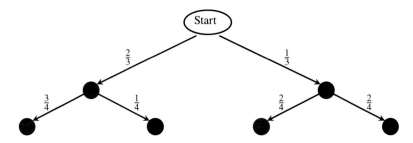

Abb. 7.1. Baumdiagramm für das Ziehen mit Zurücklegen einer weiteren Kugel derselben Farbe

Deuten wir das Ziehen einer roten Kugel als „Treffer" (1) und das Ziehen einer schwarzen Kugel als „Niete" (0), so besitzen die vier möglichen Ergebnispaare $(1,1)$, $(1,0)$, $(0,1)$ und $(0,0)$ nach der ersten Pfadregel die Wahrscheinlichkeiten

$$p(1,1) = \frac{2}{3} \cdot \frac{3}{4} = \frac{1}{2}, \quad p(1,0) = \frac{2}{3} \cdot \frac{1}{4} = \frac{1}{6},$$

$$p(0,1) = \frac{1}{3} \cdot \frac{2}{4} = \frac{1}{6}, \quad p(0,0) = \frac{1}{3} \cdot \frac{2}{4} = \frac{1}{6}.$$

Hieraus ergibt sich die Wahrscheinlichkeit, dass die beim zweiten Zug gezogene Kugel rot ist, mithilfe der zweiten Pfadregel zu

$$p(1,1) + p(0,1) = \frac{1}{2} + \frac{1}{6} = \frac{2}{3}.$$

Bemerkenswerterweise hat sich also die Wahrscheinlichkeit für einen Treffer gegenüber dem ersten Ziehen nicht geändert! Es kommt aber noch überraschender: Was passiert, wenn wir nach dem ersten Zug zusätzlich c weitere Kugeln derselben Farbe in die Urne legen? Nun, nach dem ersten Zug enthält die Urne dann entweder $2 + c$ rote und eine schwarze Kugel oder 2 rote und $c + 1$ schwarze.

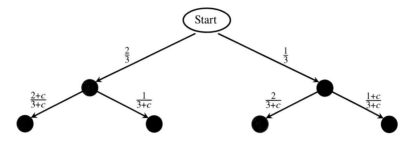

Abb. 7.2. Baumdiagramm für das Ziehen mit Zurücklegen c weiterer Kugeln derselben Farbe

Nach der ersten Pfadregel sind mit Abb. 7.2 die Wahrscheinlichkeiten für die vier möglichen Ergebnispaare gleich

$$p(1,1) = \frac{2}{3} \cdot \frac{2+c}{3+c}, \quad p(1,0) = \frac{2}{3} \cdot \frac{1}{3+c},$$

$$p(0,1) = \frac{1}{3} \cdot \frac{2}{3+c}, \quad p(0,0) = \frac{1}{3} \cdot \frac{1+c}{3+c}.$$

Nach der zweiten Pfadregel ergibt sich die Wahrscheinlichkeit, beim zweiten Zug eine rote Kugel zu ziehen, zu

$$p(1,1) + p(0,1) = \frac{2(2+c)+2}{3(3+c)} = \frac{2}{3}.$$

Völlig unabhängig davon, wie viele Kugeln derselben Farbe nach dem Ziehen der ersten Kugel zusätzlich in die Urne gelegt wurden, hat sich die Wahrscheinlichkeit $\frac{2}{3}$, eine rote Kugel zu ziehen und damit einen Treffer zu landen, nicht verändert. Wie kann das sein? Die bloße Rechnung mithilfe der Pfadregeln liefert hier keine Einsichten, *warum* die Trefferwahrscheinlichkeit konstant geblieben ist. Ein wirkliches Verständnis für diesen überraschenden Sachverhalt könnte durch folgende Überlegung reifen: Wir definieren B als Ereignis, beim zweiten Zug eine rote Kugel zu ziehen. Für diesen Zug gibt es zwei, sich ausschließende Möglichkeiten (und keine weitere): Entweder man zieht eine der drei ursprünglich vorhandenen Kugeln (Ereignis A) oder eine der c Zusatzkugeln (Gegenereignis $\overline{A}$). Offenbar gilt $P_A(B) = \frac{2}{3}$, denn von den vor der ersten Ziehung vorhandenen Kugeln sind zwei rot und eine schwarz. Tritt das Gegenereignis $\overline{A}$ ein, so zieht man beim zweiten Zug eine der c Zusatzkugeln. Jede dieser Kugeln ist aber mit der Wahrscheinlichkeit $\frac{2}{3}$ rot, denn genau dann, wenn der erste Zug eine rote Kugel ergibt, werden ja c rote Zusatzkugeln in die Urne gelegt. Es gilt also auch $P_{\overline{A}}(B) = \frac{2}{3}$, und damit folgt aufgrund der nach Gleichung (1.5) angestellten Überlegungen $P(B) = P_A(B) = \frac{2}{3}$.

Jetzt ist es nicht schwer, den allgemeinen Fall von r roten und s schwarzen Kugeln zu behandeln. Es gelten dann

$$p(1,1) = \frac{r}{r+s} \cdot \frac{r+c}{r+s+c}, \quad p(1,0) = \frac{r}{r+s} \cdot \frac{s}{r+s+c},$$

$$p(0,1) = \frac{s}{r+s} \cdot \frac{r}{r+s+c}, \quad p(0,0) = \frac{s}{r+s} \cdot \frac{s+c}{r+s+c},$$

und wegen

$$p(1,1) + p(0,1) = \frac{r}{r+s} \tag{7.1}$$

folgt auch hier, dass sich die Wahrscheinlichkeit, eine rote Kugel zu ziehen, vom ersten auf den zweiten Zug nicht verändert hat. An dieser Stelle ist es wichtig, den großen Unterschied zwischen einer bedingten und einer „unbedingten" Wahrscheinlichkeit hervorzuheben: Es ist eine völlig andere Situation, ob man die Farbe der zuerst gezogenen Kugel kennt oder nicht, bevor der zweite Zug erfolgt!

Interessanterweise gilt Gleichung (7.1) auch, wenn c negativ ist, also Kugeln entnommen werden. Gibt es auch für diesen Fall eine Erklärung dafür, *warum* die Wahrscheinlichkeit, beim zweiten Zug eine rote Kugel zu ziehen, nicht von c abhängig und gleich $\frac{r}{r+s}$ ist? Nun, im Fall $c = -1$ erfolgt das Ziehen ohne Zurücklegen, und aus Symmetriegründen hat jede Kugel die gleiche Chance, als zweite gezogen zu werden (siehe hierzu auch das Video 1.5). Was geschieht aber im Fall $c \le -2$? Jetzt werden $|c|$ Kugeln gleicher Farbe entnommen, wobei diese Farbe mit Wahrscheinlichkeit $\frac{r}{r+s}$ rot und mit Wahrscheinlichkeit $\frac{s}{r+s}$ schwarz ist. Das intuitive Argument für (7.1) ist wie im Fall $c = -1$ auch hier, dass jede der $r + s$ Kugeln aus Symmetriegründen die gleiche Wahrscheinlichkeit besitzt, nach dem ersten Zug *in der Urne zu verbleiben*. Jede rote Kugel verbleibt zum einen, wenn eine schwarze Kugel gezogen wird, was mit der Wahrscheinlichkeit $\frac{s}{r+s}$ passiert, und sie verbleibt mit der bedingten Wahrscheinlichkeit $\frac{r-|c|}{r}$, wenn eine rote Kugel gezogen wird. Die „Verbleibewahrscheinlichkeit" für jede rote Kugel ist also

$$\frac{s}{r+s} + \frac{r}{r+s} \cdot \frac{r-|c|}{r} = \frac{r+s-|c|}{r+s}.$$

Für jede schwarze Kugel ergibt sich aber das gleiche Resultat, denn die Verbleibewahrscheinlichkeit ist mit ganz analogen Überlegungen gleich

$$\frac{r}{r+s} + \frac{s}{r+s} \cdot \frac{s-|c|}{s} = \frac{r+s-|c|}{r+s}.$$

Welche Verteilung besitzt die Anzahl X der gezogenen roten Kugeln? Wir sehen uns hierzu gleich den allgemeinen Fall mit r roten und s schwarzen Kugeln an. Aufgrund der obigen Formeln für $p(1,1)$, $p(1,0)$, $p(0,1)$ und $p(0,0)$ gelten

$$P(X = 0) = p(0,0) = \frac{s(s+c)}{(r+s)(r+s+c)}, \tag{7.2}$$

$$P(X = 1) = p(1,0) + p(0,1) = 2 \cdot \frac{rs}{(r+s)(r+s+c)}, \tag{7.3}$$

$$P(X = 2) = p(1,1) = \frac{r(r+c)}{(r+s)(r+s+c)}. \tag{7.4}$$

Setzen wir kurz $p := \frac{r}{r+s}$, für die Wahrscheinlichkeit, im ersten (und nach den obigen Überlegungen auch im zweiten) Zug eine rote Kugel zu ziehen, so folgt im Spezialfall $c = 0$

$$P(X = 0) = (1-p)^2, \quad P(X = 1) = 2p(1-p), \quad P(X = 2) = p^2.$$

Wir erhalten also (wie es sein muss) die vertraute Binomialverteilung mit Parametern $n = 2$ und p.

Nach der Regel „Bilde die Summe aus Wert mal Wahrscheinlichkeit" ergibt sich mithilfe von (7.2), (7.3) und (7.4) der Erwartungswert von X für allgemeines c zu

$$\begin{aligned}
E(X) &= 1 \cdot P(X = 1) + 2 \cdot P(X = 2) \\
&= \frac{2rs + 2r(r+c)}{(r+s)(r+s+c)} = 2 \cdot \frac{r(r+s+c)}{(r+s)(r+s+c)} \\
&= 2p.
\end{aligned}$$

Interessanterweise hängt dieser Erwartungswert nicht von c ab.

7.2 Mathematische Tiefbohrung

An dieser Stelle kann man die Frage aufwerfen, was passiert, wenn man nach zwei Zügen und gutem Mischen wiederum eine Kugel zieht und diese sowie c weitere Kugeln derselben Farbe in die Urne zurücklegt. Zieht man insgesamt n-mal und zählt die Zahl der Treffer, so entsteht im Fall $c = 0$ die Binomialverteilung $\mathrm{Bin}(n; p)$ (siehe Kap. 12). Welche Verteilung ergibt sich für allgemeines c?

Wir betrachten zunächst das insgesamt dreimalige Ziehen, also den Spezialfall $n = 3$. Dieser liefert die nötigen Einsichten, um das Verteilungsgesetz für die Anzahl X der gezogenen roten Kugeln auch für den Fall $n \geq 4$ zu erkennen. Im Fall $n = 3$ gibt es 2^3 und damit acht Tripel aus Einsen und Nullen, und das Ziehungsgesetz sowie die erste Pfadregel liefern

$$\begin{aligned}
p(0,0,0) &= \frac{s}{r+s} \cdot \frac{s+c}{r+s+c} \cdot \frac{s+2c}{r+s+2c}, \\
p(0,0,1) &= \frac{s}{r+s} \cdot \frac{s+c}{r+s+c} \cdot \frac{r}{r+s+2c}, \\
p(0,1,0) &= \frac{s}{r+s} \cdot \frac{r}{r+s+c} \cdot \frac{s+c}{r+s+2c}, \\
p(1,0,0) &= \frac{r}{r+s} \cdot \frac{s}{r+s+c} \cdot \frac{s+c}{r+s+2c}, \\
p(0,1,1) &= \frac{s}{r+s} \cdot \frac{r}{r+s+c} \cdot \frac{r+c}{r+s+2c}, \\
p(1,0,1) &= \frac{r}{r+s} \cdot \frac{s}{r+s+c} \cdot \frac{r+c}{r+s+2c}, \\
p(1,1,0) &= \frac{r}{r+s} \cdot \frac{r+c}{r+s+c} \cdot \frac{s}{r+s+2c}, \\
p(1,1,1) &= \frac{r}{r+s} \cdot \frac{r+c}{r+s+c} \cdot \frac{r+2c}{r+s+2c}.
\end{aligned}$$

Ins Auge springt hier eine wichtige Symmetrieeigenschaft: Sowohl die in der zweiten bis vierten Zeile stehenden Wahrscheinlichkeiten als auch die Wahrscheinlichkeiten in der fünften, sechsten und siebten Zeile sind jeweils gleich. Die ersteren beziehen sich auf die Fälle, in denen genau einmal eine rote Kugel gezogen wird, die letzteren auf diejenigen Tripel, die zu genau zwei roten Kugeln beim dreimaligen Ziehen führen. Die Wahrscheinlichkeit eines Tripels hängt also nur von der Anzahl seiner Einsen ab, nicht aber davon, an welcher Stelle diese Einsen im Tripel stehen.

Bezeichnet A_j (als Teilmenge der Ergebnismenge aller Tripel) das Ereignis, dass die j-te gezogene Kugel rot ist ($j = 1, 2, 3$), so gilt

$$A_1 = \{(1,0,0), (1,0,1), (1,1,0), (1,1,1)\},$$
$$A_2 = \{(0,1,0), (0,1,1), (1,1,0), (1,1,1)\},$$
$$A_3 = \{(0,0,1), (0,1,1), (1,0,1), (1,1,1)\}.$$

Da jedes A_i aus einem Tripel mit drei Einsen, zwei Tripeln mit je zwei Einsen und einem Tripel mit einer Eins besteht, liefert obige Symmetrieeigenschaft unmittelbar die Gleichheit $P(A_1) = P(A_2) = P(A_3)$. Addiert man die Wahrscheinlichkeiten der jeweils vier Tripel, so ergibt eine direkte Rechnung auch formal das Resultat

$$P(A_j) = p = \frac{r}{r+s}, \quad j = 1, 2, 3.$$

Die (unbedingte) Trefferwahrscheinlichkeit bleibt also bei jedem Zug gleich. Auch hier resultiert eine begriffliche Einsicht, dass $P(A_3) = p$ gelten muss, denn man zieht beim dritten Zug entweder eine der direkt vor dem zweiten Zug vorhandenen Kugeln oder eine der c nach dem zweiten Zug zusätzlich zurückgelegten Kugeln. In jedem dieser beiden Fälle ist die Wahrscheinlichkeit, eine rote Kugel zu ziehen, gleich p.

Aus den Wahrscheinlichkeiten der acht Tripel und der Symmetriebetrachtung erhält man die Verteilung der wiederum mit X bezeichneten Anzahl der Treffer. Es gelten

$$P(X = 0) = \frac{s(s+c)(s+2c)}{(r+s)(r+s+c)(r+s+2c)},$$
$$P(X = 1) = 3 \cdot \frac{rs(s+c)}{(r+s)(r+s+c)(r+s+2c)},$$
$$P(X = 2) = 3 \cdot \frac{r(r+c)s}{(r+s)(r+s+c)(r+s+2c)},$$
$$P(X = 3) = \frac{r(r+c)(r+2c)}{(r+s)(r+s+c)(r+s+2c)}.$$

Hieraus ergibt sich der Erwartungswert von X durch direkte Rechnung zu

$$E(X) = \sum_{j=1}^{3} j \cdot P(X = j) = 3p.$$

Dieses Resultat erschließt sich unmittelbar auch ohne Rechnung, wenn man Indikatorvariablen einführt (siehe Seite 7). Wegen

$$X = \mathbf{1}\{A_1\} + \mathbf{1}\{A_2\} + \mathbf{1}\{A_3\} \tag{7.5}$$

folgt dann aufgrund der Additivität der Erwartungswertbildung

$$\mathrm{E}(X) = \sum_{j=1}^{3} \mathrm{P}(A_j) = 3p.$$

Wir wenden uns nun dem allgemeinen Fall von n Ziehungen zu. Die möglichen Ergebnisse sind hier die n-Tupel aus Nullen und Einsen, von denen es 2^n Stück gibt. Treten in einem solchen Tupel genau k Einsen und damit $n - k$ Nullen auf, so ist dessen Wahrscheinlichkeit wegen der Kommutativität der Multiplikation unabhängig von der Stellung der Einsen im Tupel durch den Ausdruck

$$\frac{r(r+c)\ldots(r+(k-1)c)s(s+c)\ldots(s+(n-k-1)c)}{(r+s)(r+s+c)\ldots(r+s+(n-1)c)}$$

gegeben. Dabei beginnt das Produkt im Zähler im Fall $k = 0$ erst bei s, und im Fall $k = n$ fällt das Produkt ab dem Faktor s weg. Schreiben wir den obigen Ausdruck mithilfe des Produktzeichens und beachten wir, dass es $\binom{n}{k}$ Möglichkeiten gibt, in einem n-Tupel k Stellen mit Einsen und die übrigen mit Nullen zu besetzen, so ergibt sich die Verteilung der Anzahl roten Kugeln im Urnenmodell von Pólya zu

$$\mathrm{P}(X = k) = \binom{n}{k} \cdot \frac{\prod_{i=0}^{k-1}(r+ic)\prod_{j=0}^{n-k-1}(s+jc)}{\prod_{m=0}^{n-1}(r+s+mc)}, \quad k = 0,\ldots,n. \tag{7.6}$$

Die Verteilung von X heißt *Pólya-Verteilung* mit Parametern n, r, s und c, und sie wird oft mit $\mathrm{Pol}(n,r,s,c)$ abgekürzt.

Im Spezialfall $c = 0$ folgt mit $p = \frac{r}{r+s}$

$$\mathrm{P}(X = k) = \binom{n}{k} \cdot \frac{r^k s^{n-k}}{(r+s)^n} = \binom{n}{k} \cdot p^k (1-p)^{n-k}.$$

Die Verteilung $\mathrm{Pol}(n,r,s,0)$ ist also die Binomialverteilung $\mathrm{Bin}(n;p)$. Für den Fall $c = -1$, also dem Ziehen ohne Zurücklegen, liefert (7.6)

$$\begin{aligned}
\mathrm{P}(X = k) &= \binom{n}{k} \cdot \frac{\prod_{i=0}^{k-1}(r-i)\prod_{j=0}^{n-k-1}(s-j)}{\prod_{m=0}^{n-1}(r+s-m)} \\
&= \binom{n}{k} \cdot \frac{r!\,s!\,(r+s-n)!}{(r-k)!\,(s-n+k)!\,(r+s)!} \\
&= \frac{\binom{r}{k}\binom{s}{n-k}}{\binom{r+s}{n}}.
\end{aligned}$$

Im Spezialfall $c = -1$ entsteht somit die *hypergeometrische Verteilung* mit Parametern n, r und s (siehe z. B. [15], S. 86 ff.).

Abbildung 7.3 zeigt Stabdiagramme der Pólya-Verteilung mit $n = 6$, $r = 8$, $s = 12$ und verschiedene Werte von c. In diesem Fall gilt $p = \frac{r}{r+s} = 0,4$.

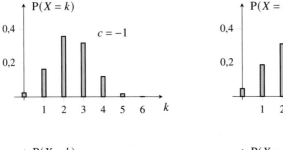

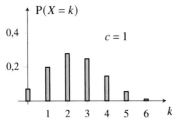
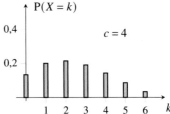

Abb. 7.3. Stabdiagramme der Pólya-Verteilung ($n = 6$, $r = 8$, $s = 12$, $c \in \{-1, 0, 1, 4\}$)

Wir werden jetzt sehen, dass alle Verteilungen den gleichen Erwartungswert $4 \cdot 0,6$ – also $2,4$ –, besitzen, und dass die Varianz streng monoton in c zunimmt.

Bezeichnet in der allgemeinen Situation von n Ziehungen A_j das Ereignis, dass im j-ten Zug eine rote Kugel gezogen wird ($j = 1, \ldots, n$), so stellt sich in Verallgemeinerung von (7.5) die zufällige Anzahl X der gezogenen roten Kugeln als Indikatorsumme

$$X = \sum_{j=1}^{n} \mathbf{1}\{A_j\} \tag{7.7}$$

dar. Wenn man sich noch einmal vor Augen führt, dass $P(A_1) = \ldots = P(A_n) = p$ gilt (A_j ist die Menge derjenigen n-Tupel aus Einsen und Nullen, die an der j-ten Stelle eine Eins aufweisen!), so folgt aufgrund der Additivität der Erwartungswertbildung

$$E(X) = \sum_{j=1}^{n} E(\mathbf{1}\{A_j\}) = \sum_{j=1}^{n} P(A_j) = np.$$

Der Erwartungswert der Pólya-Verteilung hängt also für allgemeines n nicht von c ab.

Aus der Darstellung (7.7) ergibt sich aber auch relativ schnell die Varianz von X. Hierzu muss man sich noch einmal vor Augen führen, dass die Wahrscheinlichkeit eines konkreten Ergebnis-n-Tupels nur von der Anzahl seiner Einsen, nicht aber von der konkreten Stellung dieser Einsen innerhalb des Tupels abhängt. Diese Symmetrieeigenschaft hat zur Folge, dass die Wahrscheinlichkeit des Durchschnitts zweier verschiedener Ereignisse A_i und A_j nicht von der speziellen Wahl von i und j abhängt, sondern stets gleich $P(A_1 \cap A_2)$ ist (für die im Fall $n = 3$ explizit hingeschriebenen Ereignisse A_1, A_2 und A_3 rechnet man diese Beziehung direkt aus). Liegt dieser Fall vor, und besitzen alle Ereignisse die gleiche Wahrscheinlichkeit p, so nimmt die Varianz von X mit (1.23) die Form

$$V(X) = np(1 - p) + n(n - 1)\left(P(A_1 \cap A_2) - p^2\right)$$

an. In unserem Fall gilt

$$P(A_1 \cap A_2) = \frac{r}{r + s} \cdot \frac{r + c}{r + s + c},$$

und eine direkte Rechnung ergibt dann

$$V(X) = np(1 - p)\left(1 + \frac{(n - 1)c}{r + s + c}\right).$$

Man erkennt hier für $c = 0$ unmittelbar den Binomialfall wieder. Da die Funktion

$$x \mapsto f(x) := \frac{x}{r + s + x}$$

streng monoton wächst, wird die Varianz von X mit zunehmendem c größer. Dieser Sachverhalt sollte nicht überraschen, da anschaulich die „Variabilität vergrößert wird". Interessant ist, dass die Varianz für $c \to \infty$ konvergiert, und zwar gegen den Wert $n^2 p(1 - p)$.

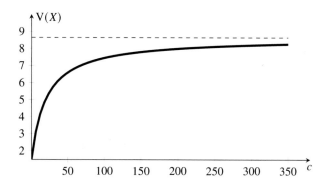

Abb. 7.4. Varianz von X im Fall $n = 6$, $r = 8$ und $s = 12$ in Abhängigkeit von c

Diesen anhand des Spezialfalls $n = 6$, $r = 8$ und $s = 12$ (mit dem Grenzwert $\frac{216}{25} = 8,64$) in Abb. 7.4 veranschaulichten Sachverhalt kann man begreifen, wenn man sich klarmacht, was passiert, wenn man nach dem ersten Zug die gezogene Kugel und eine „riesige" Anzahl von Kugeln derselben Farbe in die Urne zurücklegt. Die Wahrscheinlichkeit, dass jede weitere Kugel dieselbe Farbe hat wie die erste, ist dann praktisch gleich eins. Sieht man sich etwa die oben berechneten Wahrscheinlichkeiten $P(X = k)$, $k = 0, 1, 2, 3$, im Fall $n = 3$ an, und schreibt man P_c anstelle von P, um die Abhängigkeit der Wahrscheinlichkeit von c zu kennzeichnen, so gelten mit $p = \frac{r}{r+s}$

$$\lim_{c \to \infty} P_c(X = 0) = 1 - p, \quad \lim_{c \to \infty} P_c(X = 3) = p,$$

und die Wahrscheinlichkeiten $P_c(X = 1)$ sowie $P_c(X = 2)$ konvergieren beide gegen null für $c \to \infty$.

Gleiches gilt für allgemeines n. Abbildung 7.5 veranschaulicht diesen Sachverhalt durch Ergänzung von Abb. 7.3 um die Fälle $c = 100$ und $c = 1000$.

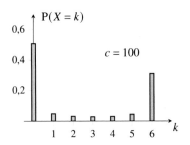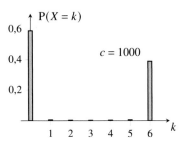

Abb. 7.5. Stabdiagramme der Pólya-Verteilung ($n = 6$, $r = 8$, $s = 12$, $c \in \{100, 1000\}$)

Ins Auge springt der eben diskutierte Sachverhalt, dass sich die Verteilung von X für $c \to \infty$ einer Verteilung annähert, die nur die Werte 0 und n ($= 6$) mit den Wahrscheinlichkeiten $1 - p$ bzw. p annimmt. Im Grenzfall $c = \infty$ haben wir es also im allgemeinen Fall mit einer Zufallsvariablen zu tun, die die Werte 0 und n mit den Wahrscheinlichkeiten $1 - p$ bzw. p annimmt. Nennen wir diese Zufallsvariabe Y, so gelten

$$E(Y) = np, \quad E(Y^2) = n^2 p$$

und somit

$$V(Y) = n^2 p - (np)^2 = n^2 p (1 - p).$$

7.3 Umsetzung im Unterricht

Da den Schülern Aufgaben im Umfeld von Urnenziehungen mit und ohne Zurücklegen bekannt sind, bietet es sich an, mit diesen beiden Experimenten in den Unterricht einzusteigen, bevor die Regeln verändert werden. Sie benötigen eine Urne (einen Strumpf, einen Beutel oder Ähnliches) und Kugeln (Murmeln, Würfel, Spielfiguren) in zwei unterschiedlichen Farben. Wichtig ist nur, dass die Kugeln bis auf die Farbe nicht unterscheidbar sind. Im Folgenden gehen wir davon aus, dass Sie rote und schwarze Kugeln und eine Urne verwenden. Legen Sie zwei rote und drei schwarze Kugeln in die Urne und ziehen Sie anschließend zweimal mit Zurücklegen. Lassen Sie Ihre Schüler die Wahrscheinlichkeit für das eingetretene Ergebnis berechnen. Fragen Sie anschließend, was man bei der Berechnung anders machen müsste, wenn ohne Zurücklegen gezogen worden wäre. Ändern Sie die Regeln nun folgendermaßen ab:

Sie ziehen weiterhin aus einer Urne, die zu Beginn zwei rote und drei schwarze Kugeln enthält. Es wird rein zufällig eine Kugel gezogen.

- Ist diese rot, so wird diese und eine weitere rote Kugel in die Urne gelegt, und der Urneninhalt wird gut gemischt.

- Wird eine schwarze Kugel gezogen, so wird diese und eine weitere schwarze Kugel in die Urne gelegt, und der Urneninhalt wird wieder gut gemischt.

Dieser Ziehungsvorgang wird zweimal wiederholt.

Führen Sie das Experiment durch und lassen Sie ihre Schüler anschließend die folgende Aufgabe in Einzelarbeit bearbeiten.

Schüleraktivität

a) In der Urne befinden sich zu Beginn zwei rote und drei schwarze Kugeln. Die Ziehung wird zweimal durchgeführt. Bestimme die Wahrscheinlichkeit, dass
   i) beide Kugeln rot sind,
   ii) genau eine Kugel rot ist,
   iii) keine Kugel rot ist.
b) Die Ziehung wird dreimal durchgeführt. Bestimme die Wahrscheinlichkeit, dass alle drei Kugeln rot sind.
c) In der Urne befinden sich rote und schwarze Kugeln, wobei es genau eine schwarze Kugel mehr gibt. Es wird zweimal gezogen. Ermittle die Anzahl an roten und schwarzen Kugeln zu Beginn, wenn die Wahrscheinlichkeit, genau zweimal eine rote Kugel zu ziehen, 20 % beträgt.
d) In der Urne befinden sich nun eine rote und eine schwarze Kugel. Wieder wird die besondere Regel beim Ziehen angewendet. Das Experiment ist beendet, wenn die gezogene Kugel rot ist. Bestimme die Wahrscheinlichkeit dafür, dass man nach dem ersten (zweiten, dritten, vierten, ...) Zug fertig ist.

Obwohl Schülern Aufgaben im Umfeld von Urnenziehungen bekannt sind, ist es möglich, dass ihnen dieser ungewohnte Ziehungsmodus Schwierigkeiten bereitet, und dass sie sich nicht trauen, wie gewöhnlich mit einem Baumdiagramm wie in Abb. 7.6 zu starten. In diesem Fall können Sie auf das Experiment zurückgreifen, das zu Beginn der Stunde durchgeführt wurde, indem Sie fragen, wie in den Situationen mit und ohne Zurücklegen gerechnet wurde und was sich durch die neuen Regeln ändert. Geben Sie gegebenenfalls auch den Hinweis, dass ein Baumdiagramm helfen kann.

Falls Sie in einer Klasse unterrichten, in der nur wenige Schüler einen passenden Ansatz finden, bietet es sich an, die Arbeitsphase zu unterbrechen und Aufgabenteil a) im Plenum zu besprechen. Geben Sie Ihren Schülern aber vorher ausreichend Zeit, um eigenen Ideen nachzugehen. Lassen Sie das Baumdiagramm von einem Schüler vorstellen, oder entwickeln Sie es gemeinsam an der Tafel. In schwächeren Lerngruppen kann es helfen, zunächst jeweils ein Baumdiagramm für das Ziehen mit und ohne Zurücklegen zu zeichnen und dann erneut zu fragen, was sich durch die neuen Regeln ändert. Die veränderten Wahrscheinlichkeiten können dann in einer anderen Farbe an die Äste des Baumdiagramms geschrieben werden.

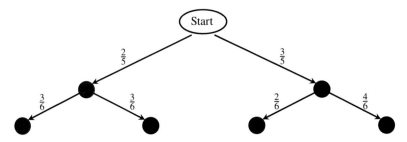

Abb. 7.6. Baumdiagramm für das Ziehen mit Zurücklegen einer weiteren Kugel derselben Farbe

Die Wahrscheinlichkeiten sind jetzt direkt mithilfe der Pfadregeln erhältlich. Kürzt man das Ziehen einer roten Kugel mit r und das einer schwarzen Kugel mit s ab, so folgt

$$p(r,r) = \frac{2}{5} \cdot \frac{3}{6} = \frac{1}{5}, \quad p(r,s) = \frac{2}{5} \cdot \frac{3}{6} = \frac{1}{5},$$

$$p(s,r) = \frac{3}{5} \cdot \frac{2}{6} = \frac{1}{5}, \quad p(s,s) = \frac{3}{5} \cdot \frac{4}{6} = \frac{2}{5}$$

und

$$p(s,r) + p(r,s) = \frac{1}{5} + \frac{2}{5} = \frac{3}{5}.$$

Es ergeben sich also die Wahrscheinlichkeiten $\frac{1}{5}$ für zwei rote Kugeln, $\frac{2}{5}$ für zwei schwarze Kugeln und $\frac{3}{5}$ für zwei Kugeln unterschiedlicher Farbe.

Falls Sie den ersten Aufgabenteil vor Ende der Arbeitszeit im Plenum besprochen haben, geben Sie anschließend Zeit, um mit dieser Hilfe die restlichen Aufgaben zu lösen.

Die Sicherung von Aufgabenteil b) kann auch unter Verwendung des Baumdiagramms erfolgen. Dieses kann wie in Abb. 7.7 um einen Pfad ergänzt werden. Hier können Sie betonen, dass es nicht zielführend ist, ein neues Baumdiagramm zu zeichnen, weil es nur auf den einen Ast ankommt.

Die Wahrscheinlichkeit, drei rote Kugeln zu ziehen, ist also $p(r,r,r) = \frac{2}{5} \cdot \frac{3}{6} \cdot \frac{4}{7}$.

Aufgabenteil c) zeigt eine Vernetzung zur Algebra (Lösung einer Bruchgleichung) auf und stellt die Strategie des Rückwärtsarbeitens in den Vordergrund. Genau genommen wird in diesem Aufgabenteil eine Umkehraufgabe bearbeitet. Auch hier kann das Baumdiagramm helfen, um den richtigen Ansatz zu erkennen. Geben Sie Ihren Schülern gegebenenfalls den Hinweis, die Wahrscheinlichkeiten für diese Situation an den richtigen Ast des bereits vorhandenen Diagramms zu schreiben.

Die Anzahl der roten Kugeln kann hier mit r und die Anzahl der schwarzen mit $s = r + 1$ bezeichnet werden. Die Wahrscheinlichkeit, beim zweimaligen Ziehen genau zwei rote Kugeln zu ziehen, ist

$$\frac{r}{r+s} \cdot \frac{r+1}{r+s+1} = \frac{r}{2r+1} \cdot \frac{r+1}{2r+2} = \frac{r}{2(2r+1)}.$$

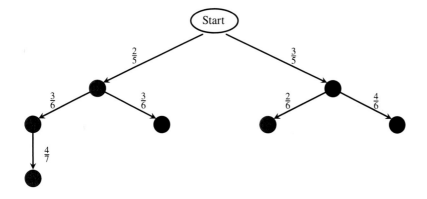

Abb. 7.7. Reduziertes Baumdiagramm für das dreimalige Ziehen mit Zurücklegen einer weiteren Kugel derselben Farbe

Im nächsten Schritt muss die Gleichung

$$\frac{r}{2(2r+1)} = 0,2$$

nach r aufgelöst werden, was zu $r = 2$ führt.

Die obige Aufgabe ist als selbstdifferenzierende *Blütenaufgabe* mit mehreren zunehmend anspruchsvolleren Teilaufgaben zum gleichen Kontext konzipiert (siehe [10]). Aufgabenteil d) ist die *Blüte*; sie ist somit aus dem höchsten Anforderungsbereich. Hier wird der Fokus schon auf Wartezeitprobleme gelegt. Die Lösung wird im Folgenden vorgestellt. Ein tieferer Einblick in die mathematischen Grundlagen, auf welchen dieses Problem aufbaut, sowie weitere interessante Aspekte finden sich Kap. 9.

Gesucht ist die Wahrscheinlichkeit, nach dem zweiten, dritten, vierten, oder allgemein k-ten Zug fertig zu werden, also die rote Kugel gezogen zu haben. Wir betrachten direkt den allgemeinen Fall, im k-ten Zug fertig zu werden. Dieses Ereignis tritt genau dann ein, wenn $(k-1)$-mal hintereinander eine schwarze und dann die rote Kugel gezogen wird. In der Urne befinden sich zu Beginn eine schwarze und eine rote Kugel. Die Wahrscheinlichkeit, in den ersten $k-1$ Zügen nur schwarze Kugeln zu ziehen, kann mit der ersten Pfadregel zu

$$\frac{1}{2} \cdot \frac{2}{3} \cdot \frac{3}{4} \cdot \frac{4}{5} \cdot \ldots \cdot \frac{k-2}{k-1} \cdot \frac{k-1}{k}$$

berechnet werden. Man sieht, dass sich hier fast alles wegkürzt, wodurch lediglich $\frac{1}{k}$ übrig bleibt. Die Wahrscheinlichkeit, dann im k-ten Zug die eine rote Kugel zu ziehen, ist $\frac{1}{k+1}$. Die gesuchten Wahrscheinlichkeiten lassen sich in Tab. 7.1 ablesen.

Es ist davon auszugehen, dass nur wenigen Schülern die Lösung der *Blüte* gelingt, was aber charakteristisch für Blütenaufgaben ist. Je nach Leistungsniveau Ihrer Klasse können Sie zu Beginn ein „Pflichtprogramm" vereinbaren, also Aufgabenteile, die von allen bearbeitet

Tab. 7.1. Wahrscheinlichkeiten für Ziehen der roten Kugel im k-ten Zug

Fertig in Zug …	k	2	3	4	5	6
Wahrscheinlichkeit	$\dfrac{1}{k(k+1)}$	$\dfrac{1}{6}$	$\dfrac{1}{12}$	$\dfrac{1}{20}$	$\dfrac{1}{30}$	$\dfrac{1}{42}$

werden müssen. Die Sicherung dieses letzten Aufgabenteils kann in einer heterogenen Lerngruppe durch eine kurze Präsentation eines starken Schülers erfolgen. Gegebenenfalls ist es angebracht, für diesen Teil schriftliche Lösungen vorzubereiten.

In der Situation von Aufgabenteil d) bietet es sich auch an, die Zufallsvariable W einzuführen, die die Anzahl der Versuche zählt, bis der stochastische Vorgang endet.

Als weitere Vertiefung ist die folgende Fragestellung denkbar.

Schüleraktivität

Wie groß ist $P(W \geq 10)$, also die Wahrscheinlichkeit, mindestens zehn Ziehungen bis zum Ende zu benötigen?

Natürlich ist diese letzte Problemstellung anspruchsvoll. Schüler finden aber auch solche Herausforderungen motivierend. Fragt man nach dem Erwartungswert von W, so gelangt man zur harmonischen Reihe und der Erkenntnis, dass es Zufallsvariablen gibt, die keinen Erwartungswert besitzen. Auch hierfür möchten wir auf Kap. 9 verweisen.

Ein weiterer Aspekt, der weniger komplex ist und sehr gut thematisiert werden kann, ist das in Abschn. 7.1 beobachtete Phänomen, dass sich die Wahrscheinlichkeit, eine rote (oder eine schwarze) Kugel zu ziehen, vom ersten auf den zweiten Zug nicht ändert, wenn das Ergebnis des ersten Zuges nicht bekannt ist.

Die folgende Schüleraktivität kann im Anschluss an die Blütenaufgabe gestellt werden.

Schüleraktivität

In einer Urne befinden sich zwei rote und drei schwarze Kugeln. Es wird rein zufällig eine Kugel gezogen. Diese Kugel wird anschließend zusammen mit einer weiteren Kugel derselben Farbe zurückgelegt, und der Urneninhalt wird gut gemischt. Es wird jedoch *nicht verraten*, welche Farbe die gezogene Kugel hatte. Berechne die Wahrscheinlichkeit, im zweiten Zug eine rote Kugel zu ziehen.

Die Überlegung, dass sich die Wahrscheinlichkeit im Vergleich zum ersten Zug nicht ändert, eignet sich für eine Diskussion im Plenum. Eine Begründung, *warum* sich die Wahrscheinlichkeiten nicht ändern – neben dem rechnerischen Nachweis –, ist für das Verständnis wichtig.

Auch die in Abschn. 7.1 angestellten weiteren Überlegungen sind für eine Vertiefung dieses Themas im Unterricht geeignet.

7.4 Randbemerkungen

Bei diesem Kapitel ist es leicht, Schülern klarzumachen, dass die Mathematik mit den betrachteten Szenarien nicht zu Ende ist und spannende Forschungsfragen bereithält. Was passiert, wenn zu Beginn r rote und s schwarze Kugeln in der Urne sind und man – solange keine der roten Kugeln gezogen wurde – im j-ten Zug anstelle *einer* schwarzen Kugel zusätzlich c_j schwarze Kugeln in die Urne zurücklegt, also die Anzahl dieser zusätzlich zurückgelegten Kugeln von der Ziehungsnummer abhängen lässt? Man kann beweisen, dass in diesem allgemeineren Szenario eine der roten Kugeln genau dann mit Wahrscheinlichkeit eins in endlicher Zeit gezogen wird, wenn

$$\sum_{j=1}^{\infty} \frac{1}{c_j} = \infty$$

gilt. Letzteres trifft etwa für den Fall $c_j = 100 \cdot j$ zu, aber für die Wahl $c_j = j^2$ besteht eine positive Wahrscheinlichkeit, dass man nie eine der roten Kugeln erwischt (siehe [18]).

7.5 Rezeptfreies Material

Video 7.1: „Die Pólya-Verteilung"

```
https://www.youtube.com/watch?v=iEpyIBWg36A&t=19s
```

7.6 Aufgaben

Aufgabe 7.1
Eine Urne enthält zwei rote und drei schwarze Kugeln. Eine Kugel wird rein zufällig entnommen und durch eine Kugel der *anderen* Farbe ersetzt. Dieser Vorgang wird einmal wiederholt. Berechne die Wahrscheinlichkeit, dass beim zweiten Zug eine rote Kugel gezogen wird.

Aufgabe 7.2
In einem Behälter befinden sich ein roter Stein sowie zwei schwarze und drei blaue Steine. Es wird rein zufällig ein Stein entnommen. Anschließend werden dieser Stein sowie ein weiterer Stein derselben Farbe zurückgelegt. Dieser Vorgang wird nach jeweils gutem Mischen zweimal wiederholt. Berechne die Wahrscheinlichkeit, dass dreimal ein roter Stein entnommen wird.

Aufgabe 7.3
Eine Gruppe bestehe aus r Jungen und s Mädchen. Es wird rein zufällig ein Gruppenmitglied ausgelost. Ist dieses eine Junge, so wird die Gruppe um einen Jungen erweitert, andernfalls um ein Mädchen. Aus der jetzt $r + s + 1$ Mitglieder umfassenden Gruppe wird wieder eine Person rein zufällig ausgelost. Es sei ein Junge. Mit welcher Wahrscheinlichkeit war die beim ersten Mal ausgeloste Person auch ein Junge?

Aufgabe 7.4

Eine Urne enthalte zwei rote und drei schwarze Kugeln. Es wird rein zufällig eine Kugel gezogen, und diese sowie c weitere Kugeln derselben Farbe werden in die Urne zurückgelegt. Danach wird erneut rein zufällig eine Kugel gezogen. Es bezeichne A_j das Ereignis, dass die j-te gezogene Kugel rot ist, $j = 1, 2$. Es gelte $P(A_2|A_1) = \frac{1}{2}$.

Zeige: Es gilt $c = 1$.

8

Wann zeigt auch der letzte Würfel eine Sechs?

Klassenstufe	Ab 10
Idee	Werfen von drei fairen Würfeln; die mit Augenzahl Sechs werden weggelegt. Wann zeigt auch der letzte Würfel eine Sechs?
Voraussetzungen	Gegenereignis, $P(A \cup B) = P(A) + P(B)$, falls $A \cap B = \{\}$
Lernziele	Unabhängige Bernoulli-Versuche, Wartezeitproblem kennenlernen
Zeitlicher Umfang	Mind. zwei Unterrichtsstunden

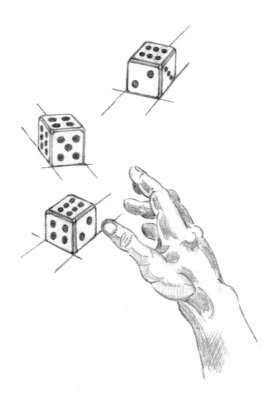

Abb. 8.1. Drei Würfel werden geworfen, jedes Mal werden alle Würfel mit der Augenzahl Sechs zur Seite gelegt. Wann zeigt auch der letzte Würfel eine Sechs?

© Der/die Autor(en), exklusiv lizenziert durch
Springer-Verlag GmbH, DE, ein Teil von Springer Nature 2021
N. Henze et al., *Stochastik rezeptfrei unterrichten*,
https://doi.org/10.1007/978-3-662-62744-0_8

Zu den klassischen Zufallsexperimenten schlechthin gehört das Würfeln. Bei Gesellschaftsspielen interessiert hier oft das Auftreten von Sechsen. In diesem Kapitel geht es um folgende Fragestellung:

Es werden n ideale, nicht unterscheidbare Würfel gleichzeitig geworfen. Diejenigen Würfel, die danach eine Sechs zeigen, werden beiseitegelegt (siehe Abb. 8.1). Die übrigen Würfel werden erneut geworfen, auch von diesen werden wieder die mit einer Sechs aussortiert etc.
Wann zeigt auch der letzte Würfel eine Sechs?

8.1 Mathematischer Kern

Auf den ersten Blick erscheint das Problem schwierig: Die Anzahl der Würfel ist beliebig, außerdem kann es im Prinzip beliebig lange dauern, bis auch nur einer der Würfel eine Sechs zeigt. Es stellt sich heraus, dass sich die Fragestellung durch eine elegante Modellierung untersuchen lässt (siehe hierzu auch das Video 8.1).

Sei X_n die im Folgenden *Wartezeit* genannte Anzahl der Würfe, bis jeder Würfel eine Sechs gezeigt hat. Es kann sein, dass schon im ersten Wurf lauter Sechsen auftreten, es kann jedoch auch beliebig lange dauern, bis auch der letzte Würfel eine Sechs zeigt. Im Zentrum des Interesses stehen die Verteilung der Zufallsgröße X_n und hier insbesondere ihr Erwartungswert. Dabei setzen wir voraus, dass mindestens zwei Würfel verwendet werden. Bei z. B. zwölf Würfeln gibt es nach dem ersten Wurf 13 Fälle dafür, wie viele Sechsen oben liegen. Unterscheidet man nach diesen Fällen, wird die Situation sehr unübersichtlich; daher gehen wir anders vor.

Die zündende, auch bei der Untersuchung der Verteilung der Augensumme beim Werfen zweier Würfel schlagkräftige Idee besteht darin, die Würfel gedanklich zu unterscheiden. Der Zufall wird nicht beeinflusst, wenn wir etwa die Würfel von 1 bis n durchnummerieren.

Wir bezeichnen mit W_j die zufällige Anzahl der Würfe, die man mit dem j-ten Würfel bis zur ersten Sechs benötigt. Das Ereignis, dass es höchstens k Würfe sind, hat als Gegenereignis, mehr als k Würfe zu benötigen, d. h., es gilt

$$P(W_j \leq k) = 1 - P(W_j > k), \quad k = 1, 2, \ldots$$

Mehr als k Würfe bis zur ersten Sechs zu benötigen, heißt, dass jeder der ersten k Würfe keine Sechs ergibt. Die Wahrscheinlichkeit dafür beträgt $(1-p)^k$, da die einzelnen Würfe unbeeinflusst voneinander erfolgen. Damit erhalten wir

$$P(W_j \leq k) = 1 - (1-p)^k, \quad k = 1, 2, \ldots$$

Stellen wir uns vor, dass jede von n Personen bis zum Auftreten der ersten Sechs würfelt, so ist die interessierende Zufallsgröße X_n das Maximum der Wurfanzahlen dieser Personen. Strukturell geht es also um ein Maximum von Wartezeiten auf den ersten Treffer bei n unabhängig voneinander ablaufenden Folgen von Bernoulli-Versuchen. Es handelt sich also um ein Maximum von n Zufallsgrößen $W_1, \ldots, W_n$, die stochastisch unabhängig sind und jeweils eine geometrische Verteilung (siehe S. 15) besitzen, d. h., es gilt $P(W_1 = k) = (1-p)^{k-1} p$ für $k = 1, 2, \ldots$ Die Zufallsgröße X_n hat also die Gestalt

$$X_n = \max(W_1, \ldots, W_n). \tag{8.1}$$

Aufgrund der stochastischen Unabhängigkeit von Ereignissen, die sich auf unterschiedliche Würfe beziehen, gilt

$$
\begin{aligned}
P(X_n \le k) &= P(W_1 \le k, W_2 \le k, \ldots, W_n \le k) \\
&= P(W_1 \le k) \cdot P(W_2 \le k) \cdot \ldots \cdot P(W_n \le k) \\
&= \big(P(W_1 \le k)\big)^n \\
&= \Big(1 - (1-p)^k\Big)^n, \quad k = 1, 2, \ldots
\end{aligned} \tag{8.2}
$$

Für die Fragestellung ist jedoch die Wahrscheinlichkeit

$$P(X_n = k)$$

von Interesse. Um diese zu erhalten, hilft die Darstellung

$$\{X_n \le k\} = \{X_n = k\} \cup \{X_n \le k-1\}$$

des Ereignisses $\{X_n \le k\}$ als Vereinigung der sich ausschließenden Ereignisse $\{X_n = k\}$ und $\{X_n \le k-1\}$. Daraus folgt

$$
\begin{aligned}
P(X_n = k) &= P(X_n \le k) - P(X_n \le k-1) \\
&= \Big(1 - (1-p)^k\Big)^n - \Big(1 - (1-p)^{k-1}\Big)^n.
\end{aligned} \tag{8.3}
$$

Diese für jedes $k \ge 1$ geltenden Gleichungen beschreiben die Verteilung des Maximums von Wartezeiten bis zum ersten Treffer in n unabhängig voneinander ablaufenden Folgen von Bernoulli-Versuchen mit jeweils gleicher Trefferwahrscheinlichkeit p.

Um den Erwartungswert von X_n zu erhalten, formen wir (8.3) um, indem für die rechts stehenden Potenzen von Binomen jeweils der in Abschn. 1.3 rein begrifflich hergeleitete allgemeine binomische Lehrsatz

$$(a+b)^n = \sum_{j=0}^{n} \binom{n}{j} a^j b^{n-j}$$

ausgenutzt wird. Damit erhalten wir

$$P(X_n = k) = \left(1 - (1-p)^k\right)^n - \left(1 - (1-p)^{k-1}\right)^n$$

$$= \sum_{j=0}^{n} \binom{n}{j} \left(-(1-p)^k\right)^j - \sum_{j=0}^{n} \binom{n}{j} \left(-(1-p)^{k-1}\right)^j$$

$$= \sum_{j=0}^{n} \left[\binom{n}{j}(-1)^j(1-p)^{kj} - \binom{n}{j}(-1)^j(1-p)^{(k-1)j}\right]$$

$$= \sum_{j=1}^{n} \binom{n}{j}(-1)^j(1-p)^{(k-1)j}\left((1-p)^j - 1\right), \quad k = 1, 2, \ldots \quad (8.4)$$

Abbildung 8.2 zeigt ein Stabdiagramm der Verteilung von X_3, d. h. der Anzahl der Würfe bis zum Auftreten der letzten Sechs, wenn drei Würfel verwendet werden.

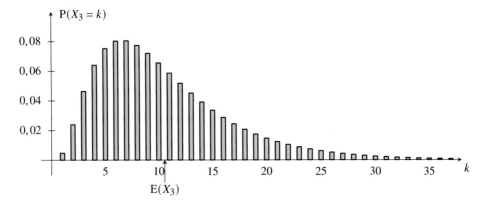

Abb. 8.2. Stabdiagramm der Verteilung von X_3. Das Maximum der Wahrscheinlichkeiten wird für $k = 7$ angenommen. Aufgrund der Rechtsschiefe liegt der Erwartungswert als Schwerpunkt der Masseverteilung rechts vom Maximum

Die Wahrscheinlichkeiten steigen mit wachsendem k schnell an und nehmen nach dem Maximum langsamer wieder ab. Die Verteilung ist somit *rechtsschief*.

Jetzt lässt sich der Erwartungswert von X_n mithilfe von

$$E(X_n) = \sum_{k=1}^{\infty} k \cdot P(X_n = k)$$

berechnen, indem für $P(X_n = k)$ der Ausdruck aus (8.4) eingesetzt wird. Man erhält

$$E(X_n) = \sum_{j=1}^{n} \binom{n}{j}(-1)^j\left((1-p)^j - 1\right) \sum_{k=1}^{\infty} k(1-p)^{j(k-1)}.$$

Die rechts stehende Ableitung der geometrischen Reihe hat nach (A.5) den Wert

$$\sum_{k=1}^{\infty} k(1-p)^{j(k-1)} = \frac{1}{(1-(1-p)^j)^2},$$

womit wir

$$E(X_n) = \sum_{j=1}^{n} \binom{n}{j} \frac{(-1)^{j-1}}{1-(1-p)^j}$$

erhalten. Die Abhängigkeit des Erwartungswerts von n ist in Abb. 8.3 dargestellt.

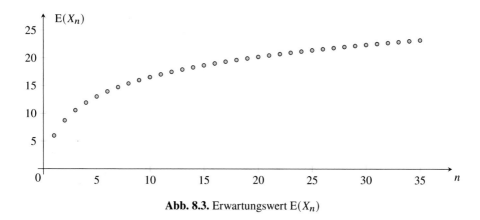

Abb. 8.3. Erwartungswert $E(X_n)$

Im Fall $n = 1$ ergibt sich der Wert 6, denn wirft man einen Würfel und wartet auf den ersten Treffer, so handelt es sich um Bernoulli-Versuche mit Trefferwahrscheinlichkeit p. Der Erwartungswert ist daher $E(X_1) = \frac{1}{p} = 6$ (siehe (1.17)). Für $n = 3$ beträgt er gerundet 10,56 (siehe auch Abb. 8.2).

Mit zunehmendem n steigt der Erwartungswert an, aber langsam. Unser Ergebnis

$$E(X_n) = \sum_{j=1}^{n} \binom{n}{j} \frac{(-1)^{j-1}}{1-(1-p)^j} \tag{8.5}$$

ist sehr allgemein. Wir können damit auch beantworten, wie lange man z. B. n ideale Tetraeder, deren Seiten jeweils von 1 bis 4 beschriftet sind, im Mittel werfen muss, bis auch das letzte eine Eins ergibt. Dabei zählt man zweckmäßigerweise die unten, also verdeckt, liegende Zahl als erzielte Augenzahl.

8.2 Mathematische Tiefbohrung

In diesem Kapitel untersuchen wir die Verteilung einer Zufallsgröße X_n, die nach (8.1) das Maximum von n stochastisch unabhängigen und je geometrisch verteilten Zufallsgrößen ist. Ersetzt man hier die geometrische durch eine beliebige Verteilung, so ist man schon bei einem eigenen großen Teilgebiet der Stochastik, der sogenannte *Extremwertstochastik*, angelangt. Diesem Teilgebiet kommt insbesondere aufgrund des Klimawandels und der damit einhergehenden immer extremeren Werte z. B. von Durchschnittstemperaturen (siehe Kap. 5) eine stetig wachsende Bedeutung zu. Die interessierenden Daten werden hier nicht durch Summen, sondern Maxima oder Minima von Zufallsgrößen modelliert. Da Gleichung (8.2) auch gilt, wenn $W_1, \ldots, W_n$ eine beliebige Verteilung haben, kann man etwa den Spezialfall $P(W_1 = k) = \frac{1}{6}$, $k \in \{1, \ldots, 6\}$, betrachten. In diesem Fall modelliert W_j den Ausgang des Wurfes eines idealen Würfels, und man erhält mit der Verteilung von X_n die Verteilung der größten Augenzahl beim n-fachen Würfelwurf (siehe hierzu Aufgabe 8.5).

Eine klassische Fragestellung mit hoher schulischer Relevanz, die auch auf ein Maximum von Zufallsgrößen führt, ist das sogenannte *Sammelbilderproblem* oder *Coupon-Collector-Problem*. Wählt man für dieses Problem eine neutrale Formulierung, so bietet sich ein Teilchen-Fächer-Modell an. In diesem gibt es n Fächer, die von 1 bis n nummerierte sind. Ein sogenannter *Besetzungsvorgang* besteht darin, dass ein Teilchen rein zufällig in eines dieser Fächer fällt. Es laufen nun solche Besetzungsvorgänge in unabhängiger Folge ab. Eine *vollständige Serie* entsteht, wenn *jedes Fach* mindestens ein Teilchen enthält, und die interessierende Zufallsgröße X_n ist die Anzahl der Teilchen (sprich: Besetzungsvorgänge), die nötig sind, bis erstmals jedes der n Fächer mindestens ein Teilchen aufweist. Fixiert man ein $j \in \{1, \ldots, n\}$ und schaut nur auf Fach j, so stellen sich diese Besetzungsvorgänge als unabhängige Bernoulli-Versuche dar. Dabei bedeute ein Treffer bzw. eine Niete, dass bei einem Besetzungsvorgang ein bzw. kein Teilchen in Fach j gelangt. Wegen der Annahme einer rein zufälligen Verteilung ist die Trefferwahrscheinlichkeit hierbei gleich $\frac{1}{n}$. Bezeichnet W_j die Anzahl der Besetzungvorgänge bis zum ersten Treffer, so besitzt W_j eine geometrische Verteilung; genauer gilt

$$P(W_j = k) = \left(1 - \frac{1}{n}\right)^{k-1} \frac{1}{n}, \quad k = 1, 2, \ldots.$$

Auch hier besteht die strukturelle Gleichung (8.1), denn es muss jedes Fach „erster Treffer erzielt!" rufen, damit eine vollständige Serie vorhanden ist. Im Gegensatz zur Situation in (8.1) sind aber beim Sammelbilderproblem die Zufallsgrößen $W_1, \ldots, W_n$ *nicht* stochastisch unabhängig. Weiteres zu diesem Problemkreis unter schulischen Gesichtspunkten findet sich etwa in [13] und in den Videos 8.2 und 8.3.

8.3 Umsetzung im Unterricht

Zunächst sehen wir die Würfel als nicht unterscheidbar an und untersuchen die Fragestellung mithilfe eines Baumdiagramms. Dabei wird klar, wie aufwändig diese Vorgehensweise ist. Im Anschluss daran zeigt sich, dass eine gedankliche Unterscheidung der Würfel zu einer einfachen Lösung führt. Bei dieser stehen die Entwicklung der Modellierung und die Zerlegung des Problems in Teilprobleme im Mittelpunkt. Gemäß dem didaktischen Prinzip, induktiv vorzugehen, betrachten wir zu Beginn nur einen Würfel, um dann auf die Ergebnisse für zwei und drei Würfel zu schließen.

Durchführung des Zufallsexperiments

Die Schüler erhalten einen Eindruck von der Fragestellung, indem sie das Zufallsexperiment konkret durchführen. Leitfrage für die Unterrichtsstunde ist die Frage von oben.

Schüleraktivität

Drei faire Würfel werden gleichzeitig geworfen. Diejenigen, die danach eine Sechs zeigen, werden beiseitegelegt. Die übrigen Würfel werden erneut geworfen, auch von diesen werden wieder die „Sechser" aussortiert etc. Das Ganze wird so lange wiederholt, bis auch der letzte Würfel eine Sechs zeigt.
Führt dieses Zufallsexperiment mehrfach durch und protokolliert eure Ergebnisse in einer Tabelle.
Einer würfelt, einer sortiert aus, einer fertigt das Protokoll an (siehe Tab. 8.1).

Die Zufallsgröße X_3 – die „3" zeigt die Anzahl der verwendeten Würfel an – ist die zufällige Anzahl der Würfe, bis jeder Würfel eine Sechs zeigt, das Experiment also zu Ende ist. Sobald diese Situation vorliegt, beginnt ein neuer Durchgang. Betonen Sie den begrifflichen Unterschied zwischen einem Durchgang in der Wiederholung des Zufallsexperiments einerseits und den einzelnen Würfelvorgängen innerhalb eines Durchgangs andererseits. Dadurch verhindern Sie schon zu Beginn, dass begriffliche Schwierigkeiten auftreten.

Tab. 8.1. Durchführung für drei Würfel. Die Zufallsgröße X_3 gibt die zufällige Anzahl der Würfe an, bis jeder Würfel eine Sechs zeigt

Durchgang Nr.	Realisierung von X_3
1	. . .
2	. . .
3	. . .
. . .	. . .

An dieser Stelle bietet es sich an, den Begriff *Wartezeit* (auf die letzte Sechs) zu prägen: Er ist die zufällige Anzahl der Würfelwürfe, die nötig sind, bis auch der letzte Würfel eine Sechs zeigt. Insbesondere ist dann der Erwartungswert dieser Wartezeit von Interesse.

Lösung über Baumdiagramm wird aufwändig

Da das Ereignis $\{X_3 = 1\}$ genau dann eintritt, wenn im ersten Wurf jeder Würfel eine Sechs zeigt, gilt

$$P(X_3 = 1) = \left(\frac{1}{6}\right)^3 \approx 0,005.$$

Bei der Bestimmung von

$$P(X_3 = 2)$$

sind mehrere Fälle zu unterscheiden. Jetzt zeigt (erst) nach dem zweiten Wurf jeder Würfel eine Sechs. Die möglichen Fälle lassen sich als

$$(0,3), (1,2) \text{ und } (2,1)$$

notieren. Dabei bedeutet (i, j), dass der erste Wurf i und der zweite j Sechsen ergibt.

Im Fall $(0,3)$ wird im ersten Wurf keine Sechs und im zweiten werden drei Sechsen geworfen. Die Wahrscheinlichkeit hierfür beträgt

$$\left(\frac{5}{6}\right)^3 \cdot \left(\frac{1}{6}\right)^3.$$

Der Fall $(1,2)$ tritt dann ein, wenn beim ersten Wurf eine Sechs auftritt und der zweite, mit nur noch zwei Würfeln durchgeführte Wurf zwei Sechsen ergibt. Mithilfe der Formel von Bernoulli (12.1) für die Binomialverteilung und der ersten Pfadregel erhält man damit für $(1,2)$ die Wahrscheinlichkeit

$$\binom{3}{1} \cdot \frac{1}{6} \cdot \left(\frac{5}{6}\right)^2 \cdot \left(\frac{1}{6}\right)^2.$$

Analog besitzt der Fall $(2,1)$ die Wahrscheinlichkeit

$$\binom{3}{2} \cdot \left(\frac{1}{6}\right)^2 \cdot \frac{5}{6} \cdot \frac{1}{6}.$$

Abbildung 8.4 zeigt das zugehörige Baumdiagramm.

Aus der Summe der letzten drei Ausdrücke erhält man

$$P(X_3 = 2) \approx 0,02.$$

In [23] wird auch der Fall untersucht, dass drei Würfe erforderlich sind. Dabei zeigt sich, dass die Berechnung von $P(X_3 = 3)$, $P(X_3 = 4)$, ... sehr aufwändig wird. Es gibt aber eine schlagkräftige Methode, diese Wahrscheinlichkeiten zu erhalten, und diese Methode wird jetzt vorgestellt.

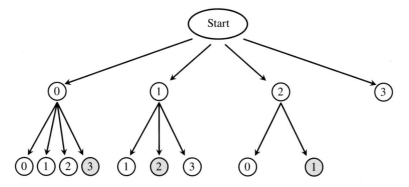

Abb. 8.4. Baumdiagramm zu den Fällen $(0, 3)$, $(1, 2)$ und $(2, 1)$. Jede Stufe entspricht dem einmaligen Werfen aller Würfel, die noch keine Sechs gezeigt haben. Durch die Knoten wird jeweils die Anzahl der Würfel angegeben, die eine Sechs zeigen. Es sind die Knoten markiert, die zum Ereignis $X_3 = 2$ gehören

Unterscheiden hilft weiter

Nun kommt die in Abschn. 8.1 erläuterte Unterscheidung der Würfel zum Tragen. Die Würfel werden unterschiedlich gefärbt, und dann werden den Farben Nummern zugeordnet, also etwa Rot die Nummer 1, Blau die Nummer 2 etc. Die Würfel werden jetzt nicht mehr von einer, sondern von drei Personen geworfen. Auch die drei Personen erhalten Nummern 1, 2 und 3, und ihnen wird der jeweilige Würfel zugewiesen. Die Verteilung von X_3 ändert sich dadurch nicht. Daran schließt sich folgender Gedanke an:

Anstatt die Würfel gleichzeitig zu werfen, wirft jede Person unabhängig von allen anderen ihren Würfel, bis dieser eine Sechs zeigt. Am Ende teilt jede Person mit, wie viele Würfe sie dafür benötigt hat. Von diesen Zahlen interessiert uns die größte. Jede Person führt also ein Zufallsexperiment durch, das aus unabhängigen Bernoulli-Versuchen besteht.

Bezeichnet W_j die zufällige Anzahl der Würfe, die Person j bis zur ersten Sechs benötigt ($j = 1, 2, 3$), so sind W_1, W_2 und W_3 stochastisch unabhängig, da die drei Würfel unbeeinflusst voneinander geworfen werden. Der springende Punkt ist nun, dass X_3 das *Maximum* von W_1, W_2 und W_3 ist und dass dieses *Maximum höchstens gleich* einem Wert k ist, wenn *jedes* W_j höchstens gleich k ist ($j = 1, 2, 3$). Das Ereignis $\{X_3 \leq k\}$ ist also der Durchschnitt der Ereignisse $\{W_1 \leq k\}$, $\{W_2 \leq k\}$ und $\{W_3 \leq k\}$. Wegen der stochastischen Unabhängigkeit dieser Ereignisse gilt

$$P(X_3 \leq k) = P(W_1 \leq k)P(W_2 \leq k)P(W_3 \leq k), \quad k = 1, 2, \ldots \tag{8.6}$$

Um $P(X_3 \leq k)$ zu bestimmen, ist also ein Term für $P(W_j \leq k)$ gesucht und nicht einer für $P(W_j = k)$. Diesen Ansatz müssen Sie sinnvollerweise vorgeben. Man erkennt auch, dass die Wahrscheinlichkeiten $P(X_3 \leq k)$ leicht erhältlich sind, wenn man die drei auf der rechten Seite von (8.6) stehenden Wahrscheinlichkeiten kennt. An dieser Stelle gibt es zwei Teilprobleme: Das erste besteht darin, die Wahrscheinlichkeiten $P(W_j \leq k)$ zu erhalten, und das zweite darin, aus den Gleichungen (8.6) die Wahrscheinlichkeit $P(X_3 = k)$ zu gewinnen.

Wir betrachten zunächst das erste Teilproblem. Hier könnten Sie die Frage in den Raum werfen, ob die drei Faktoren auf der rechten Seite von (8.6) nicht vielleicht gleich sind. Jede Person hat ja einen fairen Würfel, und für jede stellt sich die Situation, auf den ersten Treffer bei unabhängigen Versuchen mit gleicher Trefferwahrscheinlichkeit p zu warten. Dann können wir aber auch – losgelöst von den Indizes 1, 2 und 3 – eine Zufallsgröße W einführen, die die Anzahl der Versuche bis zum Auftreten des ersten Treffers bei unabhängigen Bernoulli-Versuchen mit gleicher Trefferwahrscheinlichkeit p modelliert, und dafür würde dann nach Gleichung (8.6)

$$P(X_3 \leq k) = P(W \leq k)^3, \quad k = 1, 2, \ldots$$

gelten.

An dieser Stelle könnten Sie den Hinweis geben, nicht das Ereignis $\{W \leq k\}$, sondern das Gegenereignis $\{W > k\}$ zu betrachten. Dieses Gegenereignis bedeutet ja, dass man mehr als k Versuche bis zum ersten Treffer benötigt, und das ist gleichbedeutend damit, dass jeder der ersten k Versuche eine Niete ergibt. Mit der Abkürzung $q := 1 - p$ gilt also nach der ersten Pfadregel

$$P(W > k) = q^k, \quad k = 1, 2, \ldots$$

und somit

$$P(W \leq k) = 1 - q^k, \quad k = 1, 2, \ldots .$$

Hiermit geht (8.6) in

$$P(X_3 \leq k) = \left(1 - q^k\right)^3, \quad k = 1, 2, \ldots \tag{8.7}$$

über.

An dieser Stelle tritt das zweite Teilproblem auf. Wir suchen ja nicht $P(X_3 \leq k)$, sondern $P(X_3 = k)$. Die Situation ist also anders als etwa bei einer Zufallsgröße Y, die eine Binomialverteilung mit den Parametern n und p besitzt (vgl. Kap. 12). Dort ergibt sich $P(Y = k)$ mithilfe der Formel von Bernoulli, und daraus kann man die kumulierte Wahrscheinlichkeit $P(Y \leq k)$ berechnen. Auch an dieser Stelle könnte ein Hinweis von Ihnen gefragt sein. Was ergibt sich denn, wenn wir in (8.7) speziell $k = 1$ setzen? Weil X_3 nur die Werte $1, 2, 3$ etc. annehmen kann, ist das Ereignis $\{X_3 \leq 1\}$ gleichbedeutend mit $\{X_3 = 1\}$. Es gilt also

$$P(X_3 = 1) = p^3.$$

Hier könnte man die Frage stellen, was diese Gleichung in Worten besagt. Vielleicht erkennt ja der eine oder andere Schüler, dass das Ereignis $\{X_3 = 1\}$ bedeutet, dass jeder von drei unabhängig voneinander durchgeführten Bernoulli-Versuchen mit gleicher Trefferwahrscheinlichkeit p einen Treffer ergibt. Die nächste Frage könnte dann sein, ob man aus $P(X_3 = 1)$ und $P(X_3 \leq 2)$ die Wahrscheinlichkeit $P(X_3 = 2)$ erhalten kann. Falls Schüler einsehen, dass $P(X_3 \leq 2)$ die Summe aus $P(X_3 = 1)$ und $P(X_3 = 2)$ ist, reift die Erkenntnis, dass man sogar ganz allgemein $P(X_3 \leq k)$ durch Differenzbildung gemäß

$$P(X_3 = k) = P(X_3 \leq k) - P(X_3 \leq k-1), \quad k = 2, 3, \ldots$$

erhält, denn das Ereignis $\{X_3 \leq k\}$ ist ja die Vereinigung der sich ausschließenden Ereignisse $\{X_3 \leq k-1\}$ und $\{X_3 = k\}$.

Setzt man jetzt die in (8.7) stehenden Werte ein, so ergibt sich

$$P(X_3 = k) = \left(1 - q^k\right)^3 - \left(1 - q^{k-1}\right)^3, \quad k = 1, 2, \ldots \tag{8.8}$$

Diese Wahrscheinlichkeiten können für bestimmte Werte von k direkt mit dem Taschenrechner ausgewertet werden, wenn $q = \frac{5}{6}$ gesetzt wird.

▶ Mithilfe der erhaltenen Wahrscheinlichkeiten (8.8) können verschiedene Aktivitäten ausgelöst werden. Eine davon ist die Planung eines Spiels zum Tag der offenen Tür (siehe [23]). Man zahlt 1 Euro Einsatz und erhält drei Würfel. Die Auszahlung bei diesem Spiel hängt von der Realisierung der Zufallsgröße X_3, also von der Anzahl der Würfe ab, die man benötigt, bis jeder der Würfel eine Sechs gezeigt hat. Im Fall $X_3 = 1$ erhält man stolze 25 Euro ausbezahlt, im Fall $X_2 = 2$ gibt es 10 Euro, und im Fall $X_3 = 3$ beträgt die Auszahlung 5 Euro. Hat man Pech und muss mehr als 15-mal werfen, bis die letzte Sechs erscheint, so gibt es den Einsatz zurück. Bezeichnet die Zufallsvariable Z die zufällige Auszahlung bei diesem Spiel, so nimmt Z die Werte 25, 10, 5 und 1 an. Nach (8.8) bzw. (8.6) gelten

$$P(Z = 25) = P(X_3 = 1) = \frac{1}{216},$$

$$P(Z = 10) = P(X_3 = 2) = \frac{1115}{6^6},$$

$$P(Z = 5) = P(X_3 = 3) = \frac{466075}{6^9},$$

$$P(Z = 1) = P(X_3 > 15) = 1 - \left(1 - \left(\frac{5}{6}\right)^{15}\right)^3,$$

und eine direkte Rechnung ergibt

$$E(Z) = 25 \cdot P(Z = 25) + 10 \cdot P(Z = 10) + 5 \cdot P(Z = 5) + 1 \cdot P(Z = 1)$$
$$\approx 0{,}7683.$$

Pro Spiel werden also auf die Dauer im Mittel knapp 77 Cent ausbezahlt. Da der Einsatz 1 Euro beträgt, bleiben somit pro Spiel im Durchschnitt ca. 23 Cent für die Klassenkasse übrig. ◀

Erwartungswert

Eine Berechnung des Erwartungswerts von X_3 ist für Schüler sehr anspruchsvoll. An dieser Stelle kann man jedoch darauf eingehen, dass der Erwartungswert nach dem Gesetz großer

Zahlen (1.21) eine gute Prognose für den auf die Dauer durchschnittlich erhaltenen Wert ist und wie man sich diesem empirisch nähern kann.

Um eine allererste Näherung für $E(X_3)$ zu erhalten, definieren die Schüler auf ihrem Taschenrechner eine Funktion f mit $f(x) = (1 - (\frac{5}{6})^x)^3 - (1 - (\frac{5}{6})^{x-1})^3$ und berechnen damit den Wert $1f(1) + 2f(2) + \ldots + 25f(25) \approx 9{,}59$. Mit einem Werkzeug kann man auf bequeme Weise weitere Summanden berücksichtigen. So liefert etwa GeoGebra unter Verwendung von `Summe( k f(k), k, 1, 40)` den ungefähren Wert $10{,}46$, welcher dem nach (8.5) berechneten von ca. $10{,}56$ schon recht nahekommt. Die Schüler vergleichen diesen grob genäherten Erwartungswert mit dem Mittelwert der empirischen Daten (siehe Tab. 8.1).

Im Hinblick auf eine Binnendifferenzierung besitzt diese Unterrichtsidee unter anderem das Potenzial, starke Schüler zu motivieren, ganz allgemein n Würfel zu betrachten siehe hierzu Aufgabe 8.3).

8.4 Randbemerkungen

Wie unter anderem durch Homer belegt ist, war das Würfelspiel schon in der Antike weit verbreitet (siehe [40]). Mit Würfeln wurden Orakel befragt, aber Würfel dienten auch dem Glücksspiel. Während der Renaissance kamen Glücksspiele in Mode. Im Jahr 1663 erschien posthum ein Buch von G. Cardano (1501–1576), den wir heute vor allem von den Untersuchungen zur Lösbarkeit von Polynomgleichungen – Formel von Cardano für kubische Gleichungen – her kennen. Sein *Liber de ludo aleae* („Buch über das Würfelspiel") ist eine Art Anleitung für Spieler. Auch G. Galilei (1564–1642) und Ch. Huygens (1629–1695) beschäftigten sich explizit mit Untersuchungen zum Würfeln.

Der Gedanke, als typisches Beispiel eines Ereignisses ausgerechnet das Auftreten von Sechsen beim Würfeln zu nehmen, scheint sich seit einiger Zeit verfestigt zu haben: Schon J. Bernoulli (1655–1705) spricht in seiner 1713 posthum veröffentlichten *Ars conjectandi* („Die Kunst des Vermutens") die Situation an, mit einem Würfel sechs Augen zu werfen (siehe [2], S. 1).

8.5 Rezeptfreies Material

Video 8.1: „Wann zeigt auch der letzte Würfel eine Sechs?"

`https://www.youtube.com/watch?v=MEYw-KEtBvk`

Video 8.2: „Sammelbilderprobleme – Teil 1"

`https://www.youtube.com/watch?v=0ZhRNvGoN8E`

Video 8.3: „Sammelbilderprobleme – Teil 2"

`https://www.youtube.com/watch?v=_ZCaEUlrU-U`

8.6 Aufgaben

Aufgabe 8.1
Berechne in der Gleichung (8.3) den Ausdruck für $P(X_2 = 2)$ als Term ohne Klammern.

Aufgabe 8.2
Es werden ideale Tetraeder geworfen, wobei die Seiten der Tetraeder jeweils von 1 bis 4 beschriftet sind. Als geworfene Augenzahl zählt dabei diejenige, die unten liegt. Die Regeln sind analog zu den in diesem Kapitel angegebenen, d. h. , es wird geworfen, bis auch das letzte Tetraeder eine Vier liefert.

Das Zufallsexperiment wird mit zwei Tetraedern durchgeführt. Berechne die Wahrscheinlichkeit dafür, dass nach

  a) höchstens drei Würfen auch das letzte Tetraeder eine Vier ergibt,

  b) genau drei Würfen auch das letzte Tetraeder eine Vier ergibt.

Aufgabe 8.3
Unbeeinflusst voneinander führen n Personen unabhängige Bernoulli-Versuche mit gleicher Trefferwahrscheinlichkeit p durch, bis jeweils der erste Treffer aufgetreten ist. Die Zufallsgröße X_n ist die maximale Anzahl der dafür benötigten Versuche. Erläutere jeweils, was der Ausdruck auf der linken Seite bedeutet und wie man auf die Gleichung kommt:

  a) $P(X_n \leq k) = \left(1 - (1-p)^k\right)^n$,

  b) $P(X_n = k) = \left(1 - (1-p)^k\right)^n - \left(1 - (1-p)^{k-1}\right)^n$.

Aufgabe 8.4
Die Wahrscheinlichkeit dafür, dass auch der letzte von vier Würfeln nach höchstens k Würfen eine Sechs zeigt, soll mindestens gleich $0,95$ sein. Bestimme, wie groß k mindestens sein muss.

Gib eine allgemeine Formel für dieses k an, wenn $0,95$ durch einen Wert α und 4 durch n ersetzt wird.

Aufgabe 8.5
Drei ideale Würfel werden gleichzeitig geworfen. Berechne die Wahrscheinlichkeit dafür, dass

  a) jede der Augenzahlen höchstens gleich vier ist,

  b) die größte der Augenzahlen höchstens gleich k ist ($k = 1, 2, 3, 4, 5, 6$),

  c) die größte Augenzahl gleich k ist ($k = 1, 2, 3, 4, 5, 6$).

9

*Überraschungen bei einem Wartezeitproblem

In diesem Kapitel geht es um ein wirklich überraschendes Phänomen (siehe auch das Video 9.1): Man stelle sich zwei verschiedene Szenarien für das wiederholte Ziehen aus einer Urne vor. Im ersten enthalte die Urne eine rote und eine schwarze Kugel, im zweiten zwei rote und eine Milliarde schwarze Kugeln. Man zieht rein zufällig. Ist die gezogene Kugel rot, so ist der stochastische Vorgang beendet. Ist sie schwarz, so wird die Kugel zusammen mit einer weiteren schwarzen Kugel in die Urne gelegt, und der Urneninhalt wird gut gemischt. Danach wird erneut gezogen. Das Ziel besteht darin, die rote Kugel (bzw. im zweiten Szenario eine der beiden roten Kugeln) zu ziehen.

Mit X bzw. Y bezeichnen wir die im Folgenden auch *Wartezeit* genannte Anzahl der Ziehungen, die jeweils dafür nötig sind. Deuten wir das Ziehen der roten Kugel bzw. einer der roten Kugeln als *Treffer*, so wird die Trefferwahrscheinlichkeit im Laufe mehrerer Ziehungen immer kleiner, und es ist zunächst gar nicht klar, ob X und Y überhaupt mit Wahrscheinlichkeit eins endliche Werte annehmen. Insbesondere im zweiten Szenario kommen sich ja die beiden roten Kugeln wie Stecknadeln in einem Heuhaufen vor.

Gelten $P(X < \infty) = 1$ und $P(Y < \infty) = 1$? Welche Gestalt besitzen die Wahrscheinlichkeiten $P(X = k)$ und $P(Y = k)$, $k = 1, 2, \ldots$? Existiert der Erwartungswert von X bzw. der von Y?

9.1 Eine rote und eine schwarze Kugel

Wir betrachten zunächst das erste Szenario, in dem die Urne zu Beginn eine rote und eine schwarze Kugel enthält. Da für jedes $k \in \{1, 2, \ldots\}$ das Ereignis $\{X = k\}$ genau dann eintritt, wenn $(k-1)$-mal hintereinander eine schwarze und dann die rote Kugel gezogen wird, gilt aufgrund des Ziehungsmodus und der ersten Pfadregel

$$P(X = k) = \frac{1}{2} \cdot \frac{2}{3} \cdot \ldots \cdot \frac{k-2}{k-1} \cdot \frac{k-1}{k} \cdot \frac{1}{k+1} = \frac{1}{k(k+1)}. \tag{9.1}$$

Abbildung 9.1 zeigt das Stabdiagramm der Verteilung von X.

Dass die Summe aller Wahrscheinlichkeiten gleich eins ist und damit $P(X < \infty) = 1$ gilt, also die rote Kugel mit Wahrscheinlichkeit eins irgendwann gezogen wird, kann man wie folgt einsehen: Wegen

© Der/die Autor(en), exklusiv lizenziert durch
Springer-Verlag GmbH, DE, ein Teil von Springer Nature 2021
N. Henze et al., *Stochastik rezeptfrei unterrichten*,
https://doi.org/10.1007/978-3-662-62744-0_9

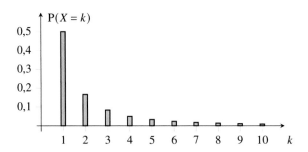

Abb. 9.1. Stabdiagramm der Verteilung von X

$$\frac{1}{k(k+1)} = \frac{1}{k} - \frac{1}{k+1}$$

entsteht beim Summieren der Wahrscheinlichkeiten $P(X = k)$ über k von 1 bis n ein bisweilen auch als *Teleskopeffekt* bezeichneter Auslöschungseffekt, der sich in der Gleichung

$$\sum_{k=1}^{n} P(X = k) = 1 - \frac{1}{n+1} \tag{9.2}$$

widerspiegelt. Da die in (9.2) stehende Summe für $n \to \infty$ gegen 1 konvergiert, wird die rote Kugel in der Tat mit Wahrscheinlichkeit eins in endlicher Zeit gezogen.

Noch einfacher erschließt sich dieser Sachverhalt, wenn man gleich nach der Wahrscheinlichkeit des Ereignisses $\{X > n\}$ fragt. Dieses Ereignis tritt genau dann ein, wenn jeder der ersten n Züge eine schwarze Kugel ergibt. Nach der ersten Pfadregel ist die Wahrscheinlichkeit hierfür gleich

$$P(X > n) = \frac{1}{2} \cdot \frac{2}{3} \cdot \ldots \cdot \frac{n-1}{n} \cdot \frac{n}{n+1} = \frac{1}{n+1}. \tag{9.3}$$

Insbesondere erhält man $P(X \geq 10) = P(X > 9) = \frac{1}{10}$. Abbildung 9.2 zeigt die „Überschreitungswahrscheinlichkeiten" $P(X > n)$. Weil diese für $n \to \infty$ zu langsam gegen null konvergieren, gilt – wie wir gleich sehen werden – $E(X) = \infty$ (siehe auch die Überlegungen am Ende dieses Abschnitts).

Indem man zum Gegenereignis übergeht, folgt

$$P(X \leq n) = 1 - \frac{1}{n+1}, \tag{9.4}$$

was gleichbedeutend mit (9.2) ist.

Da man die rote Kugel – was zu erwarten war – mit Wahrscheinlichkeit eins irgendwann einmal zieht, interessiert uns natürlich auch, wie viele Züge man auf die Dauer im Mittel dafür benötigt, also der Erwartungswert von X. Wegen

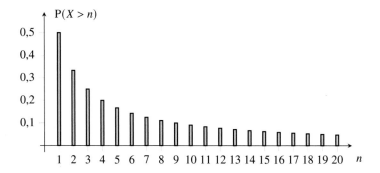

Abb. 9.2. Die Wahrscheinlichkeiten $P(X > n)$

$$E(X) = 1 \cdot P(X=1) + 2 \cdot P(X=2) + 3 \cdot P(X=3) + \ldots = \frac{1}{2} + \frac{1}{3} + \frac{1}{4} + \ldots$$

und der Tatsache, dass diese Summe als (um 1 vermindertes) Anfangsstück der harmonischen Reihe über alle Grenzen wächst, gilt überraschenderweise $E(X) = \infty$. Man wartet also *im Mittel unendlich lange* auf die rote Kugel.

Da X eine nichtnegative ganzzahlige Zufallsvariable ist, kann man auch auf andere Weise feststellen, ob der Erwartungswert von X existiert, und man ist zur Bestimmung des Erwartungswerts nicht auf die Darstellungsformel „Summe aus Wert mal Wahrscheinlichkeit" angewiesen. Für eine allgemeine nichtnegative ganzzahlige Zufallsvariable Z gilt nämlich

$$E(Z) = \sum_{j=1}^{\infty} P(Z \geq j). \tag{9.5}$$

Dabei bleibt das Gleichheitszeichen auch für den Fall bestehen, dass beide Seiten den Wert unendlich annehmen. Nimmt Z nur die Werte $1, 2, \ldots, n$ an, so sieht man die obige Gleichheit (mit n anstelle von ∞) schnell ein, denn mit der Abkürzung $p_k := P(Z = k)$ gilt

$$
\begin{aligned}
E(Z) = \quad & 1 \cdot p_1 + & 2 \cdot p_2 + & \quad 3 \cdot p_3 + \ldots + & n \cdot p_n \\
= \quad & p_1 + & p_2 + & \quad p_3 + \ldots + & p_n \\
& + & p_2 + & \quad p_3 + \ldots + & p_n \\
& & + & \quad p_3 + \ldots + & p_n \\
& & & \ldots \ldots \ldots \ldots & \ldots \\
& & & \quad + & p_n \\
= \, & P(Z \geq 1) + P(Z \geq 2) + P(Z \geq 3) & + \ldots + & P(Z \geq n).
\end{aligned}
$$

Ein allgemeiner Beweis verwendet die Identität

$$\sum_{k=1}^{\infty} k \cdot P(Z = k) = \sum_{k=1}^{\infty} \left(\sum_{j=1}^{k} 1 \right) \cdot P(Z = k)$$

$$= \sum_{j=1}^{\infty} \sum_{k=j}^{\infty} P(Z = k)$$

$$= \sum_{j=1}^{\infty} P(Z \geq j).$$

Mit (9.3) gilt

$$P(X \geq j) = P(X > j - 1) = \frac{1}{j},$$

sodass man beim Summieren über j direkt mit der harmonischen Reihe konfrontiert ist.

Ist ein unendlicher Erwartungswert begreifbar?

Wie kann man den Sachverhalt $E(X) = \infty$ begreifen? Hier bietet sich an, das Szenario mithilfe von Pseudozufallszahlen, die im Intervall $(0, 1)$ gleichverteilt sind, wie folgt zu simulieren: Man wählt eine Zahl k und führt einen Zähler j ein, der von 1 bis maximal k läuft. Bezeichnet x_j die j-te erhaltene Pseudozufallszahl, so stoppt man die Simulation mit dem Wert j, falls erstmalig die Ungleichung $x_j \leq 1/(j + 1)$ erfüllt ist, spätestens aber dann (und ohne einen Wert erhalten zu haben), wenn der Laufzähler auch den Wert k abgearbeitet hat. Diese Simulation wiederholt man jeweils mit einem anderen Startwert des Pseudozufallszahlengenerators n-mal.

Bezeichnet $H_{n,j}$ die Anzahl der Male, bei denen sich bei der Simulation der Wert j ergeben hat, $j \in \{1, \ldots, k\}$, so können die Werte $H_{n,1}, \ldots, H_{n,k}$ als absolute Häufigkeiten von Realisierungen der Zufallsvariablen X aufgefasst werden, *wenn X einen Wert annimmt, der höchstens gleich k ist, wenn also das Ereignis $\{X \leq k\}$ eintritt.* Was passiert nun, wenn wir alle erhaltenen Werte mitteln? Da wir für jedes $j \in \{1, \ldots, k\}$ genau $H_{n,j}$ mal den Wert j beobachtet haben und insgesamt $H_{n,1} + \ldots + H_{n,k}$ Werte vorliegen, ist dieser arithmetische Mittelwert durch

$$e_{n,k} := \frac{1 \cdot H_{n,1} + 2 \cdot H_{n,2} + \ldots + k \cdot H_{n,k}}{H_{n,1} + \ldots + H_{n,k}}$$

gegeben. Da sich nach dem Gesetz großer Zahlen die nach Division durch n erhaltenen *relativen* Häufigkeiten $\frac{1}{n} H_{n,j}$ für wachsendes n gegen die Wahrscheinlichkeiten $P(X = j)$ stabilisieren und sich $e_{n,k}$ nicht ändert, wenn man Zähler und Nenner durch n dividiert, sollte sich $e_{n,k}$ bei wachsendem n gegen den *bedingten Erwartungswert*

$$E[X|X \leq k] = \frac{1 \cdot P(X = 1) + \ldots + k \cdot P(X = k)}{P(X = 1) + \ldots + P(X = k)}$$

$$= \frac{1}{P(X \leq k)} \cdot \sum_{j=1}^{k} j \cdot P(X = j)$$

von X unter der Bedingung $X \leq k$ stabilisieren (siehe (1.16)). Nach (9.4) gilt $P(X \leq k) = \frac{k}{k+1}$, und mit (9.1) folgt

$$E[X|X \leq k] = \frac{k+1}{k} \sum_{j=1}^{k} \frac{1}{j+1} = \frac{k+1}{k}(H_{k+1} - 1),$$

wobei allgemein $H_\ell = 1 + \frac{1}{2} + \ldots + \frac{1}{\ell}$ die *ℓ-te harmonische Zahl* bezeichnet (vgl. Abschn. A.2). Wegen $H_n \approx \ln n + C$ mit der *Euler-Mascheroni-Konstanten* $C = 0,57721\ldots$ (siehe Abschn. A.2) folgt

$$E[X|X \leq k] \approx \ln k + C - 1. \tag{9.6}$$

Abbildung 9.3 zeigt die Erwartungswerte $E[X|X \leq k]$ sowie ein Schaubild der in (9.6) gegebenen approximativen Werte.

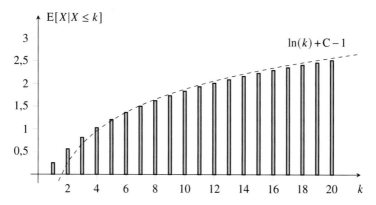

Abb. 9.3. Bedingte Erwartungswerte und Approximation (9.6)

Für das Zahlenbeispiel $k = 10.000$ ergibt sich der auf zwei Nachkommastellen gerundete Wert 8,79. Erhalten wir also die Information, dass die rote Kugel bis spätestens zum 10. 000. Zug gezogen wurde, so tritt sie im Mittel nach knapp neun Zügen und damit sehr früh auf.

9.2 Eine rote und s schwarze Kugeln

Wir nehmen nun allgemeiner an, dass die Urne zu Beginn eine rote und s schwarze Kugeln enthält, wobei zunächst $s = 2$ vorausgesetzt sei. Wird jetzt (unter Beibehaltung der Ziehungsmodalitäten) die rote Kugel immer noch mit Wahrscheinlichkeit eins in endlicher Zeit gezogen? Was sagt Ihr Bauchgefühl in den Fällen $s = 1000$ oder $s = 1.000.000$? Wird diese Wahrscheinlichkeit immer kleiner, je größer s ist, und konvergiert sie vielleicht bei wachsendem s gegen null? Bezeichnet X_s die Anzahl der Züge, bis die rote Kugel erscheint, so würde man vielleicht erst den Spezialfall $s = 2$ angehen. Die Wahrscheinlichkeit des

Ereignisses $\{X_2 > k\}$, dass die rote Kugel in keinem der ersten k Züge auftritt, ist nach der ersten Pfadregel gleich

$$P(X_2 > k) = \frac{2}{3} \cdot \frac{3}{4} \cdot \ldots \cdot \frac{k}{k+1} \cdot \frac{k+1}{k+2} = \frac{2}{k+2}. \tag{9.7}$$

Die Wahrscheinlichkeit des komplementären Ereignisses, dass die rote Kugel spätestens nach k Zügen auftritt, ist demnach

$$P(X_2 \leq k) = 1 - \frac{2}{k+2}.$$

Da dieser Ausdruck für $k \to \infty$ gegen eins konvergiert, wird klar, dass auch in diesem Fall die rote Kugel mit Wahrscheinlichkeit eins in endlicher Zeit gezogen wird.

Was passiert nun bei allgemeinem s? Da die Urne zu Beginn eine rote und s schwarze Kugeln enthält, ist die Wahrscheinlichkeit dafür, dass die rote Kugel in keinem der ersten k Züge auftritt, also das Ereignis $\{X_s > k\}$ eintritt, nach der ersten Pfadregel in Verallgemeinerung von (9.7) gleich

$$P(X_s > k) = \frac{s}{s+1} \cdot \frac{s+1}{s+2} \cdot \ldots \cdot \frac{s+k-2}{s+k-1} \cdot \frac{s+k-1}{s+k} = \frac{s}{s+k}.$$

Der Übergang zum Gegenereignis liefert jetzt

$$P(X_s \leq k) = 1 - \frac{s}{s+k}, \quad k \geq 1. \tag{9.8}$$

Obwohl diese Wahrscheinlichkeit für *festes* k bei wachsendem s gegen null konvergiert, strebt sie – und das ist der springende Punkt – bei *festem, noch so großem* s beim Grenzübergang $k \to \infty$ gegen eins. An dieser Stelle dämmert es vielleicht, welche „Kraft" hinter dem Unendlichkeitsbegriff steht. Die Sprechweise „in endlicher Zeit" bedeutet ja gerade, dass man beliebig viele Ziehungen machen darf.

Aus (9.8) kann man durch Differenzbildung die Wahrscheinlichkeit $P(X_s = k)$, $k \geq 2$, zu

$$P(X_s = k) = P(X_s \leq k) - P(X_s \leq k-1)$$
$$= 1 - \frac{s}{s+k} - \left(1 - \frac{s}{s+k-1}\right)$$
$$= \frac{s}{(s+k-1)(s+k)}$$

erhalten. Diese Darstellung gilt auch für $k = 1$, und sie enthält den Spezialfall $s = 1$.

Die Situation einer Urne mit einer roten und s schwarzen Kugeln kann auch in Szenario 1 auftreten, *wenn* die ersten $s - 1$ Züge jeweils eine schwarze Kugel ergaben, also das Ereignis $\{X \geq s\}$ eintritt. Die Ausgangssituation einer Urne mit einer roten und s schwarzen Kugeln ergibt sich also in Szenario 1 *unter der Bedingung* $\{X \geq s\}$. Da für jedes $j \geq 1$ das Eintreten des Ereignisses $\{X = s + j - 1\}$ unter obiger Bedingung aus stochastischer Sicht gleichbedeutend damit ist, dass das Ereignis $\{X_s = j\}$ eintritt, gilt

$$P(X_s = j) = P(X = s + j - 1 | X \geq s).$$

Nach Definition der bedingten Wahrscheinlichkeit und der Tatsache, dass wegen $j \geq 1$ aus dem Ereignis $\{X = s + j - 1\}$ das Ereignis $\{X \geq s\}$ folgt, ergibt sich

$$P(X_s = j) = \frac{P(X = s + j - 1)}{P(X \geq s)}, \quad j \geq 1. \tag{9.9}$$

Diese begrifflich hergeleitete Gleichung zeigt, dass die Verteilung von X_s gleich der *bedingten Verteilung von $X - s + 1$ unter der Bedingung $X \geq s$* ist. Alternativ kann man (9.9) auch durch Einsetzen mithilfe von (9.1) (mit $k = s + j - 1$) und wegen $P(X \geq s) = P(X > s - 1)$) aus (9.3) (mit $n = s - 1$) herleiten.

9.3 Zwei rote Kugeln (die zweite bewirkt Wunder)

Wir legen jetzt *zwei rote* und (zunächst) *eine schwarze* Kugel in die Urne. Wieder interessiert uns die nun mit Y bezeichnete Anzahl der Züge, bis *eine der beiden roten Kugeln* gezogen wird. Dabei legen wir wie bisher beim Ziehen einer schwarzen Kugel diese sowie eine weitere schwarze Kugel in die Urne zurück.

Sechs jeweils auf 10^6 Wiederholungen fußende Simulationen dieses Szenarios mithilfe der frei zugänglichen Statistiksoftware R ergaben als Mittelwerte der Realisierungen von Y die Werte $1,9954$; $2,0052$; $2,0031$; $1,9975$; $1,9935$ und $1,9996$. Dabei wurde jeweils auf vier Nachkommastellen gerundet. Aufgrund dieser Ergebnisse kann man vermuten, dass $E(Y) = 2$ gilt. Wir werden sehen!

Interessant sind auch die sechs jeweils maximalen Wartezeiten, bis eine der beiden roten Kugeln gezogen wurden. Sie betragen 1363, 1891, 1670, 1407, 1556 und 1907. Zumindest für manche wirkt ein derartiges Vorgehen motivierend, die Vermutung $E(Y) = 2$ auch mit Mitteln der Wahrscheinlichkeitsrechnung zu begründen. Außerdem wird eine sinnvolle Vernetzung zur Informatik hergestellt.

Um den Erwartungswert von Y herzuleiten, betrachten wir die Wahrscheinlichkeit, k-mal hintereinander eine schwarze Kugel zu ziehen, also die Wahrscheinlichkeit des Ereignisses $\{Y > k\}$. Mithilfe der ersten Pfadregel folgt

$$P(Y > k) = \frac{1}{3} \cdot \frac{2}{4} \cdot \frac{3}{5} \cdot \ldots \cdot \frac{k}{k+2} = \frac{2}{(k+1)(k+2)}, \quad k \geq 1. \tag{9.10}$$

Außerdem gilt $P(Y > 0) = 1$. Durch Übergang zum Gegenereignis ergibt sich mit

$$P(Y \leq k) = 1 - \frac{2}{(k+1)(k+2)}$$

ein Ausdruck für die Wahrscheinlichkeit, eine der beiden roten Kugeln nach spätestens k Zügen zu erhalten. Da für $k \to \infty$ Konvergenz gegen eins vorliegt, zieht man – was jetzt nicht mehr verwunderlich ist – eine der beiden roten Kugeln mit Wahrscheinlichkeit eins in endlicher Zeit. Überraschenderweise bewirkt die zweite rote Kugel, dass der Erwartungswert der Wartezeit endlich wird, denn es gilt

$$P(Y = k) = P(Y \le k) - P(Y \le k - 1)$$

$$= \frac{2}{k(k+1)} - \frac{2}{(k+1)(k+2)}$$

$$= \frac{4}{k(k+1)(k+2)}$$

und damit

$$E(Y) = \sum_{k=1}^{\infty} k \cdot P(Y = k) = 4 \sum_{k=1}^{\infty} \frac{1}{(k+1)(k+2)}. \qquad (9.11)$$

Wegen

$$\frac{1}{(k+1)(k+2)} = \frac{1}{k+1} - \frac{1}{k+2}$$

ist ein aus n Summanden bestehendes Anfangsstück der in (9.11) stehenden unendlichen Reihe aufgrund eines Auslöschungseffekts gleich $\frac{1}{2} - \frac{1}{n+2}$ und somit der Wert der unendlichen Reihe gleich $\frac{1}{2}$. Für den Erwartungswert von Y ergibt sich somit wie vermutet

$$E(Y) = 2.$$

Was passiert nun, wenn wir weitere schwarze Kugeln hinzunehmen? Starten wir anfangs mit zwei roten und s schwarzen Kugeln und bezeichnen die zufällige Anzahl der Züge, bis eine der beiden roten Kugeln gezogen wird, mit Y_s, so ist zu vermuten, dass auch für allgemeines s der Erwartungswert von Y_s existiert. Zu vermuten ist auch, dass es bei zunehmender Anzahl schwarzer Kugeln im Mittel länger dauern wird, eine rote Kugel zu ziehen. Der Erwartungswert von Y_s sollte also mit s monoton wachsen. Wir wollen herausfinden, ob das der Fall ist, und versuchen hierzu, Darstellung (9.5) gewinnbringend zu verwenden. Da das Ereignis $\{Y_s \ge j\}$ genau dann eintritt, wenn die ersten $j - 1$ Züge jeweils eine schwarze Kugel hervorbringen, folgt mit der ersten Pfadregel nach Wegkürzen von gemeinsamen Faktoren in Zähler und Nenner

$$P(Y_s \ge j) = \prod_{\ell=0}^{j-2} \frac{s+\ell}{s+\ell+2} = \frac{s(s+1)}{(s+j-1)(s+j)},$$

was sich im Spezialfall $s = 1$ auf (9.10) reduziert. Mithilfe von (9.5) ergibt sich

$$E(Y) = s(s+1) \sum_{j=1}^{\infty} \frac{1}{(s+j-1)(s+j)}.$$

Wegen

$$\frac{1}{(s+j-1)(s+j)} = \frac{1}{s+j-1} - \frac{1}{s+j}$$

stellt sich bei der Summation auch hier ein Auslöschungseffekt ein. Dieser zeigt, dass der Wert der unendlichen Reihe gleich $\frac{1}{s}$ ist, und es folgt

$$E(Y_s) = s + 1, \qquad (9.12)$$

was sich mit dem Ergebnis im vorher betrachteten Spezialfall $s = 1$ deckt.

Durch folgende Überlegung kann man auch eine Rekursionsformel für $E(Y_s)$ in Abhängigkeit von s herleiten. Wir betrachten den ersten Zug aus der mit zwei roten und s schwarzen Kugeln gefüllten Urne. Bezeichnen wir die Ereignisse, in diesem Zug eine rote bzw. eine schwarze Kugel zu ziehen, mit R bzw. S, so liefert die Formel (1.15) vom totalen Erwartungswert die Gleichung

$$E(Y_s) = E(Y_s|R) \cdot P(R) + E(Y_s|S) \cdot P(S). \tag{9.13}$$

Dabei bezeichnen $E(Y_s|R)$ und $E(Y_s|S)$ die Erwartungswerte von Y_s unter der Bedingung R bzw. S. In (9.13) unmittelbar bekannt sind $P(R) = \frac{2}{s+2}$ und $P(S) = \frac{s}{s+2}$. Da unter der Bedingung R die Zufallsvariable Y_s den Wert 1 annimmt, gilt $E(Y_s|R) = 1$. Um den zweiten bedingten Erwartungswert zu bestimmen, stellen wir folgende Überlegung an: Tritt im ersten Zug eine schwarze Kugel auf, so haben wir einerseits einen im Hinblick auf das Ziehen einer roten Kugel vergeblichen, mitzuzählenden Versuch gemacht, zum anderen befinden wir uns vor dem nächsten Zug in der Situation, dass die Urne jetzt neben den beiden roten Kugeln $s+1$ schwarze Kugeln enthält. Der Erwartungswert der nötigen Züge bis zum Auftreten einer roten Kugel ist dann $E(Y_{s+1})$. Es gilt also

$$E(Y_s|S) = 1 + E(Y_{s+1}). \tag{9.14}$$

Einsetzen in (9.13) liefert dann nach kurzer Rechnung die Rekursionsformel

$$E(Y_{s+1}) = \frac{s+2}{s} \left(E(Y_s) - 1 \right). \tag{9.15}$$

Mit der Anfangsbedingung $E(Y_1) = 2$ folgt jetzt (9.12) auch induktiv aus obiger Rekursion.

9.4 Rezeptfreies Material

Video 9.1: „Unerwartete Erwartungswerte beim Pólyaschen Urnenmodell"

`https://www.youtube.com/watch?v=qPAwfPHVQdQ&t=24s`

9.5 Aufgaben

Aufgabe 9.1
Eine Schachtel enthält eine rote und s schwarze Kugeln. Es wird wiederholt rein zufällig eine Kugel gezogen, wobei beim Ziehen einer schwarzen Kugel diese und eine weitere schwarze Kugel in die Urne gelegt und der Inhalt wieder gut gemischt wird. Die Zufallsgröße X ist die Anzahl der Züge, bis die rote Kugel gezogen wird. Wie kannst du aus der Gleichung

$$P(X > 2) = \frac{1}{2}$$

die Anzahl s der schwarzen Kugeln bestimmen?

Aufgabe 9.2
Es wird wie in Aufgabe 9.1 gezogen, nur mit dem Unterschied, dass zu Beginn eine rote und drei schwarze Kugeln vorhanden sind. Wie dort bezeichnet X die Anzahl der Ziehungen, bis die rote Kugel gezogen wird. Berechne, wie groß n mindestens sein muss, damit

$$P(X > n) < \frac{1}{10}$$

gilt.

Aufgabe 9.3
Leite aus (9.14) die Rekursionsformel (9.15) her.

Aufgabe 9.4
Leite (9.12) aus der Rekursionsformel (9.15) her.

10

*Muster bei Bernoulli-Folgen – Erwartungswerte

In diesem Kapitel geht es um etwas ausgesprochen Kurioses.

Beim zweimaligen Werfen einer fairen Münze mit den Seiten Kopf (1) und Zahl (0) besitzt jedes der beiden Ergebnisse 11 und 01 die Wahrscheinlichkeit $\frac{1}{4}$. Zählt man jedoch die Anzahl der nötigen Versuche, bis zum ersten Mal direkt hintereinander 11 bzw. 01 aufgetreten sind, so benötigt man für 11 auf die Dauer im Mittel sechs Versuche, für 01 jedoch nur vier.

Wir gehen diesem Phänomen auf den Grund und betrachten allgemeiner unabhängige Bernoulli-Versuche mit gleicher Trefferwahrscheinlichkeit p, wobei $0 < p < 1$ gelte. Weiter sei $m = m_1 m_2 \ldots m_\ell$ eine als *Muster der Länge* ℓ bezeichnete Sequenz von insgesamt ℓ Einsen und Nullen. So sind etwa 01 und 11 Muster der Länge zwei, und 01001 ist ein Muster der Länge fünf. Die Zufallsgröße W_m bezeichne die Anzahl der Versuche, bis das Muster m erstmals aufgetreten ist. Abbildung 10.1 zeigt die Ergebnisse von 200 Würfen

```
1 1 0 1 1 1 0 0 0 0 1 1 0 1 1 1 0 1 0 1 0 1 1 0 0 0 1 1 1 1 0 1 0 0 0 0 1 1 0 0
1 1 0 1 1 1 1 0 0 1 1 0 0 0 1 0 1 1 1 0 1 1 1 1 1 0 1 1 0 1 1 0 1 1 1 1 0 0 0 1
1 0 1 0 0 1 0 0 0 1 1 0 0 0 0 0 1 1 0 1 0 1 0 0 0 1 0 1 0 1 1 1 1 1 1 1 0 0 1 1
0 0 1 0 1 1 0 1 1 0 1 1 0 1 1 0 1 0 1 0 0 0 1 1 1 0 1 0 1 0 1 0 0 1 0 1 1 1 1 0
0 0 1 0 0 1 1 0 0 0 0 0 0 1 1 1 1 0 0 1 0 1 0 1 0 1 0 1 0 0 1 1 0 1 0 1 0 0 0 1 1 0
```

Abb. 10.1. Ergebnisse von 200 Münzwürfen (zeilenweise gelesen)

mit einer handelsüblichen Münze. Für diese Daten nehmen die Zufallsgrößen W_{11} und W_{01} die Werte 2 bzw. 4 an. Auf das Muster 01001 wartet man deutlich länger. Es tritt erstmals nach dem 86. Wurf auf; es gilt also $W_{01001} = 86$.

10.1 Eine Schranke für den Erwartungswert von W_m

Wir überlegen uns zunächst, dass – ganz egal, wie lang das Muster m ist und wie es aussieht – der Erwartungswert von W_m endlich ist. Dies ist zunächst gar nicht selbstverständlich,

© Der/die Autor(en), exklusiv lizenziert durch
Springer-Verlag GmbH, DE, ein Teil von Springer Nature 2021
N. Henze et al., *Stochastik rezeptfrei unterrichten*,
https://doi.org/10.1007/978-3-662-62744-0_10

denn für die zufällige Anzahl G der Bernoulli-Versuche, bis zum ersten Mal gleich viele Treffer (1) wie Nieten (0) aufgetreten sind, gilt $E(G) = \infty$, und zwar überraschenderweise auch im Fall $p = \frac{1}{2}$ (siehe z. B. [14], Satz 2.9).

Warum gilt jedoch – angesichts von $E(G) = \infty$ entgegen jeglicher Intuition – $E(W_m) < \infty$? Warum wartet man also etwa auf das Muster 0111010010 der Länge zehn mit gleich vielen Treffern wie Nieten im Mittel nur endliche viele Versuche, obwohl man für den ersten Gleichstand zwischen Treffern und Nieten im Mittel unendlich viele Bernoulli-Versuche nötig sind? Wichtig ist, dass wir die komplizierte Verteilung von W_m, also die Wahrscheinlichkeiten $P(W_m = k)$, $k = m, m+1, \ldots$, gar nicht kennen müssen, um diese Frage zu beantworten. Die entscheidende, zunächst anhand eines Musters $m = m_1 \cdots m_5$ der Länge fünf angestellte Überlegung ist die folgende: Wir teilen die Bernoulli-Versuche in Fünfergruppen auf. Wird das Ergebnis des j-ten Bernoulli-Versuchs durch die Zufallsgröße X_j modelliert ($j = 1, 2, \ldots$), so besteht die erste Fünfergruppe aus $X_1, \ldots, X_5$, die zweite aus $X_6, \ldots, X_{10}$ etc. Allgemein wird die k-te Fünfergruppe aus den Zufallsgrößen $X_{(k-1)5+1}, X_{(k-1)5+2}, \ldots, X_{k \cdot 5}$ gebildet ($k = 1, 2, \ldots$). Wir setzen jetzt eine „Fünfergruppen-brille" auf und sagen, dass in der k-ten Fünfergruppe ein „Mustertreffer" auftritt, falls das Muster m in dieser Fünfergruppe realisiert wird. Formal ordnen wir damit der k-ten Fünfergruppe eine mit Y_k bezeichnete Indikatorfunktion zu (vgl. S. 7), indem wir

$$Y_k := \mathbf{1}\big\{X_{(k-1)5+1} = m_1, X_{(k-1)5+2} = m_2, \ldots, X_{k \cdot 5} = m_5\big\}$$

setzen. Die Realisierungen $Y_k = 1$ bzw. $Y_k = 0$ geben dann an, ob in der k-ten Fünfergruppe ein „Mustertreffer" auftritt oder nicht.

Da die Zufallsgrößen $X_1, X_2, \ldots$ stochastisch unabhängig sind und die $Y_1, Y_2, \ldots$ aus disjunkten Gruppen der X_j gebildet werden, sind auch sie stochastisch unabhängig. Enthält das Muster m der Länge fünf s Einsen und damit $5 - s$ Nullen, so gilt $P(Y_k = 1) = w$, wobei $w := p^s(1-p)^{5-s}$ die Wahrscheinlichkeit für einen Mustertreffer ist. Somit modellieren die Zufallsgrößen $Y_1, Y_2, \ldots$ unabhängige Bernoulli-Versuche mit gleicher (Muster-) Trefferwahrscheinlichkeit w. Bezeichnen wir mit Z die Nummer der ersten Fünfergruppe, in der das Muster m realisiert wird, so beschreibt die Zufallsgröße Z die Anzahl der Versuche bis zum ersten (Muster-)Treffer in der Bernoulli-Folge $Y_1, Y_2, \ldots$, und es gilt

$$E(Z) = \frac{1}{w} < \infty$$

(vgl. S. 18).

Das Muster m kann aber auch schon vorher auftreten, nämlich *zwischen* zwei Fünfergruppen. Abbildung 10.2 zeigt diesen Sachverhalt für die Daten aus Abb. 10.1 anhand des Musters $m = 10110$. Schaut man sich nur die Fünfergruppen an, so wird dieses Muster zum ersten Mal in der 26. Gruppe realisiert. Setzt man jedoch die einschränkende „Gruppen-brille" ab, so ist dieses Muster schon nach dem 24. Wurf, also anschaulich zwischen zwei Fünfergruppen, aufgetreten.

Wegen der Monotonie der Erwartungswertbildung gilt also (elementweise auf dem auf S. 14 eingeführten Grundraum für unendlich viele Bernoulli-Versuche) die Ungleichung $W_m \leq 5 \cdot Z$ und somit $E(W_m) \leq 5 \cdot E(Z) \leq \frac{5}{w} < \infty$.

```
1 1 0 1 1 | 1 0 0 0 0 | 1 1 0 1 1 | 1 0 1 0 1 0 1 1 0 0 | 0 1 1 1 1 | 0 1 0 0 0 | 0 1 1 0 0
1 1 0 1 1 | 1 1 0 0 1 | 1 0 0 0 1 | 0 1 1 1 0 | 1 1 1 1 1 | 0 1 1 0 1 | 1 0 1 1 1 | 1 0 0 0 1
1 0 1 0 0 | 1 0 0 0 1 | 1 0 0 0 0 | 0 1 1 0 1 | 0 1 0 0 0 | 1 0 1 0 1 | 1 1 1 1 1 | 1 0 0 1 1
0 0 1 0 1 | 1 0 1 1 0 | 1 1 0 1 1 | 0 1 0 1 0 | 0 0 1 1 1 | 0 1 0 1 0 | 1 0 0 1 0 | 1 1 1 1 0
0 0 1 0 0 | 1 1 0 0 0 | 0 0 0 1 1 | 1 1 0 0 1 | 0 1 0 1 0 | 1 0 0 1 1 | 0 1 0 1 0 | 0 0 1 1 0
```

Abb. 10.2. Zum Auftreten des Musters 10110

Natürlich ist die Idee, Gruppen einzuführen und eine neue, „eingebettete Folge von Bernoulli-Versuchen für die Gruppen" zu betrachten, nicht auf Muster und damit Gruppen der Länge fünf beschränkt. Besitzt ein Muster der Länge ℓ die Wahrscheinlichkeit w für das Auftreten in den ersten ℓ Bernoulli-Versuchen, so gilt die Ungleichung

$$E(W_m) \leq \frac{\ell}{w}. \tag{10.1}$$

Wir haben also eine obere Schranke für den Erwartungswert der (in der Anzahl der Würfe bis zum erstmaligen Auftreten des Musters gemessenen) *Wartezeit* auf das Muster erhalten. Aus (10.1) ergeben sich insbesondere die Ungleichungen

$$E(W_{11}) \leq \frac{2}{p^2}, \quad E(W_{01}) \leq \frac{2}{p(1-p)}$$

und damit im Spezialfall $p = \frac{1}{2}$ die Schranken $E(W_{11}) \leq 8$, $E(W_{01}) \leq 8$.

10.2 Muster der Länge 2

Wir werden jetzt Methoden vorstellen, mit deren Hilfe sich der Erwartungswert $E(W_m)$ für ein beliebiges Muster bestimmen lässt und beginnen dazu mit dem einfachsten Fall von Mustern der Länge 2 (siehe hierzu auch das Video 10.1). Eine schlagkräftige Methode ist hier die Formel (1.15) vom totalen Erwartungswert. Zu deren Anwendung benötigen wir paarweise disjunkte Ereignisse $A_1, \ldots, A_n$ mit jeweils positiven Wahrscheinlichkeiten, die eine Zerlegung des Grundraums Ω bilden, für die also die Gleichung $\Omega = A_1 \cup \ldots \cup A_n$ erfüllt ist. Es gilt dann

$$E(W_m) = \sum_{j=1}^{n} E_{A_j}(W_m)P(A_j). \tag{10.2}$$

Wir wenden diese Beziehung zunächst auf die Situation an, dass wir auf den ersten Doppeltreffer, also das Muster 11, warten. Diese Situation ist in Abb. 10.3 links in Form eines *Zustandsgraphen* dargestellt. Dabei setzen wir von jetzt an kurz $q := 1 - p$.

Vom Startzustand S aus erzielen wir mit Wahrscheinlichkeit p einen Treffer und befinden uns dann im Zustand 1. Tritt jedoch eine Niete auf, was mit Wahrscheinlichkeit q passiert, so bleiben wir im Startzustand. Sind wir im Zustand 1, so bringt uns ein weiterer Treffer in den Endzustand 11. Eine Niete wirft uns aber wieder in den Startzustand S zurück. Die

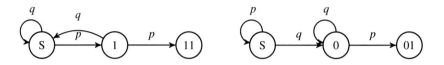

Abb. 10.3. Zustandgraph beim Warten auf 11 (links) und auf 01 (rechts)

Idee, wie man an den Erwartungswert von W_{11} gelangt, ist Folgende: Wir setzen in (10.2) $n = 3$ und definieren die paarweise disjunkten Ereignisse

$$A_1 := \{X_1 = 0\}, \quad A_2 := \{X_1 = 1, X_2 = 0\}, \quad A_3 := \{X_1 = 1, X_2 = 1\},$$

treffen also eine Fallunterscheidung nach dem Beginn der Bernoulli-Versuche.

Das Ereignis A_1 besagt, dass der erste Bernoulli-Versuch eine Niete ergibt. Das Ereignis A_2 tritt ein, wenn auf einen Treffer zu Beginn direkt eine Niete folgt, und A_3 bedeutet, dass gleich zu Beginn zwei Treffer auftreten. Es gelten $P(A_1) = q$, $P(A_2) = pq$ und $P(A_3) = p^2$. Um (10.2) gewinnbringend anwenden zu können, benötigen wir also nur noch die auftretenden bedingten Erwartungswerte $E_{A_j}(W_m)$, $j = 1, 2, 3$.

Aufgrund der stochastischen Unabhängigkeit der Zufallsgrößen $X_1, X_2, \ldots$ gilt

$$E_{A_1}(W_{11}) = 1 + E(W),$$

denn man hat unter der Bedingung A_1 einen im Hinblick auf das Erreichen des Musters 11 vergeblichen (mitzuzählenden) Versuch gemacht und befindet sich danach wieder in der Ausgangssituation. In gleicher Weise ergibt sich

$$E_{A_2}(W_{11}) = 2 + E(W),$$

da zwei in der Summe vergebliche Versuche vorliegen. Für den noch fehlenden bedingten Erwartungswert gilt $E_{A_3}(W_{11}) = 2$, denn nach einem Doppeltreffer gleich zu Beginn der Bernoulli-Versuche ist W_{11} mit Wahrscheinlichkeit eins gleich 2. Gleichung (10.2) nimmt also die Gestalt

$$E(W_{11}) = \big(1 + E(W_{11})\big) \cdot q + \big(2 + E(W_{11})\big) \cdot pq + 2 \cdot p^2$$

an. Lösen wir jetzt nach $E(W_{11})$ auf, so ergibt sich

$$E(W_{11}) = \frac{1}{p} + \frac{1}{p^2} \tag{10.3}$$

und damit insbesondere $E(W_{11}) = 6$ im Spezialfall $p = \frac{1}{2}$. Ersetzen wir jetzt gedanklich Treffer durch Niete und umgekehrt, so ergibt sich aus Symmetriegründen auch sofort der Erwartungswert auf das Muster 00 zu $E(W_{00}) = \frac{1}{q} + \frac{1}{q^2}$.

Wie ist es beim Muster 01? Ein Blick auf den rechten Zustandsgraphen in Abb. 10.3 zeigt, dass man vom Start aus mit Wahrscheinlichkeit q in den Zustand 0 gelangt, und mit Wahrscheinlichkeit p verbleibt man im Startzustand. Ist man im Zustand 0, so erreicht man mit Wahrscheinlichkeit p den Endzustand 01. Mit Wahrscheinlichkeit q bleibt man im Zustand 0 und wird *nicht* in den Startzustand S zurückgeworfen, weil man ja beliebige viele Nieten produzieren kann, bevor der ersehnte Treffer kommt.

Wir wenden jetzt wieder (10.2) an, machen aber zweckmäßigerweise nur eine Fallunterscheidung danach, ob der erste Versuch einen Treffer oder eine Niete ergibt, setzen also $A_1 := \{X_1 = 1\}$, $A_2 := \{X_1 = 0\}$. Es gelten $P(A_1) = p$ sowie $P(A_2) = q$. Weiter gilt $E_{A_1}(W_{01}) = 1 + E(W_{01})$, weil ein Treffer nur einen mitzuzählenden vergeblichen Versuch im Hinblick auf das Muster 01 darstellt. Doch was ist mit dem bedingten Erwartungswert $E_{A_2}(W_{01})$? Hier starten wir mit einer nützlichen 0 und warten danach auf die erste 1, also den ersten Treffer bei Bernoulli-Versuchen mit Trefferwahrscheinlichkeit p. Der Erwartungswert dieser Wartezeit ist gleich $\frac{1}{p}$, und da wir den ersten Versuch zählen müssen, gilt $E_{A_2}(W_{01}) = 1 + \frac{1}{p}$. Gleichung (10.2) nimmt also die Gestalt

$$E(W_{01}) = \left(1 + E(W_{01})\right) \cdot p + \left(1 + \frac{1}{p}\right) \cdot q$$

an, und Auflösen nach $E(W_{01})$ liefert

$$E(W_{01}) = \frac{1}{pq} = E(W_{10}).$$

Dabei folgt das zweite Gleichheitszeichen aus Symmetriegründen. Setzt man speziell $p = \frac{1}{2}$, so ergibt sich die mittlere Wartezeit auf das Auftreten des Musters 01 zu vier. Sie ist somit kleiner als die ensprechende mittlere Wartezeit auf das Muster 11.

Schüleraktivität

Um das Muster 10 zu erhalten, muss man ja zunächst den ersten Treffer erzielen und danach die erste Niete. Wir wissen, dass man allgemein bei unabhängigen Bernoulli-Versuchen mit gleicher Trefferwahrscheinlichkeit w im Mittel $\frac{1}{w}$ Versuche auf den ersten Treffer wartet. Wie kann man hieraus ableiten, dass man im Mittel $\frac{1}{p} + \frac{1}{q}$ Versuche benötigt, bis das Muster 10 aufgetreten ist?

Wir werden jetzt tiefere Einsichten in dieses Phänomen erhalten, das mit der Selbstüberlappung von Mustern zu tun hat.

10.3 Muster der Länge 3

Zunächst überlegen wir uns, ob Gleichung (10.2) auch für Muster der Länge 3 nützlich ist. Abbildung 10.4 zeigt den Zustandsgraphen beim Warten auf das Muster 111, also einen „Tripeltreffer".

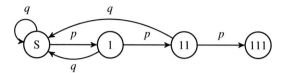

Abb. 10.4. Zustandsgraph beim Warten auf 111

Zu Beginn befinden wir uns im Startknoten S. Der erste Treffer bringt uns in den Knoten 1. Eine anschließende Niete wirft uns in den Startknoten zurück, aber ein weiterer Treffer lässt uns in den Knoten 11 vorangehen. Durch eine anschließende Null würden wir wieder komplett zurückgeworfen, und nur durch einen weiteren Treffer erreichen wir das gewünschte Muster. Um (10.2) anzuwenden, bietet es sich hier an, eine Zerlegung des Grundraums in die vier sich paarweise ausschließenden Ereignisse

$$A_1 := \{X_1 = 0\}, \quad A_2 := \{X_1 = 1, X_2 = 0\},$$
$$A_3 := \{X_1 = X_2 = 1, X_3 = 0\}, \quad A_4 := \{X_1 = X_2 = X_3 = 1\}$$

vorzunehmen. Die Wahrscheinlichkeiten dieser Ereignisse sind der Reihe nach q, pq, $p^2 q$ und p^3, und mit analogen Begründungen wie beim Muster 11 gelten

$$E_{A_1}(W_{111}) = 1 + E(W_{111}), \quad E_{A_2}(W_{111}) = 2 + E(W_{111}),$$
$$E_{A_3}(W_{111}) = 3 + E(W_{111}), \quad E_{A_4}(W_{111}) = 3.$$

Mit $x := E(W_{111})$ erhalten wir also mit der Formel (10.2) vom totalen Erwartungswert die Gleichung

$$x = (1+x)q + (2+x)pq + (3+x)p^2 q + 3p^3.$$

Hieraus folgt

$$E(W_{111}) = \frac{1}{p} + \frac{1}{p^2} + \frac{1}{p^3}, \qquad E(W_{000}) = \frac{1}{q} + \frac{1}{q^2} + \frac{1}{q^3},$$

wobei die zweite Gleichung aus Symmetriegründen gilt. Für $p = \frac{1}{2}$ ergibt sich speziell $E(W_{111}) = 14$.

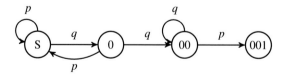

Abb. 10.5. Zustandsgraph beim Warten auf 001

Der Zustandsgraph beim Warten auf das Muster 001 besitzt die in Abb. 10.5 angegebene Gestalt. In diesem Fall gilt nach Aufgabe 10.4

$$E(W_{001}) = \frac{1}{pq^2}, \qquad E(W_{110}) = \frac{1}{p^2q}.$$

Dabei ergibt sich das zweite Gleichheitszeichen aus Symmetriegründen durch gedankliche Vertauschung von Treffer und Niete.

Damit es nicht langweilig wird, bringen wir bei den Mustern 011 und 100 eine neue Idee ins Spiel, nämlich die, dass man eine Wartezeit manchmal auch geschickt als Summe von Wartezeiten darstellen kann. Aus Symmetriegründen betrachten wir wieder nur das erste Muster. Der zugehörige Zustandsgraph ist in Abb. 10.6 dargestellt.

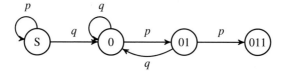

Abb. 10.6. Zustandsgraph beim Warten auf 011

Die neue Idee ist lässt sich so beschreiben: Die Wartezeit auf das Muster 011 hat die gleiche Verteilung wie folgende Zufallsgröße: Zunächst warten wir auf die erste Niete, und diese Wartezeit wird beschrieben durch die Zufallsgröße W_0. Jetzt kommt aber noch eine Wartezeit hinzu, nämlich die auf den ersten Doppeltreffer, und diese Zufallsgröße haben wir mit W_{11} bezeichnet. Unsere interessierende Zufallsgröße W_{011} hat also die gleiche Verteilung und damit auch den gleichen Erwartungswert wie $W_0 + W_{11}$. Da die Erwartungswertbildung additiv ist, folgt mit (10.3)

$$E(W_{011}) = E(W_0) + E(W_{11}) = \frac{1}{q} + \frac{1}{p} + \frac{1}{p^2} = \frac{1}{p^2q}.$$

Aus Symmetriegründen gilt dann $E(W_{100}) = \frac{1}{pq^2}$.

Für die noch fehlenden Muster 101 und 010 verfolgen wir jetzt die gleiche Idee, es wird aber noch etwas spannender. Aus Symmetriegründen betrachten wir wieder nur das erste Muster, und Abb. 10.7 zeigt den zugehörigen Zustandsgraphen.

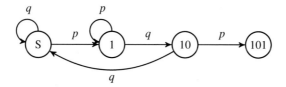

Abb. 10.7. Zustandsgraph beim Warten auf 101

Wir benötigen für das Erreichen des Musters zunächst einen ersten Treffer und danach eine erste Niete. Wenn wir im Zustand 10 angekommen sind, wird es interessant: Entweder wir benötigen nur einen weiteren Versuch, nämlich dann, wenn ein Treffer auftritt, was mit der Wahrscheinlichkeit p passiert. Bei einer Niete haben wir aber einen vergeblichen Versuch gemacht, und das Schlimme ist: Wir müssen dann zurück in den Startzustand, und alles geht von vorne los. Wie können wir diese Überlegungen mithilfe von Zufallsgrößen modellieren? Nun, die zufällige Wartezeit auf das Erreichen des Musters 101 hat die gleiche Verteilung wie eine *Summe von Wartezeiten*. Zunächst ist es die mit W_1 bezeichnete Wartezeit auf den ersten Treffer, und dann müssen wir die mit W_0 bezeichnete Anzahl der Versuche bis zur ersten Niete dazuzählen. Jetzt sind wir im Zustand 10 angelangt, und das, was jetzt noch an Wartezeit hinzukommt, hängt entscheidend vom Ergebnis des nächsten Versuchs ab. Wir führen dazu eine Zufallsgröße ein, die wir V nennen, und die nur die Werte 1 und 0 annimmt, und zwar den Wert 1 mit der Wahrscheinlichkeit p und den Wert 0 mit der Wahrscheinlichkeit q. Das, was jetzt noch an Wartezeit hinzukommt, können wir dann nämlich elegant in der Form $V \cdot 1 + (1 - V) \cdot (1 + W_{101})$ schreiben. Ist V gleich 1, so kommt der Summand 1 hinzu, weil wir dann nach dem Erzielen des Treffers das Muster 101 erreicht haben. Ist aber $V = 0$, was mit der Wahrscheinlichkeit q passiert, so müssen wir dem einen vergeblichen Versuch noch einmal die gesamte Wartezeit hinzufügen, da wir wieder im Startzustand sind. Diese Überlegungen münden wegen $V + 1 - V = 1$ in die Darstellung

$$W_{101} \sim W_1 + W_0 + 1 + (1 - V)W_{101}.$$

Dabei bedeutet das Symbol $\sim$ Verteilungsgleichheit. Weil Verteilungsgleichheit die Gleichheit der Erwartungswerte nach sich zieht, ergibt sich aufgrund der Additivität der Erwartungswertbildung

$$E(W_{101}) = \frac{1}{p} + \frac{1}{q} + 1 + E\big[(1 - V)W_{101}\big].$$

Da die Zufallsvariablen V und W_{101} stochastisch unabhängig sind (W_{101} beschreibt ja die Wartezeit auf das Muster 101, *nachdem* die Realisierung von V den Wert 0 ergeben hat), gilt nach der Multiplikationsregel für Erwartungswerte auf S. 16 sowie $E(1 - V) = q$

$$E(W_{101}) = \frac{1}{p} + \frac{1}{q} + 1 + q \cdot E(W_{101}).$$

Hieraus folgt

$$E(W_{101}) = \frac{1}{p^2 q} + \frac{1}{p}, \quad E(W_{010}) = \frac{1}{pq^2} + \frac{1}{q}. \tag{10.4}$$

Dabei gilt das zweite Gleichheitszeichen wiederum aus Symmetriegründen.

10.4 Allgemeine Muster: Ein faires Spiel

Prinzipiell kann man auch für längere Muster versuchen, entweder mit der Formel vom totalen Erwartungswert oder mit einer geeigneten Zerlegung der Gesamtwartezeit zu arbeiten.

Was jetzt kommt, ist eine neuartige Idee, die – wenn man sie verstanden hat – dazu führt, dass man den Erwartungswert der Wartezeit auch für ein langes Muster sofort hinschreiben kann (siehe hierzu auch das Video 10.2). Wir können diese Idee in diesem Buch nur hinreichend plausibel machen, sodass jeder einsieht, dass die resultierenden Gleichungen gelten sollten. Man benötigt hier Martingaltheorie. Eine grundlegende Arbeit dazu ist [28].

Die Idee besteht darin, dass wir den Erwartungswert der Wartezeit auf ein Muster m als *erwartete Einnahmen bei einem fairen Spiel* auffassen. Die Grundidee sieht am Beispiel des Musters 101 so aus: Es gibt eine Bank, und es gibt Spieler. Vor jedem Bernoulli-Versuch setzt ein jeweils neu hinzukommender Spieler 1 Euro darauf, dass das Muster 101 in den nächsten drei Versuchen auftritt. Der Zusatz *neu hinzukommender* bedeutet, dass wirklich vor jedem Bernoulli-Versuch 1 Euro gesetzt wird. Theoretisch könnte das auch der Spieler, der vor dem ersten Versuch seinen Einsatz getätigt hat, auch vor dem zweiten Versuch tun etc. Das Spiel endet, wenn das Muster erstmals aufgetreten ist.

Wer erhält jetzt Geld zurück? Nun, der als Drittletzter eingestiegene Spieler hat ja auf das Muster 101 in den nächsten drei Versuchen gesetzt, und da die Wahrscheinlichkeit für das Auftreten dieses Musters in drei Versuchen gleich p^2q ist, erhält er den reziproken Wert ausgezahlt, damit das Spiel fair ist, denn er hat ja 1 Euro eingezahlt. Alle vorher eingestiegenen Spieler verlieren ihren jeweiligen Einatz, da das Muster 101 nicht in den nächsten drei Versuchen aufgetreten ist. Der vorletzte Spieler, der ja auch auf das Muster 101 gesetzt hat, geht ebenfalls leer aus, weil der vorletzte Versuch eine 0 ergab. Jetzt wird es interessant: Der zuletzt eingestiegene Spieler sollte auch noch etwas erhalten, denn auch er hatte auf das Muster 101 gesetzt.

Da zumindest das erste Symbol, also die Eins, stimmt, und diese mit Wahrscheinlichkeit p auftritt, erhält er $\frac{1}{p}$ Euro, damit auch für ihn das Spiel fair ist. Das Spiel ist nach Konstruktion für jeden Spieler fair in dem Sinne, dass der Erwartungswert der Auszahlung gleich dem Einsatz in Höhe von 1 Euro ist. Die Bank weiß von vornherein, was sie bei diesem Spiel auszahlen muss, nämlich $\frac{1}{p^2q} + \frac{1}{p}$ Euro. Die Gesamteinnahmen der Bank sind zufällig, und zwar sind es so viele Euro, wie man Versuche benötigt, um das Muster 101 zu erhalten, und das sind W_{101} Stück.

Da das Spiel auch für die Bank fair ist, müssen sich auf die Dauer Einnahmen und Ausgaben ausgleichen, weshalb die schon früher erhaltene Gleichung (10.4) gelten „muss". Wir haben das Wort „muss" in Anführungsstriche gesetzt, weil hier bei einem mathematischen Beweis Martingaltheorie eingeht.

Nach diesen Überlegungen ist es ein Leichtes, die Erwartungswerte der Wartezeiten auch auf längere Muster anzugeben. Als erstes Beispiel betrachten wir das Muster 1111. Da in der Deutung des eben beschriebenen Spiels der viertletzte Spieler $\frac{1}{p^4}$ Euro, der drittletzte Spieler $\frac{1}{p^3}$ Euro, der vorletzte Spieler $\frac{1}{p^2}$ Euro und der letzte Spieler $\frac{1}{p}$ Euro erhalten, ergibt sich der Erwartungswert der Wartezeit auf dieses Muster zu

$$E(W_{1111}) = \frac{1}{p^4} + \frac{1}{p^3} + \frac{1}{p^2} + \frac{1}{p}.$$

Natürlich kann man auch hier und bei den folgenden Mustern mit der Formel vom totalen Erwartungswert arbeiten, aber mit der Einsicht über die Deutung der Auszahlung bei dem oben beschriebenen Spiel kann man die Erwartungswerte jetzt direkt hinschreiben. Betrachten wir hierzu das Muster 101010. Dieses Muster enthält wie das Muster 1111 *Selbstüberlappungen*, denn sowohl 1010 als auch 10 sind Teilmuster davon. Hier erhält der sechstletzte Spieler $\frac{1}{p^3q^3}$ Euro ausbezahlt, der viertletzte Spieler noch $\frac{1}{p^2q^2}$ Euro und der vorletzte Spieler $\frac{1}{pq}$ Euro. Damit ist das Spiel für alle fair, und wir erhalten

$$E(W_{101010}) = \frac{1}{p^3q^3} + \frac{1}{p^2q^2} + \frac{1}{pq}.$$

Im Fall des Musters 101000 gibt es keinerlei Selbstüberlappungen, d. h., kein aus weniger als sechs Zeichen bestehendes Endstück des Musters ist zugleich Anfangsstück. In diesem Fall erhält nur der sechstletzte Spieler eine Auszahlung, und es folgt

$$E(W_{101000}) = \frac{1}{p^2q^4}.$$

Im Spezialfall $p = \frac{1}{2}$ kann man für ein beliebiges Muster $m = m_1 \dots m_\ell$ der Länge ℓ sogar einen geschlossenen Ausdruck für den Erwartungswert von W_m angeben. Da das Muster die Wahrscheinlichkeit $1/2^\ell$ besitzt, muss die Bank dem ℓ-letzten Spieler 2^ℓ Euro auszahlen. Es kann aber noch etwas hinzukommen. Und zwar kann für jedes j von 1 bis $\ell - 1$ der j-letzte Spieler 2^j Euro erhalten, wenn ein Endstück der Länge j im Muster identisch mit den ersten j Symbolen im Muster ist. Diesen Sachverhalt können wir durch einen Indikator ausdrücken, der genau dann gleich eins ist, wenn das erste Symbol im Muster gleich dem j-letzten, das zweite Symbol gleich dem $(j - 1)$-letzten etc., und das j-te Symbol gleich dem letzten ist. Diese Überlegungen schlagen sich in der Darstellung

$$E(W_m) = 2^\ell + \sum_{j=1}^{\ell-1} 2^j \mathbf{1}\{m_1 = m_{\ell-j+1}, m_2 = m_{\ell-j+2}, \dots, m_j = m_\ell\}$$

nieder.

10.5 Rezeptfreies Material

Video 10.1: „Muster in Bernoulli-Versuchen: Erwartungswerte I"

https://www.youtube.com/watch?v=BDE97ldvIXg&t=105s

Video 10.2: „Muster in Bernoulli-Versuchen: Erwartungswerte II"

https://www.youtube.com/watch?v=pE5W5ugM8sc

10.6 Aufgaben

Aufgabe 10.1
Zeige:

a) $P(W_{01} = 2) = P(W_{01} = 3) = pq$

b) $P(W_{01} = 4) = (1 - pq)pq$

c) $P(W_{01} = 5) = (p^3 + p^2q + pq^2 + q^3)pq$

Aufgabe 10.2
Zeige: Im Fall $p = \frac{1}{2}$ gilt

$$P(W_{01} = k) = (k-1)\left(\frac{1}{2}\right)^k, \quad k = 2, 3, \ldots$$

Aufgabe 10.3
Die Folge (f_n) der Fibonacci-Zahlen ist durch $f_1 := 1$, $f_2 := 1$ und die Rekursionsformel $f_{n+1} := f_n + f_{n-1}$, $n \geq 2$, definiert. Zeige: Im Fall $p = \frac{1}{2}$ gilt

$$P(W_{11} = k) = \frac{f_{k-1}}{2^k}, \quad k \geq 2.$$

Hinweis: Für $k \geq 4$ beginnt jede für das Eintreten des Ereignisses $\{W_{11} = k\}$ günstige Sequenz der Länge k aus Einsen und Nullen entweder mit 0 oder mit 10.

Aufgabe 10.4
Zeige:

$$E(W_{001}) = \frac{1}{pq^2}$$

Hinweis: Verwende Gleichung (10.2) mit

$$A_1 = \{X_1 = 1\}, \quad A_2 = \{X_1 = 0, X_2 = 1\}, \quad A_3 = \{X_1 = X_2 = 0\}.$$

11

*Muster bei Bernoulli-Folgen – Konkurrierende Muster

Wenn es um Wahrscheinlichkeiten geht, können ja manchmal überraschende Phänomene auftreten, und darum geht es auch in diesem Kapitel.

Jeder würde sagen: Wenn A besser ist als B und B besser als C, dann ist auch A besser als C. Diese Transitivität einer wie auch immer in einem konkreten Fall definierten „Besser-Relation" scheint zwingend zu sein, aber in der Stochastik ist das bisweilen anders. Beschriftet man etwa einen Würfel A auf je zwei seiner Seiten mit den Zahlen 1, 5 und 9 und analog Würfel B bzw. Würfel C mit 3, 4 und 8 bzw. 2, 6 und 7, so ist A besser als B in dem Sinne, dass beim gleichzeitigen Werfen von A und B Würfel A mit der Wahrscheinlichkeit $\frac{5}{9}$ eine größere Zahl als Würfel B zeigt. In gleicher Weise ist B besser als C, aber überraschenderweise ist Würfel C besser als A. Wie wir im Folgenden sehen werden, tritt ein solches Phänomen kurioserweise auch bei Mustern in Folgen von Bernoulli-Versuchen auf.

Tab. 11.1. Ergebnisse von 200 Münzwürfen (zeilenweise gelesen)

```
1 1 0 1 1 1 0 0 0 0 1 1 0 1 1 1 0 1 0 1 0 1 1 0 0 0 1 1 1 1 0 1 0 0 0 0 1 1 0 0
1 1 0 1 1 1 1 0 0 1 1 0 0 0 1 0 1 1 1 0 1 1 1 1 1 0 1 1 0 1 1 0 1 1 1 1 0 0 0 1
1 0 1 0 0 1 0 0 0 1 1 0 0 0 0 0 1 1 0 1 0 1 0 0 0 1 0 1 0 1 1 1 1 1 1 1 0 0 1 1
0 0 1 0 1 1 0 1 1 0 1 1 0 1 1 0 1 0 1 0 0 0 1 1 1 0 1 0 1 0 1 0 0 1 0 1 1 1 1 0
0 0 1 0 0 1 1 0 0 0 0 0 0 1 1 1 1 0 0 1 0 1 0 1 0 1 0 0 1 1 0 1 0 1 0 0 0 1 1 0
```

Tabelle 11.1 zeigt die in ihrer zeitlichen Entstehung zeilenweise zu lesenden Ergebnisse von 200 Würfen mit einer handelsüblichen Münze. Dabei steht 1 für Zahl und 0 für Wappen. Wir nehmen an, dass diese Werte Realisierungen der ersten 200 Glieder einer Folge stochastisch unabhängiger Zufallsgrößen $X_1, X_2, \ldots$ mit $P(X_j = 1) = \frac{1}{2} = P(X_j = 0)$, $j \geq 1$, sind. Als gemeinsamen Definitionsbereich der X_j legen wir dabei die auf S. 14 eingeführte Menge aller 0-1-Folgen zugrunde. Zudem verwenden wir die Sprechweise (unabhängige) Bernoulli-Versuche für den damit einhergehenden stochastischen Vorgang.

Ein *Muster* $m = m_1 \ldots m_\ell$ der Länge ℓ ist eine Sequenz der Länge ℓ aus Einsen und Nullen. So ist etwa 1000 ein Muster der Länge vier. Die mit

© Der/die Autor(en), exklusiv lizenziert durch
Springer-Verlag GmbH, DE, ein Teil von Springer Nature 2021
N. Henze et al., *Stochastik rezeptfrei unterrichten*,
https://doi.org/10.1007/978-3-662-62744-0_11

$$W_m := \min\left\{k \geq \ell : X_k = m_\ell, X_{k-1} = m_{\ell-1}, \ldots, X_{k-\ell+1} = m_1\right\}$$

bezeichnete Zufallsgröße W_m ist die *Wartezeit auf das Muster m*, also der kleinste Wert k, sodass das Muster m nach dem k-ten Bernoulli-Versuch aufgetreten ist. So nimmt etwa W_{1000} für die Daten aus Tab. 11.1 den Wert 9 an. Wegen $E(W_m) < \infty$ (vgl. Kap. 10) gilt $P(W_m < \infty) = 1$. Obwohl es also 0-1-Folgen gibt, für die W_m als Minimum über die leere Menge den Wert ∞ annimmt, geschieht Letzteres nur mit der Wahrscheinlichkeit null.

11.1 Dreier-Muster: Ein nicht faires Spiel

In diesem Abschnitt geht es um Muster der Länge drei, von denen es acht Stück gibt, und diese Muster treten wie folgt in Konkurrenz: Nehmen wir an, Anja und Bettina spielen folgendes Spiel: Anja wählt ein beliebiges dieser Muster, und *danach* sucht sich Bettina ein davon verschiedenes Muster aus. Jetzt werden die Bernoulli-Versuche durchgeführt, und dasjenige der beiden Muster, das zuerst auftritt, gewinnt. Wählt Anja etwa das Muster 100 und Bettina das Muster 001, so würde bei dem in Tab. 11.1 gezeigten Verlauf der Bernoulli-Versuche Anja gewinnen, weil das Muster 100 nach dem achten Versuch aufgetreten ist, aber das Muster 001 erst nach dem elften.

Die Frage ist, welches Muster Anja wählen sollte, um möglichst große Gewinnchancen zu haben. Wir werden sehen, dass Anja im Nachteil ist, denn ganz egal, welches Muster sie wählt: Bettina findet immer eines, das mit der Mindestwahrscheinlichkeit $\frac{2}{3}$ früher kommt als das von Anja (siehe hierzu auch das Video 11.1).

Im Folgenden gehen wir ganz systematisch die acht Möglichkeiten für Anja durch.

Angenommen, Anja entscheidet sich für das Muster 000. Diese Wahl ist geradezu katastrophal, denn dann sucht sich Bettina das Muster 100 aus. Der springende Punkt ist, dass Anja jetzt nur gewinnen kann, wenn am Anfang dreimal hintereinander eine Null vorkommt, und die Wahrscheinlichkeit dafür ist $\frac{1}{8}$. Andernfalls tritt mindestens eine Eins auf, bevor Anja die drei Nullen erzielt hat, und nach der Eins benötigt Bettina ja nur noch zwei Nullen, ganz egal, wie viele Einsen diesen beiden Nullen noch vorangehen. Es gilt also

$$P(W_{100} < W_{000}) = \frac{7}{8}.$$

Der zweite Fall ist der, dass sich Anja für das Muster 001 entscheidet. Bettina überlegt kurz und nimmt das Muster 100. Jetzt gewinnt Anja genau dann, wenn die beiden ersten Versuche jeweils eine Null ergeben, und die Wahrscheinlichkeit dafür ist $\frac{1}{4}$. Denn treten die beiden Nullen auf, so können sich direkt danach noch so viele Nullen einstellen; irgendwann kommt die erste Eins, und dann hat Anja gewonnen. Tritt aber am Anfang nicht 00 auf, so ist Bettina die Gewinnerin, denn es ist eine Eins dabei, bevor Anja ihre beiden ersten Nullen erzielt hat. Jetzt können noch so viele Einsen direkt aufeinanderfolgen: Irgendwann treten zwei Nullen direkt hintereinander auf, und dann hat Bettina gewonnen. Es gilt also

$$P(W_{100} < W_{001}) = \frac{3}{4}.$$

Sehen wir uns den dritten Fall an, dass sich Anja das Muster 010 aussucht. Dann wählt Bettina das Muster 001.

Schüleraktivität

Zähle, wie oft bei den Daten von Tab. 11.1 Bettina und wie oft Anja gewinnt, wenn Anja das Muster 010 und Bettina das Muster 001 wählt. Tritt eines dieser beiden Muster auf, so fange danach neu an zu zählen und gehe zeilenweise vor. So gewinnt bei den Daten in Tab. 11.1 Bettina das erste Spiel nach elf Versuchen, denn nach dem elften Versuch ist das Muster 001 erstmals aufgetreten, und bis dahin kam das Muster 010 nicht vor. Jetzt beginnt eine neue Zählung, und beim zweiten Spiel gewinnt Anja nach acht Versuchen. Danach wird wieder neu gezählt etc.

Hier führt folgende Überlegung recht schnell zum Ziel: Da beide Muster mit einer Null beginnen, passiert so lange nichts, wie die Bernoulli-Versuche ausschließlich Einsen ergeben. Interessant wird es, wenn die erste Null auftritt, und an dieser Stelle machen wir eine Fallunterscheidung. Das Ereignis A sei, dass auf diese erste Null direkt eine weitere Null folgt, und das Gegenereignis $\overline{A}$ ist dann, dass sich an diese erste Null eine Eins anschließt. Diese Ereignisse sind disjunkt, und sie besitzen jeweils die Wahrscheinlichkeit $\frac{1}{2}$ (siehe hierzu Aufgabe 11.3). Nach der Formel (1.4) von der totalen Wahrscheinlichkeit mit $n = 2$ und $A_1 = A$, $A_2 = \overline{A}$ gilt

$$P(W_{001} < W_{010}) = \frac{1}{2} \cdot P_A(W_{001} < W_{010}) + \frac{1}{2} \cdot P_{\overline{A}}(W_{001} < W_{010}). \qquad (11.1)$$

Wenn nach der ersten Null direkt eine weitere Null auftritt, gewinnt Bettina mit Wahrscheinlichkeit eins, denn – ganz egal, wie viele Nullen danach noch direkt hintereinander auftreten: Irgendwann stellt sich die erste Eins ein, und dann hat Bettina ihr Muster vor Anja erreicht. Die erste bedingte Wahrscheinlichkeit auf der rechten Seite von (11.1) ist also gleich eins.

Was passiert im anderen Fall, dass nach der ersten Null eine Eins kommt? Mit Wahrscheinlichkeit $\frac{1}{2}$ verliert jetzt Bettina, nämlich dann, wenn eine Null auftritt, denn dann hat Anja ihr Muster 010 erreicht. Mit Wahrscheinlichkeit $\frac{1}{2}$ kommt aber nach der Eins noch eine Eins. Dann hat keine der beiden irgendeinen Anfangsteil ihres jeweiligen Musters erreicht, denn beide Muster beginnen ja mit einer Null. In diesem Fall geht alles wieder von vorne los, d. h., es gilt

$$P_{\overline{A}}(W_{001} < W_{010}) = \frac{1}{2} \cdot P(W_{001} < W_{010}).$$

Zusammen mit (11.1) folgt jetzt

$$P(W_{001} < W_{010}) = \frac{2}{3}, \qquad (11.2)$$

d. h., Bettina gewinnt in dieser Konstellation mit der Wahrscheinlichkeit $\frac{2}{3}$.

Kann man zusätzliche Einsicht erlangen, *warum* Gleichung (11.2) gilt? Ja, das ist möglich, wenn man sich das Warten auf die Muster 010 und 001 in Form des in Abb. 11.1 gezeigten

Zustandsgraphen veranschaulicht. Dieser Graph besitzt den Startknoten S sowie die Knoten 0, 01, 00, 010 und 001. Synonym für Knoten verwenden wir auch das Wort *Zustand*. Die gerichteten Kanten zeigen, welche Zustände von welchen Zuständen aus erreichbar sind. Dabei kann man auch in gewissen der Zustände bleiben. Bis auf die beiden *absorbierenden Zustände* 010 und 001, von denen keine Kante ausgeht, führen von jedem anderen Knoten zwei Kanten weg, die jeweils mit gleicher Wahrscheinlichkeit $\frac{1}{2}$ durchlaufen werden.

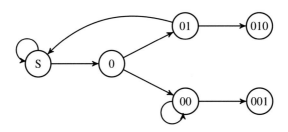

Abb. 11.1. Zustandsgraph für die konkurrierenden Muster 001 und 010

Der Graph veranschaulicht, wie sich die beiden zur Konkurrenz stehenden Muster aufbauen, wobei schon erreichte Anfangsteilmuster wieder zerstört werden können. Solange keine Null auftritt, verbleibt man im Knoten S. Die erste auftretende Null führt in den Knoten 0. Je nachdem, ob der nächste Bernoulli-Versuch eine Eins oder eine Null ergibt, findet ein Übergang in den Zustand 01 oder 00 statt. Von 01 geht es je nach Auftreten einer Eins oder Null im nächsten Versuch zum Startknoten S zurück oder in den absorbierenden Zustand 010, der den Gewinn von Anja kennzeichnet. Vom Zustand 00 wird man beim Auftreten weiterer Nullen nicht nach S zurückgeworfen und landet schließlich beim ersten Auftreten einer Eins im Zustand 001, der den Gewinn von Bettina anzeigt.

Strukturell handelt es sich bei diesem Problem um eine *Markov-Kette* mit sechs Zuständen, von denen einer als Startzustand ausgezeichnet ist, und zwei absorbierenden Zuständen, die nicht mehr verlassen werden können, sobald man sie einmal erreicht hat.

Warum kann man anhand dieses Graphen *ablesen*, dass die Gewinnwahrscheinlichkeit von Bettina gleich $\frac{2}{3}$ ist? Hierzu stellen wir uns vor, vom Knoten S aus „fließe" die Gesamtwahrscheinlichkeit 1. Obwohl in einem ersten Schritt die Hälfte dieser Wahrscheinlichkeit in S bleibt und nur die Hälfte „nach 0 fließt", können wir gedanklich davon ausgehen, dass 0 der eigentliche Startknoten ist, denn beide Muster beginnen ja mit einer Null. Somit stellen wir uns vor, die Gesamtwahrscheinlichkeit eins sei in den Knoten 0 „gewandert". Dort spaltet sie sich zu gleichen Teilen auf, sodass in den Knoten 01 und 00 jeweils die Wahrscheinlichkeit $\frac{1}{2}$ vorliegt. Entscheidend ist jetzt, dass die Wahrscheinlichkeit $\frac{1}{2}$ im Zustand 00 irgendwann vollständig in den Zustand 001 wandert. Die im Knoten 01 befindliche Wahrscheinlichkeit $\frac{1}{2}$ wandert aber nur zur Hälfte in den Zustand 010; die andere Hälfte fließt nach S zurück.

Die „Flussbilanz" sieht jetzt so aus, dass das Verhältnis der Wahrscheinlichkeiten in den absorbierenden Zuständen 001 und 010 zwei zu eins ($= \frac{1}{2}/\frac{1}{4}$) beträgt. Dieses Verhältnis ändert sich auch nicht, wenn man die „Flussbilanz" der im Knoten S verbleibenden Wahrscheinlichkeit $\frac{1}{4}$ betrachtet: Auch sie teilt sich im Verältnis 2 : 1 : 1 auf die Zustände 001, 010 und S auf. Für die danach noch im Startknoten S befindliche Wahrscheinlichkeit $\frac{1}{16}$ gilt das Gleiche etc. Aus diesem Grund verhalten sich sie Wahrscheinlichkeiten, dass Bettina bzw. Anja gewinnen, wie 2 zu 1, und damit gilt (11.2).

Wir können auch ein lineares Gleichungssystem lösen, um (11.2) nachzuweisen. Dazu seien x, y und z die Wahrscheinlichkeiten, dass Bettina gewinnt, also der absorbierende Zustand 001 erreicht wird, *wenn* der durch den Zustandsgraphen in Abb. 11.1 beschriebene stochastische Vorgang *in S bzw. in 01 bzw. in 00 startet*. Es gelten dann

$$x = \frac{1}{2} \cdot z + \frac{1}{2} \cdot y, \qquad z = 1, \qquad y = \frac{1}{2} \cdot 0 + \frac{1}{2} \cdot x.$$

Auch hieraus erhält man durch direkte Rechnung $x = \frac{2}{3}$.

Die restlichen Fälle sind jetzt relativ schnell abgehandelt. Der vierte Fall sei der, dass Anja das Muster 011 wählt. Dann sucht sich Bettina das Muster 001 aus, und ihre Gewinnwahrscheinlichkeit ist dann ebenfalls $\frac{2}{3}$, d. h., es gilt

$$P(W_{001} < W_{011}) = \frac{2}{3}. \qquad (11.3)$$

Die Begründung dafür erfolgt genauso wie im dritten Fall.

Schüleraktivität

Zeichne für diese Situation den Zustandsgraphen und vergewissere dich, dass Gleichung (11.3) gilt.

Die verbleibenden Fälle sind symmetrisch zu den ersten vier, da man jeweils nur eins und null vertauschen muss. Wählt Anja 100, so wählt Bettina 110 und gewinnt wieder mit der Wahrscheinlichkeit $\frac{2}{3}$, d. h., es gilt

$$P(W_{110} < W_{100}) = \frac{2}{3}.$$

Dieser Fall ist spiegelbildlich zu Fall 4. Sucht sich Anja das Muster 101 aus, so nimmt Bettina das Muster 110 und gewinnt ebenfalls mit der Wahrscheinlichkeit $\frac{2}{3}$; es gilt also

$$P(W_{110} < W_{101}) = \frac{2}{3}.$$

Dieser Fall ist spiegelbildlich zu Fall 3. Nimmt Anja das Muster 110, so wählt Bettina 011 und gewinnt mit der Wahrscheinlichkeit $\frac{3}{4}$, d. h., es gilt

$$P(W_{011} < W_{110}) = \frac{3}{4}.$$

Dieser Fall ist symmetrisch zu Fall 2. Wählt Anja schließlich das Muster 111, so gewinnt Bettina mit Wahrscheinlichkeit $\frac{7}{8}$, wenn sie sich für das Muster 011 entscheidet. Es gilt also

$$P(W_{011} < W_{111}) = \frac{7}{8}.$$

Wir können somit folgendes überraschendes Fazit ziehen: Zu jedem Muster a gibt es ein Muster b, sodass das Muster b mit einer Wahrscheinlichkeit von mindestens zwei Dritteln vor dem Muster a auftritt. Es gibt also kein bestes Muster, und Bettina ist im Vorteil, weil sie so höflich war, Anja den Vortritt bei der Wahl des Musters zu lassen.

Tab. 11.2. Wahrscheinlichkeiten $P(W_b < W_a)$

$b \setminus a$	000	001	010	011	100	101	110	111
000	$*$	$\frac{1}{2}$	$\frac{2}{5}$	$\frac{2}{5}$	$\frac{1}{8}$	$\frac{5}{12}$	$\frac{3}{10}$	$\frac{1}{2}$
001	$\frac{1}{2}$	$*$	$\frac{2}{3}$	$\frac{2}{3}$	$\frac{1}{4}$	$\frac{5}{8}$	$\frac{1}{2}$	$\frac{7}{10}$
010	$\frac{3}{5}$	$\frac{1}{3}$	$*$	$\frac{1}{2}$	$\frac{1}{2}$	$\frac{1}{2}$	$\frac{3}{8}$	$\frac{7}{12}$
011	$\frac{3}{5}$	$\frac{1}{3}$	$\frac{1}{2}$	$*$	$\frac{1}{2}$	$\frac{1}{2}$	$\frac{3}{4}$	$\frac{7}{8}$
100	$\frac{7}{8}$	$\frac{3}{4}$	$\frac{1}{2}$	$\frac{1}{2}$	$*$	$\frac{1}{2}$	$\frac{1}{3}$	$\frac{3}{5}$
101	$\frac{7}{12}$	$\frac{3}{8}$	$\frac{1}{2}$	$\frac{1}{2}$	$\frac{1}{2}$	$*$	$\frac{1}{3}$	$\frac{3}{5}$
110	$\frac{7}{10}$	$\frac{1}{2}$	$\frac{5}{8}$	$\frac{1}{4}$	$\frac{2}{3}$	$\frac{2}{3}$	$*$	$\frac{1}{2}$
111	$\frac{1}{2}$	$\frac{3}{10}$	$\frac{5}{12}$	$\frac{1}{8}$	$\frac{2}{5}$	$\frac{2}{5}$	$\frac{1}{2}$	$*$

Tabelle 11.2 zeigt für je zwei verschiedene Muster a und b der Länge drei die Wahrscheinlichkeit $P(W_b < W_a)$, dass das Muster b vor dem Muster a auftritt. Die auf der absteigenden Diagonalen stehenden Sternchen kennzeichnen, dass die beiden Muster a und b verschieden sein müssen. Die bereits erhaltenen Wahrscheinlichkeiten sind grau unterlegt, und zwar sind das auch für jede Spalte die jeweils größten Wahrscheinlichkeiten. Hieran erkennt man noch einmal, dass es für jede Wahl von a ein Muster b gibt, sodass die Wahrscheinlichkeit, dass b vor a auftritt, mindestens zwei Drittel beträgt.

Einige weitere Einträge in Tab. 11.2 sind unmittelbar einzusehen. Zunächst steht auf der aufsteigenden Diagonalen jeweils die Wahrscheinlichkeit $\frac{1}{2}$. Warum? Weil hier das Muster b in dem Sinne jeweils das Komplement des Musters a ist, dass Einsen und Nullen vertauscht werden. So ist etwa das Komplement des Musters 101 das Muster 010, und aus Symmetriegründen tritt jedes Muster mit Wahrscheinlichkeit $\frac{1}{2}$ vor seinem eigenen Komplement auf.

Schüleraktivität

Zeichne den Zustandsgraphen für die konkurrierenden Muster 011 und 100. Beschreibe, welche Symmetrieeigenschaft du erkennst.

Wie man nachzählt, gibt es aber noch zwölf weitere Einträge mit dem Wert $\frac{1}{2}$. Diese ordnen sich aus Symmetriegründen spiegelbildlich in Bezug auf die absteigende Diagonale an, denn es gilt

$$P(W_b < W_a) + P(W_a < W_b) = 1.$$

Um etwa die Gleichung $P(W_{000} < W_{001}) = \frac{1}{2}$ einzusehen, muss man sich nur klarmachen, dass alles in der Schwebe bleibt, solange nicht direkt hintereinander zwei Nullen aufgetreten sind. Dann entscheidet aber der nächste Bernoulli-Versuch, und zwar zu gleichen Gunsten für 000 und 001. Ebenso argumentiert man für die Muster 010 und 011, 100 und 101 sowie 110 und 111. Der Nachweis von $P(W_{010} < W_{100}) = \frac{1}{2}$ ist als Aufgabe 11.5 formuliert.

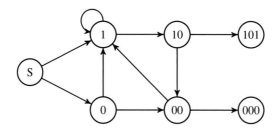

Abb. 11.2. Zustandsgraph für die konkurrierenden Muster 101 und 000

Sehen wir uns einmal exemplarisch an, warum

$$P(W_{101} < W_{000}) = \frac{7}{12}$$

gilt. Alle anderen Werte wie $\frac{7}{10}$ oder $\frac{5}{8}$ in Tab. 11.2 erhält man analog. Der Zustandsgraph für diese Situation ist in Abb. 11.2 dargestellt. Es führt eine gerichtete Kante von 10 nach 00, denn wenn im Knoten 10 der nächste Versuch eine Null ergibt und somit nicht der absorbierende Zustand 101 erreicht wird, liegt das für den absorbierenden Zustand 000 günstige Teilmuster 00 vor. Kanten führen von 0 und 00 nach 1, weil in diesen beiden Knoten eine nachfolgende Eins die „Anfangs-Eins" des Musters 101 ergibt.

Wir bezeichnen jetzt mit x, y, z, u und v die Wahrscheinlichkeiten, dass Absorption im Zustand 101 stattfindet, also das Muster 101 vor dem Muster 000 auftritt und damit Bettina gewinnt, *wenn wir im Zustandsgraphen von* Abb. 11.2 *von den Knoten S, 1, 10, 0 oder 00 aus starten*, d.h., x bezieht sich auf den Knoten S, y auf den Knoten 1 etc. Gesucht ist x. Die folgenden, aus Abb. 11.2 abgeleiteten linearen Gleichungen stellen jeweils Fallunterscheidungen mithilfe der Formel (1.4) von der totalen Wahrscheinlichkeit dar. Es gelten

$$x = \frac{y}{2} + \frac{u}{2}, \tag{11.4}$$

$$y = \frac{y}{2} + \frac{z}{2}, \tag{11.5}$$

$$z = \frac{1}{2} \cdot 1 + \frac{v}{2}, \tag{11.6}$$

$$u = \frac{y}{2} + \frac{v}{2}, \tag{11.7}$$

$$v = \frac{1}{2} \cdot 0 + \frac{y}{2}. \tag{11.8}$$

Dieses Gleichungssystem ist schnell gelöst: Aus (11.7) und (11.8) folgt $u = \frac{3y}{4}$ und somit nach (11.4) $x = \frac{7y}{8}$. Nach (11.5) gilt $y = z$, und (11.6) und (11.8) liefern $y = z = \frac{1}{2} + \frac{y}{4}$, also $y = \frac{2}{3}$. Damit ergibt sich $x = \frac{7}{8} \cdot \frac{2}{3} = \frac{7}{12}$, was zu zeigen war.

11.2 Vierer-Muster: Im Mittel früher kann wahrscheinlich später sein

Zum Abschluss dieses Kapitels sei noch ein weiteres Kuriosum angesprochen, das erst bei Mustern ab der Länge vier auftritt. Es kann sein, dass das Muster a gegenüber dem Muster b „im Mittel früher auftritt", d. h., es gilt $\mathrm{E}(W_a) < \mathrm{E}(W_b)$, aber das Muster b ist besser als das Muster a in dem Sinn, dass es mit einer Wahrscheinlichkeit von mehr als 50 % vor dem Muster a auftritt. So gelten für die Muster $a = 0100$ und $b = 1010$ mit den Ergebnissen von Kap. 10 die Gleichungen $\mathrm{E}(W_a) = 18$ und $\mathrm{E}(W_b) = 20$.

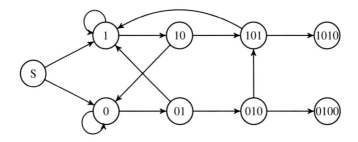

Abb. 11.3. Zustandsgraph für die konkurrierenden Muster 1010 und 0100

Ein Blick auf den in Abb. 11.3 dargestellten Zustandsgraphen der konkurrierenden Muster 1010 und 0100 zeigt eine Asymmetrie zugunsten des Musters 1010. Insbesondere kann der Zustand 010 in den Zustand 101 übergehen, was die Wahrscheinlichkeit für eine Absorption im Zustand 1010 erhöht. In der Tat gilt $\mathrm{P}(W_{1010} < W_{0100}) = \frac{9}{14}$, was man durch Lösen eines linearen Gleichungssystems oder eine „Flussbilanz" zeigen kann (siehe hierzu auch [11]).

11.3 Rezeptfreies Material

Video 11.1: „Bernoulli-Versuche: Paradoxes bei konkurrierenden Mustern"

`https://www.youtube.com/watch?v=CR1xVbIyyys`

11.4 Aufgaben

In allen Aufgaben zu diesem Kapitel liegen stochastisch unabhängige Zufallsvariablen $X_1, X_2, \ldots$ mit $P(X_j = 1) = p = 1 - P(X_j = 0)$, $j \geq 1$, für ein p mit $0 < p < 1$ zugrunde.

Aufgabe 11.1
Berechne die Wahrscheinlichkeit dafür, dass

 a) das Muster 01 vor 11 auftritt,

 b) das Muster 0111 vor 1111 auftritt.

Aufgabe 11.2
Wie groß muss p jeweils sein, damit in den beiden Teilen von Aufgabe 11.1 beide Muster mit gleicher Wahrscheinlichkeit zuerst vor dem jeweils anderen Muster auftreten?

Aufgabe 11.3
Schreibe das Ereignis

$$A := \{\text{„auf die erste Null folgt direkt eine weitere Null"}\}$$

als Teilmenge des Grundraums $\Omega = \{\omega = (a_1, a_2, \ldots) : a_j \in \{0, 1\} \text{ für } j \geq 1\}$ aller 0-1-Folgen und zeige, dass $P(A) = \frac{1}{2}$ gilt.

Hinweis: Das Ereignis A ist die Vereinigung von Ereignissen, die sich ausschließen. Unterscheide nach der Nummer des Bernoulli-Versuchs, in dem die erste Null auftritt.

Aufgabe 11.4
Zeige:
$$P(W_{011} < W_{000}) = \frac{3}{5}$$

Hinweis: Mache dir die Situation anhand eines Zustandsgraphen klar.

Aufgabe 11.5
Zeige:
$$P(W_{010} < W_{100}) = \frac{1}{2}$$

Hinweis: Mache dir die Situation anhand eines Zustandsgraphen klar und stelle ein lineares Gleichungssystem auf.

12

*Wissenswertes zur Binomialverteilung

Dieses Kapitel vermittelt einen Überblick über wichtige Definitionen, Eigenschaften und Hintergründe im Kontext der Binomialverteilung. An manchen Stellen werden wir Anregungen für den Unterricht geben. Im Unterschied zu Kap. 2 bis 8 dient dieses Kapitel nicht der Vorbereitung einer konkreten Stunde, sondern kann als fachliches Fundament für eine Unterrichtseinheit zur Binomialverteilung angesehen werden.

Die Binomialverteilung spielt seit Langem eine zentrale Rolle im schulischen Stochastikunterricht. Sie gilt als Schlüsselkonzept, entpuppt sich bei näherem Hinsehen aber eher als Schlüssel*rezept*, weil oft weder Erwartungswert noch Varianz dieser Verteilung hergeleitet werden und auch der dieser Verteilung zugrunde liegende zentrale Begriff der stochastischen Unabhängigkeit oft nur angedeutet wird.

Wir werden alle wichtigen Eigenschaften dieser speziellen Verteilung herleiten, und das auf eine Weise, die eine Behandlung in einem Leistungskurs ermöglicht. In einem Leistungskurs kann man auch verstehen, warum beim Grenzübergang von der Binomialverteilung zur Standardnormalverteilung (zentraler Grenzwertsatz von de Moivre–Laplace) die Kreiszahl π ins Spiel kommt.

12.1 Binomialverteilung und Bernoulli-Folgen

Nach Definition hat eine Zufallsgröße X eine *Binomialverteilung* mit Parametern n und p, und wir schreiben hierfür kurz $X \sim \text{Bin}(n; p)$, falls gilt:

$$P(X = k) = \binom{n}{k} p^k (1-p)^{n-k}, \qquad k = 0, 1, \ldots, n. \tag{12.1}$$

Dabei sind n eine natürliche Zahl und $p \in [0, 1]$.

Gleichung (12.1) ist die sogenannte *Formel von J. Bernoulli* (1654–1705).

Auf welche Weise entsteht eine Binomialverteilung? Schaut man in Schulbücher, so ist die Binomialverteilung mit n voneinander unabhängigen Durchführungen eines Bernoulli-Versuchs, also eines stochastischen Vorgangs mit zwei möglichen Ausgängen, assoziiert.

© Der/die Autor(en), exklusiv lizenziert durch
Springer-Verlag GmbH, DE, ein Teil von Springer Nature 2021
N. Henze et al., *Stochastik rezeptfrei unterrichten*,
https://doi.org/10.1007/978-3-662-62744-0_12

Man spricht üblicherweise von einer *Bernoulli-Kette der Länge n*, obwohl das Wort „Kette" vom Wortsinn her hier nicht passend ist, denn eine Kette würde man mit einzelnen Gliedern verbinden, die fest ineinandergreifen und stark voneinander abhängen. Bei unabhängigen Bernoulli-Versuchen herrscht aber ein völlig freier, geradezu revolutionärer Zufall! Wir verwenden im Folgenden die Terminologie *n unabhängige Bernoulli-Versuche* oder *Bernoulli-Folge der Länge n*.

Die beiden möglichen Ausgänge des Bernoulli-Versuchs werden *Treffer* bzw. *Niete* genannt und mit 1 bzw. 0 codiert. Der Parameter p der Binomialverteilung wird als *Trefferwahrscheinlichkeit* bezeichnet. Üblicherweise zeichnet man zum Verständnis der Binomialverteilung wie in Abb. 12.1 Baumdiagramme, die dann in den Satz münden, dass für die mit X bezeichnete Anzahl der Treffer in einer Bernoulli-Folge der Länge n gerade (12.1) gilt. Mit anderen Worten: Die rechte Seite von (12.1) ist die Wahrscheinlichkeit, dass sich in den n Bernoulli-Versuchen genau k Treffer ergeben.

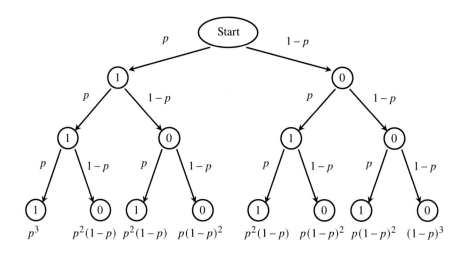

Abb. 12.1. Baumdiagramm für den Fall $n = 3$

12.2 Herleitung der Formel von Bernoulli

Warum gilt die Formel von Bernoulli? Um (12.1) zu beweisen, wählen wir als Grundraum für den stochastischen Vorgang einer Bernoulli-Folge der Länge n die 2^n-elementige Menge

$$\Omega := \left\{ \omega := (a_1, \ldots, a_n) : a_j \in \{0, 1\} \text{ für } j = 1, \ldots, n \right\}$$

aller n-Tupel aus Einsen und Nullen. Die Deutung von a_j im Tupel ω ist dann die folgende: Es ist $a_j = 1$ bzw. $a_j = 0$, falls der j-te Bernoulli-Versuch einen Treffer bzw. eine

Niete ergibt. Mit diesem Grundraum und der Codierung von Treffer mit 1 und Niete mit 0 können wir die Trefferanzahl aus den n Bernoulli-Versuchen als Abbildung mit dem Definitionsbereich Ω schreiben: Es ist

$$X(\omega) := a_1 + \ldots + a_n, \qquad \omega = (a_1, \ldots, a_n) \in \Omega, \tag{12.2}$$

denn $a_1 + \ldots + a_n$ zählt ja gerade die Anzahl der Einsen im Tupel ω.

Um zu sehen, dass für dieses X die Formel (12.1) von Bernoulli gilt, muss man sich klarmachen, dass $P(X = k)$ eine Abkürzung ist, und zwar gilt definitionsgemäß

$$P(X = k) = P(\{\omega \in \Omega : X(\omega) = k\}).$$

Das Ereignis $\{X = k\}$ besteht als Teilmenge von Ω aus allen n-Tupeln aus Nullen und Einsen, die genau k Einsen und damit $n - k$ Nullen aufweisen. Die Anzahl dieser n-Tupel ist die Anzahl der Möglichkeiten, aus den insgesamt n, von links nach rechts von 1 bis n durchnummerierten Plätzen des Tupels genau k auszuwählen und mit einer Eins zu besetzen; auf den anderen $n - k$ Plätzen stehen dann Nullen. Die Anzahl aller solcher Auswahlen ist *nach Definition* der Binomialkoeffizient $\binom{n}{k}$ (siehe Abschn. 1.3). Nach der ersten Pfadregel *modellieren wir* die Wahrscheinlichkeit für jedes n-Tupel $\omega = (a_1, \ldots, a_n)$ aus Ω (genauer: die Wahrscheinlichkeit für das Elementarereignis $\{\omega\}$) dadurch, dass jeder im Tupel auftretenden Eins die Wahrscheinlichkeit p und jeder Null die Wahrscheinlichkeit $1 - p$ zugeordnet wird. Treten also im Tupel genau k Einsen und $n - k$ Nullen auf, so erhält dieses Tupel wegen der Kommutativität der Multiplikation die Wahrscheinlichkeit $p^k(1 - p)^{n-k}$. Da es $\binom{n}{k}$ solche Tupel gibt, folgt (12.1).

Ein Baumdiagramm wie in Abb. 12.1 im Zusammenhang mit der Binomialverteilung hat den Nachteil, dass es eine irgendwie geartete (z. B. zeitliche) Abhängigkeit zwischen den Stufen suggeriert. Der obige Zugang zeigt aber eine völlige Symmetrie bei der Entstehung der n-Tupel. Die einzelnen Bernoulli-Versuche können auch in getrennten Räumen oder gleichzeitig stattfinden. Es besteht gedanklich keinerlei Zusammenhang, was noch einmal ein Plädoyer gegen die Verwendung des Wortes *Kette* ist! Wir müssen nur vorher festlegen, welcher Bernoulli-Versuch zu welchem Platz im Tupel gehört.

12.3 Stabdiagramme und maximale Wahrscheinlichkeit

Die Wahrscheinlichkeiten einer Binomialverteilung können durch Stabdiagramme veranschaulicht werden. Dabei geben die Längen der Stäbchen die Wahrscheinlichkeiten für die einzelnen Trefferanzahlen an. Die Gestalt dieser Diagramme hängt von der Anzahl n der Durchführungen und der Trefferwahrscheinlichkeit p ab. Hier gehen wir auf folgende Frage ein (siehe dazu auch das Video 12.1):

Für welche Trefferzahl oder welche Trefferzahlen liegt die maximale Wahrscheinlichkeit vor?

Abbildung 12.2 zeigt ein Stabdiagramm der Wahrscheinlichkeiten einer Zufallsvariablen X mit der Binomialverteilung $\mathrm{Bin}(20;0,7)$, Abb. 12.3 das entsprechende Diagramm für $n = 20$ und $p = \frac{1}{3}$.

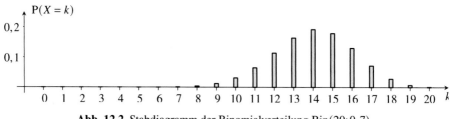

Abb. 12.2. Stabdiagramm der Binomialverteilung $\mathrm{Bin}(20;0,7)$

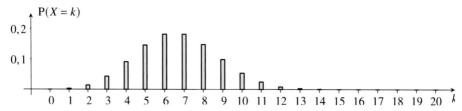

Abb. 12.3. Stabdiagramm der Verteilung $\mathrm{Bin}(20;\frac{1}{3})$. Hier liefern die benachbarten Werte $k = 6$ und $k = 7$ ein Maximum

Wir setzen

$$b_n(k,p) = \binom{n}{k} p^k (1-p)^{n-k} \tag{12.3}$$

für die Wahrscheinlichkeit $P(X = k)$, also die Länge des Stäbchens an der Stelle k, $k \in \{0,\ldots,n\}$, und vergleichen die Längen zweier benachbarter Stäbchen, indem wir für $k \in \{0,\ldots,n-1\}$ den Quotienten

$$\frac{b_n(k+1,p)}{b_n(k,p)} = \frac{\binom{n}{k+1} p^{k+1} (1-p)^{n-(k+1)}}{\binom{n}{k} p^k (1-p)^{n-k}}$$

$$= \frac{n-k}{k+1} \cdot \frac{p}{1-p}$$

bilden.

Entscheidend ist, ob dieser Quotient kleiner bzw. größer als eins oder gleich eins ist. Wir betrachten den zweiten Fall, für den sich

$$\frac{b_n(k+1,p)}{b_n(k,p)} > 1 \iff \frac{(n-k)p}{(k+1)(1-p)} > 1$$

$$\iff np - kp > k + 1 - p - kp$$

$$\iff np > k + 1 - p$$

$$\iff (n+1)p - 1 > k$$

ergibt. Das Durchmultiplizieren der Ungleichung mit $(k+1)(1-p)$ enthält keine Fallstricke, da dieser Ausdruck positiv ist.

Daraus lässt sich schließen: Solange die Ungleichung $k < (n+1)p - 1$ erfüllt ist, gilt $b_n(k+1,p) > b_n(k,p)$, d.h., die Stäbchen werden bei zunehmendem k länger. Sobald k größer als $(n+1)p - 1$ ist, nimmt deren Länge ab. Zwei aufeinanderfolgende Stäbchen können gleich lang sein, und zwar tritt dieser Fall genau dann auf, wenn $k = (n+1)p - 1$ gilt. Da k eine natürliche Zahl ist, muss dann auch $(n+1)p$ eine natürliche Zahl sein.

Ist $(n+1)p$ keine ganze Zahl, so wird das einzige Maximum von $P(X = k)$ für die größte ganze Zahl k, die kleiner ist als $(n+1)p$, angenommen. Ist $(n+1)p$ ganzzahlig, so gibt es zwei gleich große Maxima von $P(X = k)$, die bei $k = (n+1)p - 1$ und $k = (n+1)p$ liegen.

Die Fälle $p = 0$ und $p = 1$ haben wir ausgeschlossen, denn hierfür nimmt X mit Wahrscheinlichkeit eins die Werte 0 bzw. n an. Es gibt dann jeweils nur ein einziges Stäbchen im Diagramm.

12.4 Binomialverteilung und stochastische Unabhängigkeit

Die Binomialverteilung ist untrennbar mit dem Begriff der stochastischen Unabhängigkeit verbunden. Um zu verstehen, warum das so ist, definieren wir für jedes $j \in \{1,\ldots,n\}$ das Ereignis

$$A_j := \{\omega = (a_1,\ldots,a_n) \in \Omega : a_j = 1\},$$

dass der j-te Bernoulli-Versuch einen Treffer ergibt. Bei dieser Teilmenge des Grundraums Ω werden also bis auf die j-te Stelle im Tupel alle anderen Stellen ausgeblendet. Es gilt $P(A_j) = p$. Auch hier muss man nach dem Warum fragen, denn wir hatten doch p als die Wahrscheinlichkeit angesetzt, dass jeder der einzelnen Bernoulli-Versuche – und damit auch der j-te – einen Treffer ergibt. Aber A_j ist eine Teilmenge von Ω, und $P(A_j)$ ist wegen der Additivität von P (zweite Pfadregel!) die Summe der Wahrscheinlichkeiten der Elementarereignisse $\{\omega\}$ mit $\omega \in A_j$. Da $a_1 + \ldots + a_n$ die Anzahl der Einsen im Tupel ist, ergibt sich

$$P(\{\omega\}) = p^{a_1+\ldots+a_n}(1-p)^{n-(a_1+\ldots+a_n)}, \qquad \omega = (a_1,\ldots,a_n) \in \Omega,$$

und mit dem allgemeinen binomischen Lehrsatz folgt

$$P(A_j) = \sum_{(a_1,\ldots,a_n)\in\Omega:a_j=1} p^{a_1+\ldots+a_n}(1-p)^{n-(a_1+\ldots+a_n)}$$

$$= p \cdot \sum_{(b_1,\ldots,b_{n-1})\in\{0,1\}^{n-1}} p^{b_1+\ldots+b_{n-1}}(1-p)^{n-1-(b_1+\ldots+b_{n-1})}$$

$$= p \cdot \sum_{j=0}^{n-1} \binom{n-1}{j} p^j (1-p)^{n-j}$$

$$= p \cdot (p+1-p)^{n-1} = p.$$

Es ist also etwas Denkarbeit erforderlich, um das eigentlich „selbstverständliche" $P(A_j) = p$, $j = 1,\ldots,n$, nachzuweisen.

Der allgemeine binomische Lehrsatz liefert auch, dass die Ereignisse $A_1,\ldots,A_n$ stochastisch unabhängig sind. Was muss hierzu gezeigt werden? Wir müssen *jede mindestens zweielementige Menge* $T \subset \{1,\ldots,n\}$ herausgreifen und nachweisen, dass

$$P\left(\bigcap_{j\in T} A_j\right) = \prod_{j\in T} P(A_j) \tag{12.4}$$

gilt. Das sieht komplizierter aus, als es ist, und wir werden im nächsten Abschnitt aufzeigen, wie man auch Schülern begreiflich machen kann, dass $A_1,\ldots,A_n$ unabhängig sind. Wir nehmen an, dass die Menge T aus ℓ Elementen besteht. Dann wissen wir auf jeden Fall schon, dass auf der rechten Seite von (12.4) p^ℓ steht. Die linke Seite von (12.4) ist gleich der Summe

$$\sum_{(a_1,\ldots,a_n)\in\Omega:a_j=1\text{ für }j\in T} p^{a_1+\ldots+a_n}(1-p)^{n-(a_1+\ldots+a_n)}.$$

Bei jedem Summanden sind also ℓ der a_j gleich eins. Da die Summanden nur von der Anzahl aller Einsen im n-Tupel $(a_1,\ldots,a_n)$ abhängen, können wir aus Symmetriegründen annehmen, dass die Menge T gleich $\{n-\ell+1,\ldots,n\}$ ist. Klammern wir dann p^ℓ aus, so nimmt obige Summe die Gestalt

$$p^\ell \cdot \sum_{(a_1,\ldots,a_{n-\ell})\in\{0,1\}^{n-\ell}} p^{a_1+\ldots+a_{n-\ell}}(1-p)^{n-\ell-(a_1+\ldots+a_{n-\ell})}$$

an. Spalten wir die Summe nach den möglichen Werten von $a_1+\ldots+a_{n-\ell}$ auf, so geht obiger Ausdruck in

$$p^\ell \cdot \sum_{m=0}^{n-\ell} \binom{n-\ell}{m} p^m (1-p)^{n-\ell-m} = p^\ell \cdot (p+1-p)^{n-\ell} = p^\ell$$

über, was zu zeigen war. Man sieht also, welch tragende Rolle dem allgemeinen binomischen Lehrsatz insbesondere in Verbindung mit der Binomialverteilung zukommt!

Konkretisierung für den Unterricht

Wir werden jetzt zeigen, dass Schüler anhand des Spezialfalls $n = 4$ genügend Einsicht gewinnen können, dass $A_1,\ldots,A_n$ stochastisch unabhängig sind und die gleiche Wahrscheinlichkeit p besitzen. Im Fall $n = 4$ ist der Grundraum durch

$$\Omega = \begin{cases} (0,0,0,0),\ (0,0,0,1),\ (0,0,1,0),\ (0,0,1,1), \\ (0,1,0,0),\ (0,1,0,1),\ (0,1,1,0),\ (0,1,1,1), \\ (1,0,0,0),\ (1,0,0,1),\ (1,0,1,0),\ (1,0,1,1), \\ (1,1,0,0),\ (1,1,0,1),\ (1,1,1,0),\ (1,1,1,1) \end{cases}$$

gegeben. Wir setzen $q := 1 - p$ und betrachten zunächst das Ereignis A_1, das sich aus den in den beiden letzten Zeilen stehenden acht 4-Tupeln zusammensetzt. Die Wahrscheinlichkeit für jedes dieser Tupel enthält – weil an der ersten Stelle eine Eins steht – den Faktor p. Klammern wir diesen aus, so müssen wir die Wahrscheinlichkeiten für alle acht möglichen Tripel aus Einsen und Nullen addieren. Nach Zusammenfassen folgt

$$P(A_1) = p \cdot \left(q^3 + 3pq^2 + 3p^2q + p^3 \right)$$
$$= p \cdot (p+q)^3 = p.$$

Das Argument kann aber nach dem Ausklammern von p noch einfacher sein: Die Summe der Wahrscheinlichkeiten der acht Tripel ist als Summe aller Ergebnisse einer Bernoulli-Folge der Länge drei gleich eins. Hieran erkennt man schon anhand eines Symmetrieargumentes, dass auch

$$P(A_2) = P(A_3) = P(A_4) = p$$

gelten.

Das Ereignis $A_1 \cap A_2$ setzt sich aus den in der untersten Zeile stehenden vier 4-Tupeln (Quadrupeln) zusammen. Die Wahrscheinlichkeit für jedes dieser Quadrupel enthält wegen der beiden jeweils zu Beginn stehenden Einsen den „ausklammerbaren" Faktor p^2, und man erhält

$$P(A_1 \cap A_2) = p^2 \cdot \left(q^2 + 2pq + p^2 \right) = p^2 \cdot (p+q)^2$$
$$= p^2 = P(A_1) \cdot P(A_2).$$

Die Ereignisse A_1 und A_2 sind also stochastisch unabhängig. Da für beliebige i und j mit $i \neq j$ bei den vier das Ereignis $A_i \cap A_j$ bildenden Quadrupeln die ausklammerbaren Einsen an den Stellen i und j stehen, und da sich nach Ausklammern die Wahrscheinlichkeiten einer Bernoulli-Folge der Länge 2 zu eins summieren, folgt aus Symmetriegründen

$$P(A_i \cap A_j) = P(A_i) \cdot P(A_j), \quad 1 \leq i < j \leq n.$$

Die Ereignisse $A_1, \ldots, A_n$ sind also *paarweise* stochastisch unabhängig. Wenn wir jetzt das aus nur zwei 4-Tupeln bestehende Ereignis $A_1 \cap A_2 \cap A_3$ betrachten, folgt

$$P(A_1 \cap A_2 \cap A_3) = p^3 \cdot (p+q) = \prod_{j=1}^{3} P(A_j),$$

und wiederum aus Symmetriegründen ist die Wahrscheinlichkeit jedes Schnittes von drei der vier Ereignisse gleich dem Produkt der einzelnen Wahrscheinlichkeiten. Zu guter Letzt gilt

$$P(A_1 \cap A_2 \cap A_3 \cap A_4) = p^4 = \prod_{j=1}^{4} P(A_j),$$

und insgesamt folgt, dass $A_1, \ldots, A_4$ stochastisch unabhängig sind und die gleiche Wahrscheinlichkeit p besitzen.

12.5 Nochmals stochastische Unabhängigkeit

Die folgenden Betrachtungen zeigen, dass die Binomialverteilung $\text{Bin}(n;p)$ nur n stochastische unabhängige Ereignisse benötigt, die die gleiche Wahrscheinlichkeit p besitzen, aber nicht an die Vorstellung von „unabhängigen Wiederholungen *eines* Bernoulli-Versuchs" gebunden ist. Stellen wir uns vor, $A_1, \ldots, A_n$ seien stochastisch unabhängige Ereignisse gleicher Wahrscheinlichkeit p *in irgendeinem Wahrscheinlichkeitsraum*. Dann hat die Anzahl $X = \mathbf{1}\{A_1\} + \ldots + \mathbf{1}\{A_n\}$ der eintretenden Ereignisse die Binomialverteilung $\text{Bin}(n;p)$.

Für den Beweis wählen wir ein $k \in \{0, 1, \ldots, n\}$. Warum gilt dann (12.1), also die Formel von Bernoulli? Nun, das Ereignis $\{X = k\}$ tritt ein, wenn genau k der Ereignisse eintreten und die anderen $n-k$ nicht. Das ist genau dann der Fall, wenn es eine Teilmenge $T \subset \{1, \ldots, n\}$ mit genau k Elementen gibt, sodass alle Ereignisse A_j mit $j \in T$ eintreten und für jedes $j \notin T$ das komplementäre Ereignis $\overline{A}_j$ eintritt. Für *eine konkrete Wahl von T* ist die Wahrscheinlichkeit hierfür gleich

$$P\left(\bigcap_{j \in T} A_j \cap \bigcap_{j \notin T} \overline{A}_j \right) = p^k (1-p)^{n-k}.$$

Dabei gilt das Gleichheitszeichen wegen der stochastischen Unabhängigkeit von $A_1, \ldots, A_n$ (siehe z. B. [15], S. 121). Da es $\binom{n}{k}$ k-elementige Teilmengen T von $\{1, \ldots, n\}$ gibt, folgt die Behauptung.

Hiermit wird klar, dass eine Binomialverteilung auch dann entsteht, wenn ganz unterschiedliche stochastische Vorgänge wie z. B. ein Münzwurf, das Drehen eines Glücksrades, das Ziehen aus einer Urne oder ein Würfelwurf vorliegen. Entscheidend ist, dass diese Vorgänge „unabhängig voneinander" ablaufen. Darüber hinaus muss für jeden Vorgang ein Ereignis definiert werden, und die Wahrscheinlichkeiten dieser Ereignisse müssen gleich sein. Ist die Münze fair, hat das Glücksrad zwei gleich wahrscheinliche Sektoren, ist die Urne mit drei roten und drei schwarzen Kugeln bestückt, und achten wir beim Wurf des unverfälschten Würfels nur darauf, ob eine gerade oder ungerade Augenzahl auftritt, so können wir für jeden stochastischen Vorgang festlegen, was ein Treffer ist. Die Anzahl der erzielten Treffer hat dann die Binomialverteilung $\text{Bin}(4; \frac{1}{2})$.

Ein warnendes Beispiel

Das folgende Beispiel zeigt, dass man mit nur *paarweiser* Unabhängigkeit der Ereignisse $A_1, \ldots, A_n$ nicht auskommt, um eine Binomialverteilung für die Anzahl $X = \mathbf{1}\{A_1\} + \ldots + \mathbf{1}\{A_n\}$ der eintretenden Ereignisse zu begründen. Wir wählen hierzu den Grundraum

$$\Omega := \{(0,0,0), (0,1,1), (1,0,1), (1,1,0)\}$$

mit der Gleichverteilung P auf Ω, ordnen also jedem dieser vier Tripel die gleiche Wahrscheinlichkeit $\frac{1}{4}$ zu. Definieren wir das Ereignis A_j durch

$$A_j := \{(a_1, a_2, a_3) \in \Omega : a_j = 1\}, \quad j \in \{1, 2, 3\},$$

so gelten $P(A_1) = P(A_2) = P(A_3) = \frac{1}{2}$, da es für jedes j genau zwei Tripel gibt, die an der j-ten Stelle eine Eins aufweisen. Darüber hinaus gilt

$$P(A_1 \cap A_2) = P(A_1 \cap A_3) = P(A_2 \cap A_3) = \frac{1}{4},$$

denn es gibt zu je zwei verschiedenen Indizes i und j genau ein Tripel, bei dem an der i-ten und an der j-ten Stelle eine Eins steht. Somit sind die Ereignisse A_1, A_2 und A_3 *paarweise* stochastisch unabhängig. Sie sind jedoch *nicht stochastisch unabhängig*, da es kein Tripel mit lauter Einsen gibt und somit $P(A_1 \cap A_2 \cap A_3) = 0$ gilt.

Sehen wir uns die Verteilung von X an: Wegen $A_1 \cap A_2 \cap A_3 = \emptyset$ gilt $P(X = 3) = 0$. Somit besitzt X nicht die Binomialverteilung $\text{Bin}(3; \frac{1}{2})$, die ja gelten würde, wenn nur die paarweise Unabhängigkeit ausreichen würde. Interessanterweise hat X aber den gleichen Erwartungswert $(= \frac{3}{2})$ und die gleiche Varianz $(= \frac{3}{4})$ wie die Binomialverteilung $\text{Bin}(3; \frac{1}{2})$. Wegen $\overline{A_1} \cap \overline{A_2} \cap \overline{A_3} = \{(0,0,0)\}$ gilt nämlich $P(X = 0) = \frac{1}{4}$, und aus $A_1 \cap A_2 \cap \overline{A_3} = \{(1,1,0)\}$, $A_1 \cap \overline{A_2} \cap A_3 = \{(1,0,1)\}$ und $\overline{A_1} \cap A_2 \cap A_3 = \{(0,1,1)\}$ folgt $P(X = 2) = \frac{3}{4}$. Der Erwartungswert von X ist somit

$$E(X) = 0 \cdot \frac{1}{4} + 2 \cdot \frac{3}{4} = \frac{3}{2},$$

und die Varianz von X ist gleich

$$V(X) = \left(0 - \frac{3}{2}\right)^2 \cdot \frac{1}{4} + \left(2 - \frac{3}{2}\right)^2 \cdot \frac{3}{4} = \frac{3}{4}.$$

Beide Werte stimmen also mit den entsprechenden Werten für die Binomialverteilung $\text{Bin}(3; \frac{1}{2})$ überein.

Hinter diesem Beispiel steht das allgemeine Konzept, im Modell aller gleich wahrscheinlicher $(n-1)$-Tupel für eine Bernoulli-Folge der Länge $n-1$ durch Addition der Komponenten des $(n-1)$-Tupels modulo 2 eine n-te Komponente einzuführen.

12.6 Erwartungswert

Wir setzen jetzt die allgemeinen Betrachtungen fort. In Schulbüchern zur Binomialverteilung liest man, dass eine Zufallsgröße mit der Binomialverteilung $\text{Bin}(n; p)$ den Erwartungswert np besitzt. Dieser Sachverhalt wird aber nur noch in Spezialfällen wie z. B. $n = 3$

nachgewiesen. Nimmt man die schulische „Summe aus Wert mal Wahrscheinlichkeit"-*Definition* des Erwartungswertes, so gilt

$$E(X) = \sum_{k=0}^{n} k \cdot \binom{n}{k} p^k (1-p)^{n-k}. \tag{12.5}$$

Mithilfe des allgemeinen binomischen Lehrsatzes werden wir der in (12.5) rechts stehenden Summe, bei der der Summand für $k = 0$ wegfällt, schnell habhaft: Für jedes $k \in \{1, \ldots, n\}$ gilt

$$k \cdot \binom{n}{k} = k \cdot \frac{n!}{k!(n-k)!} = n \cdot \binom{n-1}{k-1},$$

und nach Ausklammern von p geht die besagte Summe in

$$np \cdot \sum_{k=1}^{n} \binom{n-1}{k-1} p^{k-1} (1-p)^{n-1-(k-1)}$$

über. Setzt man hier $j := k - 1$, so ist obige Summe nach dem allgemeinen binomischen Lehrsatz gleich $(p + 1 - p)^{n-1}$ und somit gleich eins, sodass $E(X) = np$ folgt.

Man hat zwar jetzt nachgerechnet, *dass* $E(X) = np$ gilt, aber keine Einsicht gewonnen, *warum* diese Gleichung gelten muss. Ein eleganter, mit strukturellem Verständnis verbundener Beweis der Gleichung $E(X) = np$ ergibt sich aufgrund der Darstellung (12.2) von X als Summe. Nach dieser Darstellung gilt

$$X = \mathbf{1}\{A_1\} + \ldots + \mathbf{1}\{A_n\}, \tag{12.6}$$

d. h., X ist eine Indikatorsumme. Natürlich, denn X zählt ja die Anzahl der Treffer in einer Bernoulli-Folge der Länge n. Wegen $P(A_1) = \ldots = P(A_n) = p$ sowie $E(\mathbf{1}\{A_j\}) = P(A_j)$, $j = 1, \ldots, n$, und der Additivität der Erwartungswertbildung folgt ebenfalls $E(X) = np$, jetzt aber, ohne die Verteilung von X überhaupt zu kennen. Darstellung (12.6) verdeutlicht die mit der Binomialverteilung verbundene *Summenstruktur*, und es wird z. B. klar, warum der Faktor n in der Darstellung des Erwartungswertes auftritt.

Eine andere elegante Möglichkeit, nicht nur den Erwartungswert von X zu erhalten, besteht darin, das durch

$$f(t) := (pt + 1 - p)^n, \qquad t \in \mathbb{R}, \tag{12.7}$$

definierte Polynom f vom Grad n einzuführen. Der allgemeine binomische Lehrsatz liefert

$$f(t) = \sum_{k=0}^{n} \binom{n}{k} p^k (1-p)^{n-k} t^k, \tag{12.8}$$

und f ist die *erzeugende Funktion* von X (siehe z. B. Abschn. A.6 oder [15], Kap. 25).

Wenn man in (12.7) die Ableitung bildet und diese an der Stelle $t = 1$ betrachtet, so ergibt sich $f'(1) = np$. Auf der anderen Seite ist die Ableitung der rechten Seite von (12.8) an der Stelle $t = 1$ gleich der in (12.5) stehenden Summe, woraus ebenfalls $E(X) = np$ folgt.

12.7 Varianz

Wir kommen jetzt zur Varianz und zur daraus abgeleiteten Standardabweichung der Binomialverteilung. In Schulbüchern findet man, dass für eine beliebige Zufallsgröße X mit Erwartungswert μ die *Standardabweichung* durch

$$\sigma = \sqrt{(x_1 - \mu)^2 P(X = x_1) + \ldots + (x_s - \mu)^2 P(X = x_s)} \tag{12.9}$$

festgelegt ist, und dass man durch Weglassen der Wurzel die *Varianz* von X erhält. Dabei nimmt X die möglichen Werte $x_1, \ldots, x_s$ an. Darüber hinaus wird noch mitgeteilt, dass es für die Standardabweichung der Binomialverteilung $\text{Bin}(n; p)$ die einfache Formel $\sigma = \sqrt{np(1 - p)}$ gibt.

Wir fragen uns: *Warum* ist die Varianz einer Zufallsgröße X mit der Binomialverteilung $\text{Bin}(n; p)$ gleich $np(1 - p)$ und damit die Standardabweichung gleich $\sqrt{np(1 - p)}$? Auch hier gibt es verschiedene Möglichkeiten, diesen Sachverhalt zu beweisen. Schreiben wir $V(X)$ für die Varianz von X, so entsteht nach Quadrieren sowie Einsetzen von $\mu = np$ sowie $s = n + 1$ und $x_j = j - 1$ für $j = 1, \ldots, n + 1$ in (12.9) die aus schulischer Sicht *definierende Gleichung*

$$V(X) = \sum_{k=0}^{n} (k - np)^2 \binom{n}{k} p^k (1 - p)^{n-k}. \tag{12.10}$$

Warum ist obige Summe gleich $np(1 - p)$? Die erste, auf der Hand liegende Möglichkeit besteht darin, die binomische Formel

$$(k - np)^2 = k^2 - 2npk + n^2 p^2$$

zu verwenden und die in (12.10) stehende Summe mit der Abkürzung (12.3) in der Form

$$\sum_{k=0}^{n} k^2 b_n(k, p) - 2np \sum_{k=0}^{n} k b_n(k, p) + n^2 p^2 \sum_{k=0}^{n} b_n(k, p) \tag{12.11}$$

zu schreiben. Hier ist die zweite Summe gleich dem Erwartungswert von X, also gleich np, und die dritte gleich 1; aber wie erhalten wir einen geschlossenen Ausdruck für die erste Summe, in denen die Quadrate k^2 auftreten? Hier bereitet ein Blick auf (12.7) und (12.8) eine schöne Idee vor. Leitet man (12.7) und (12.8) zweimal ab und betrachtet die Ableitung an der Stelle $t = 1$, so folgt

$$n(n - 1)p^2 = \sum_{k=2}^{n} k(k - 1) \binom{n}{k} p^k (1 - p)^{n-k}.$$

Die Idee besteht jetzt darin, k^2 in der Form $k(k - 1) + k$ zu schreiben. Damit werden die erste Summe in (12.11) zu $n(n - 1)p^2 + np$ und (12.11) zu

$$n(n - 1)p^2 + np - 2npnp + n^2 p^2 = np(1 - p),$$

was zu zeigen war.

Darstellung (12.10) ist nichts anderes als die aus der Definition der Varianz, nämlich $V(X) := E[(X - E(X))^2]$, abgeleitete Darstellungsformel. Eine elegantere Möglichkeit, die Formel $V(X) = np(1 - p)$ herzuleiten, besteht darin, wie schon beim Erwartungswert die Gleichung (12.6) auszunutzen. Nach (1.22) erhält man dann ebenfalls $V(X) = np(1 - p)$.

12.8 Das Additionsgesetz für die Binomialverteilung

Sind X und Y stochastisch unabhängige Zufallsgrößen mit den Binomialverteilungen Bin$(m; p)$ bzw. Bin$(n; p)$, so besitzt die Summe $X+Y$ die Binomialverteilung Bin$(m+n; p)$.

Dieses *Additionsgesetz für die Binomialverteilung* folgt rein rechnerisch, indem man für jedes $k \in \{0, 1, \ldots, m+n\}$ das Ereignis $\{X+Y = k\}$ in die paarweise disjunkten Ereignisse $\{X = j, Y = k-j\}$, $j = 0, 1, \ldots, k$, zerlegt. Unter Verwendung der Gleichung (1.25) von Vandermonde ergibt sich damit

$$
\begin{aligned}
P(X+Y = k) &= \sum_{j=0}^{k} P(X = j)P(Y = k-j) \\
&= \sum_{j=0}^{k} \binom{m}{j} p^j (1-p)^{m-j} \binom{n}{k-j} p^{k-j}(1-p)^{n-(k-j)} \\
&= p^k (1-p)^{m+n-k} \sum_{j=0}^{n} \binom{m}{j}\binom{n}{k-j} \\
&= \binom{m+n}{k} p^k (1-p)^{m+n-k}, \qquad k = 0, 1, \ldots, m+n.
\end{aligned}
$$

Somit hat $X+Y$ in der Tat die Verteilung Bin$(m+n; p)$. Diese Rechnung liefert jedoch keinerlei *begriffliche Einsicht*, *warum* dieses Additionsgesetz für die Binomialverteilung gilt.

Eine solche Einsicht stellt sich unmittelbar ein, wenn $A_1, \ldots, A_{m+n}$ stochastisch unabhängige Ereignisse mit gleicher Wahrscheinlichkeit p sind und $X := \sum_{j=1}^{m} 1\{A_j\}$ bzw. $Y := \sum_{j=m+1}^{m+n} 1\{A_j\}$ die Anzahl der eintretenden Ereignisse unter $A_1, \ldots, A_m$ bzw. unter $A_{m+1}, \ldots, A_{m+n}$ modellieren. Die Zufallsgrößen X und Y sind stochastisch unabhängig und besitzen die Binomialverteilungen Bin$(m; p)$ bzw. Bin$(n; p)$ (und damit ist die Verteilung von $X+Y$ nach obiger Rechnung festgelegt). Die Zufallsgröße $X+Y = \sum_{j=1}^{m+n} 1\{A_j\}$ hat aber als Indikatorsumme von $m+n$ unabhängigen Ereignissen, die alle die gleiche Wahrscheinlichkeit p besitzen, die Binomialverteilung Bin$(m+n; p)$. Wir müssen also gar nicht rechnen, sondern schalten einfach m und n unabhängige Bernoulli-Versuche gedanklich hintereinander!

12.9 Zentraler Grenzwertsatz

Betrachtet man bei festem p mit $0 < p < 1$ die Binomialverteilung Bin$(n; p)$ in Abhängigkeit von n und lässt n über alle Grenzen wachsen, so konvergieren sowohl der Erwartungswert np als physikalischer Schwerpunkt der durch die Binomialwahrscheinlichkeiten gegebenen Massenverteilung als auch die Varianz $np(1-p)$ gegen Unendlich. Abbildung 12.4 veranschaulicht diesen Sachverhalt anhand der Fälle $p = 0, 3$ und $n = 5$, $n = 50$ und $n = 130$.

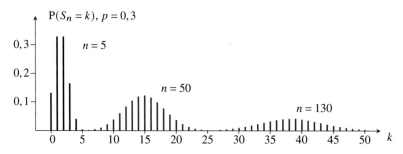

Abb. 12.4. Stabdiagramme der Verteilung Bin$(n; 0, 3)$ für $n = 5$, $n = 50$ und $n = 130$

Bei der Beschriftung der vertikalen Achse haben wir die bislang mit X bezeichnete binomialverteilte Zufallsvariable jetzt S_n genannt und werden das auch für den Rest dieses Kapitels tun. Zum einen kennzeichnet der Index n die Abhängigkeit von n, zum anderen steht der Buchstabe S für *Summe*. Hierdurch wird betont, dass S_n strukturell eine Indikatorsumme ist. Die Stabdiagramme zeigen, dass der Schwerpunkt bei wachsendem n „abwandert", und dass die maximale Wahrscheinlichkeit immer kleiner wird; das Schaubild wird immer flacher. Anschaulich gesprochen „fransen die Verteilungen bei wachsendem n immer mehr aus".

Diesen Effekten wirkt die *Standardisierung* von S_n entgegen. Bei der Standardisierung wird S_n so transformiert, dass der Erwartungswert np subtrahiert und dann durch die Standardabweichung $\sqrt{np(1-p)}$ dividiert wird. Die standardisierte Zufallsgröße sei in der Folge mit

$$\widetilde{S}_n := \frac{S_n - np}{\sqrt{np(1-p)}}$$

bezeichnet. Sie besitzt den Erwartungswert null und die Varianz eins.

Da S_n die Werte $k \in \{0, 1, \ldots, n\}$ annimmt, hat $\widetilde{S}_n$ die möglichen Realisierungen $x_{n,k}$, $k = 0, 1, \ldots, n$, wobei

$$x_{n,k} := \frac{k - np}{\sqrt{np(1-p)}}, \qquad k = 0, 1, \ldots, n,$$

gesetzt ist. Weiter gilt $P(\widetilde{S}_n = x_{n,k}) = b_n(k, p)$, wobei wie zuvor

$$b_n(k, p) = \binom{n}{k} p^k (1-p)^{n-k}, \qquad k = 0, 1, \ldots, n,$$

ist. Wegen $x_{n,k+1} - x_{n,k} = (np(1-p))^{-1/2}$ konvergiert der Abstand zwischen je zwei benachbarten Werten, die $\widetilde{S}_n$ annehmen kann, bei wachsendem n gegen null. Wir machen jetzt die im Punkt $x_{n,k}$ angebrachte Wahrscheinlichkeitsmasse in Form einer Rechteckfläche sichtbar (siehe Abb. 12.5).

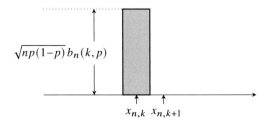

$$\sqrt{np(1-p)}\,b_n(k,p)$$

$$x_{n,k}\ \ x_{n,k+1}$$

Abb. 12.5. Die in $x_{n,k}$ angebrachte Punktmasse als Rechteckfläche

Die Breite dieses auf der Abszisse im Punkt $x_{n,k}$ zentrierten Rechtecks ist gerade der Abstand $(np(1-p)^{-1/2})$ zwischen $x_{n,k+1}$ und $x_{n,k}$. Damit die Fläche des blau gezeichneten Rechtecks gleich der Binomialwahrscheinlichkeit $b_n(k,p)$ ist, muss $b_n(k,p)$ mit dem Faktor $\sqrt{np(1-p)}$ gestreckt werden.

Was passiert, wenn man alle diese für $k = 0, 1, \ldots, n$ entstehenden Rechtecke aneinandersetzt? Man erhält dann ein *Histogramm* der standardisierten Binomialverteilung $\mathrm{Bin}(n;p)$ (siehe hierzu das Video 12.3).

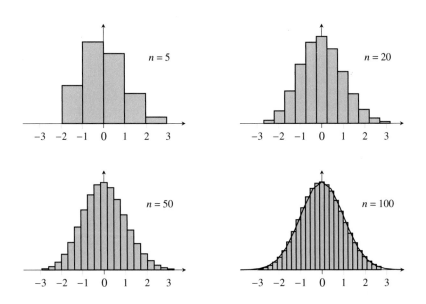

Abb. 12.6. Histogramme standardisierter Binomialverteilungen

Abbildung 12.6 zeigt Histogramme standardisierter Binomialverteilungen mit $p = 0,3$ für verschiedene Werte von n. Während in den Fällen $n = 5$ und $n = 20$ noch eine deutliche Asymmetrie in Bezug auf die vertikale Achse ins Auge springt, ist diese im Fall $n = 50$

weniger ausgeprägt. Im Fall $n = 100$ ist zusätzlich der Graph der Dichte

$$\varphi(x) = \frac{1}{\sqrt{2\pi}} \exp\left(-\frac{x^2}{2}\right), \quad x \in \mathbb{R},$$

der Standardnormalverteilung eingezeichnet.

Der *zentrale Grenzwertsatz* von A. de Moivre (1667–1754) und P. S. Laplace (1749–1827) besagt, dass für jedes p mit $0 < p < 1$ und jedes Intervall $[a, b]$ die Wahrscheinlichkeit, dass die standardisierte Zufallsgröße $\widetilde{S}_n$ einen Wert im Intervall $[a, b]$ annimmt, beim Grenzübergang $n \to \infty$ gegen das Integral der Funktion φ über dem Intervall $[a, b]$ konvergiert, d. h., es gilt

$$\lim_{n \to \infty} \mathrm{P}\left(a \le \frac{S_n - np}{\sqrt{np(1-p)}} \le b\right) = \int_a^b \varphi(x)\,\mathrm{d}x \qquad (12.12)$$

für jede Wahl von a und b mit $a < b$.

Abbildung 12.6 legt natürlich nahe, dass (12.12) *gelten kann*, aber wie lässt sich der zentrale Grenzwertsatz von de Moivre–Laplace beweisen?

Hierbei ist zunächst wichtig, dass Aussage (12.12) nur ein Spezialfall allgemeinerer Resultate über Summen stochastisch unabhängiger Zufallsgrößen ist. Eines dieser Resultate ist der *zentrale Grenzwertsatz* von J. W. Lindeberg (1876–1932) und P. Lévy (1886–1971). Um diesen Satz zu formulieren, seien $Y_1, Y_2, \ldots$ stochastisch unabhängige und identisch verteilte Zufallsgrößen, die den Erwartungswert μ und eine mit σ^2 bezeichnete positive Varianz besitzen. Dann gilt für jedes Intervall $[a, b]$ die Grenzwertaussage

$$\lim_{n \to \infty} \mathrm{P}\left(a \le \frac{\sum_{j=1}^n Y_j - n\mu}{\sigma\sqrt{n}} \le b\right) = \int_a^b \varphi(x)\,\mathrm{d}x \qquad (12.13)$$

(siehe z. B. [17], S. 215/216). Der zentrale Grenzwertsatz von de Moivre–Laplace ergibt sich hieraus, indem man speziell $Y_j = \mathbf{1}\{A_j\}$ setzt, wobei $A_1, A_2, \ldots$ stochastisch unabhängige Ereignisse mit gleicher Wahrscheinlichkeit p sind.

Der Beweis von (12.13) erfordert fortgeschrittene analytische Hilfsmittel, aber ein Nachweis von (12.12) ist mithilfe von Techniken einer Analysis-1-Vorlesung möglich. Im Spezialfall $p = \frac{1}{2}$ und $2n$ anstelle von n ist der Beweis in [15], S. 229–232, ausgeführt. Warum die Kreiszahl π ins Spiel kommt, wird klar, wenn man die Grenzwertaussage

$$\lim_{n \to \infty} \frac{\binom{2n}{n}}{2^{2n}} \cdot \sqrt{n} = \frac{1}{\sqrt{\pi}}$$

kennt. Diese folgt aus der Wallis-Produktdarstellung von π (vgl. Abschn. A.3).

Was die Konvergenzgeschwindigkeit in (12.12) und damit die Brauchbarkeit der Approximation

$$\mathrm{P}\left(np + a\sqrt{np(1-p)} \le S_n \le np + b\sqrt{np(1-p)}\right) \approx \int_a^b \varphi(x)\,\mathrm{d}x \qquad (12.14)$$

bei großem n betrifft, sind neuere Forschungsergebnisse in [35] veröffentlicht (siehe hierzu auch das Video 12.4). Unter anderem findet sich dort die für jedes $n \geq 6$ und jedes p mit $\frac{1}{6} \leq p \leq \frac{5}{6}$ und jedes Intervall $[a,b]$ mit $a < b$ geltende Ungleichung

$$\left| P\left(a \leq \frac{S_n - np}{\sqrt{np(1-p)}} \leq b \right) - \int_a^b \varphi(x)\,dx \right| < \sqrt{\frac{2}{\pi}} \cdot \frac{1 - 2p(1-p)}{\sqrt{np(1-p)}}. \tag{12.15}$$

Wegen

$$\int_{-1}^{1} \varphi(x)\,dx \approx 0{,}682, \qquad \int_{-2}^{2} \varphi(x)\,dx \approx 0{,}954, \qquad \int_{-3}^{3} \varphi(x)\,dx \approx 0{,}997$$

folgen aus (12.14) die sogenannten *Sigma-Regeln*: Bei großem n gelten

$$P\left(np - \sqrt{np(1-p)} \leq S_n \leq np + \sqrt{np(1-p)} \right) \approx 0{,}682,$$

$$P\left(np - 2\sqrt{np(1-p)} \leq S_n \leq np + 2\sqrt{np(1-p)} \right) \approx 0{,}954,$$

$$P\left(np - 3\sqrt{np(1-p)} \leq S_n \leq np + 3\sqrt{np(1-p)} \right) \approx 0{,}997.$$

Insbesondere ist also die Wahrscheinlichkeit, dass sich eine binomialverteilte Zufallsvariable von ihrem Erwartungswert betragsmäßig um höchstens das Zweifache der Standardabweichung unterscheidet, bei großem n ungefähr gleich 0,954. Dabei kann die Genauigkeit obiger Approximationen mithilfe von (12.15) beurteilt werden.

12.10 Das Gesetz seltener Ereignisse

Im Unterschied zu Abschn. 12.9 betrachten wir jetzt eine Approximation der Binomialverteilung *bei großem n und kleinem p*. Genauer gesagt seien $\mathrm{Bin}(n; p_n)$, $n \geq 1$, Binomialverteilungen mit

$$\lambda = np_n, \qquad 0 < \lambda < \infty.$$

Eine immer größer werdende Versuchsanzahl n wird also durch eine immer kleinere Trefferwahrscheinlichkeit $p_n = \frac{\lambda}{n}$ dahingehend kompensiert, dass die *erwartete Trefferanzahl* konstant bleibt. Für jedes $k \in \{0, 1, 2, \ldots\}$ und jedes n mit $n \geq k$ gilt dann

$$\binom{n}{k} p_n^k (1 - p_n)^{n-k} = \frac{\lambda^k}{k!} \cdot \frac{n(n-1) \cdot \ldots \cdot (n-k+1)}{n^k} \cdot \left(1 - \frac{\lambda}{n} \right)^{-k} \cdot \left(1 - \frac{\lambda}{n} \right)^{n}.$$

Da auf der rechten Seite der zweite und dritte Faktor für $n \to \infty$ jeweils gegen eins und der letzte gegen $e^{-\lambda}$ konvergieren, gilt das *Gesetz seltener Ereignisse*

$$\lim_{n \to \infty} \binom{n}{k} p_n^k (1 - p_n)^{n-k} = e^{-\lambda} \cdot \frac{\lambda^k}{k!}, \qquad k = 0, 1, 2, \ldots \tag{12.16}$$

Rechts stehen die Wahrscheinlichkeiten $P(X = k)$ einer Zufallsgröße X, die eine *Poisson-Verteilung* mit Parameter λ besitzt (siehe z. B. [15], Kap. 24, oder das Video 12.5). Aus diesem Grund wird das Gesetz seltener Ereignisse oft auch als *Poisson-Approximation der Binomialverteilung* bezeichnet.

12.11 Randbemerkungen

Stabdiagramme und Histogramme sind begrifflich streng zu unterscheiden. Während Stabdiagramme *diskrete* Wahrscheinlichkeitsverteilungen veranschaulichen, machen Histogramme Häufigkeitsverteilungen gruppierter Daten mithilfe von Rechteckflächen sichtbar.

Bei Darstellungen diskreter Verteilungen wie in Abb. 12.2 und 12.3 sind die schmalen Säulen als Stäbchen zu denken. Diese Stäbchen, deren Längen sich zu eins aufsummieren, haben *begrifflich keine Breite*, weil die Wahrscheinlichkeiten in einzelnen *Punkten* konzentriert sind. Diskrete Verteilungen haben mit Flächen begrifflich nichts zu tun, und der in der Schule mittlerweile inflationär verwendete Begriff „Histogramm" verwässert die Konzepte einer diskreten und einer stetigen Zufallsgröße (siehe hierzu [24] oder das Video 12.2).

Der Begriff *Histogramm* wurde 1891 von K. Pearson (1857–1936) eingeführt. Histogramme machen empirische Häufigkeitsverteilungen auch bei großen Datenmengen sichtbar. Dabei werden Rechtecke gezeichnet, deren Flächeninhalte gleich der jeweiligen Häufigkeit der Daten aus demjenigen Intervall sind, das die Grundseite des Rechtecks (auf der Rechtsachse) bildet. Zur Veranschaulichung des zentralen Grenzwertsatzes von de Moivre–Laplace wie in Abb. 12.6 müssen die in einzelnen Punkten angebrachten Wahrscheinlichkeitsmassen der *standardisierten* Binomialverteilung zu Flächen „verschmiert werden". Zu diesem Zweck sind also Histogramme im Zusammenhang mit der Binomialverteilung sinnvoll. Im rezeptfreien Material finden sich weitere Details zu Stabdiagrammen und Histogrammen.

12.12 Rezeptfreies Material

Video 12.1: „Das Maximum beim Stabdiagramm der Binomialverteilung"

```
https://www.youtube.com/watch?v=c2QRMi3P3NI
```

Video 12.2: „Stabdiagramme ade – nur noch Histogramme???"

```
https://www.youtube.com/watch?v=1aBMvzTeMuk
```

Video 12.3: „Zentraler Grenzwertsatz für die Binomialverteilung (Veranschaulichung)"

```
https://www.youtube.com/watch?v=ub_7ttJvZj8
```

Video 12.4: „Zentraler Grenzwertsatz für die Binomialverteilung: Optimale Fehlerabschätzung"

```
https://www.youtube.com/watch?v=rsNxTLjyC-4
```

Video 12.5: „Die Poisson-Verteilung"

```
https://www.youtube.com/watch?v=vCxEwL0c0ao
```

12.13 Aufgaben

Aufgabe 12.1
In $m + n$ unabhängigen Bernoulli-Versuchen mit gleicher Trefferwahrscheinlichkeit seien k
Treffer aufgetreten, wobei $1 \leq k \leq m + n - 1$ gelte. Bestimme die Wahrscheinlichkeit, dass
von diesen Treffern genau ℓ in den ersten m Versuchen auftraten, $\ell \in \{0, 1, \ldots, m\}$.

Hinweis: Die Antwort hängt nicht von der Trefferwahrscheinlichkeit ab.

Aufgabe 12.2
Anja wirft n-mal in unabhängiger Folge mit einem unverfälschten Würfel. Jedes Mal, wenn
Anja eine Sechs würfelt, wirft Bettina eine faire Münze mit den Seiten Zahl und Wappen.
Welche Verteilung besitzt die Anzahl der insgesamt erzielten Wappen?

Hinweis: Du musst hier gar nicht rechnen!

Aufgabe 12.3
Auf dem WTR gibt es die durch

$$\texttt{binomcdf}(n, p, k) := \sum_{j=0}^{k} \binom{n}{j} p^j (1 - p)^{n-j}$$

definierte Funktion binomcdf ($n \in \mathbb{N}$, $0 < p < 1$, $k \in \{0, \ldots, n\}$). Zeige das folgende *Sym-
metriegesetz für die kumulative binomiale Verteilungsfunktion*: Es gilt

$$\texttt{binomcdf}(n, p, k) = 1 - \texttt{binomcdf}(n, 1 - p, n - k - 1).$$

Aufgabe 12.4
365 Personen haben mit gleicher Wahrscheinlichkeit und unabhängig voneinander an jedem der 365 Tage eines Jahres (ohne 29. Februar) Geburtstag (Annahme). Ermittle die
Wahrscheinlichkeit, dass

a) keine Person am 7. Februar Geburtstag hat,

b) genau eine Person am 7. Februar Geburtstag hat.

Welche Werte ergeben sich jeweils, wenn man das Gesetz seltener Ereignisse (12.16)
anwendet?

Schlusswort

Nachdem Sie beim Lesen oder Durcharbeiten bis an diese Stelle vorgedrungen sind, können Sie nun beurteilen, ob die von uns gesteckten Ziele erreicht worden sind. Für einen rezeptfreien, lebendigen und problemorientierten Stochastikunterricht ist sicherlich ein solides fachliches Fundament unverzichtbar, aber das gilt selbstverständlich in gleicher Weise für alle anderen, schulisch relevanten Bereiche der Mathematik.

Die spezifischen Denkweisen der Stochastik erfordern aber noch mehr, nämlich eine innere Bereitschaft, wenn nicht sogar einen gewissen Mut, sich „Meister Zufall hinzugeben". Die Durchführung von Zufallsversuchen ist immer mit einer gewissen Unsicherheit verbunden, und Unterricht, der einen Schwerpunkt auf das Problemlösen legt, ist schwieriger zu planen als instruktiver Unterricht. Aus diesem Grund haben wir Ihnen in jedem der Kapitel, in denen ein interessantes Problem vorgestellt wird, sowohl die zugrunde liegende Mathematik als auch detaillierte Vorschläge zur motivierenden, schüleraktivierenden Umsetzung im Unterricht zusammengetragen.

Wir hoffen, dass Sie Lust auf Stochastik bekommen haben und es vielleicht gar nicht mehr erwarten können, einige unserer Vorschläge zusammen mit Ihren Schülern umzusetzen. Vielleicht schaffen es ja sogar der allgemeine binomische Lehrsatz oder die geometrische Reihe, Einzug in Ihren Unterricht zu halten.

Wir hatten bei der Erprobung der hier vorgestellten Unterrichtseinheiten viel Spaß und haben selbst einiges dazugelernt. Das Gleiche wünschen wir auch Ihnen!

A

Fachliche Vertiefung

Die Abschnitte dieses Kapitels besitzen einen unterschiedlichen Schwierigkeitsgrad. In Abschn. A.1 zeigen wir, wie die geometrische Reihe und ihre Ableitung auch auf Schulniveau motiviert werden können, und wir weisen auf mögliche Schüleraktivitäten hin. Abschnitt A.2 über harmonische Zahlen und die Euler-Mascheroni-Konstante eignet sich als Grundlage für stärkere Schüler, unter anderem für Referate. Gleiches gilt für die Abschnitte über die Wallis-Produktdarstellung der Kreiszahl π, zur Kreisteilungsfolge und zu den Stirling-Zahlen erster Art. Bei letzterem Abschnitt sind zudem mögliche Schüleraktivitäten aufgeführt. Abschnitt A.6 über erzeugende Funktionen und Abschn. A.7 über das allgemeine Konzept, das der Berechnungsformel $E(X) = \int_{-\infty}^{\infty} x f(x)\, dx$ für den Erwartungswert eine stetigen Zufallsgröße mit Dichte f zugrunde liegt, haben in erster Linie Fortbildungscharakter.

Die Hinweise auf mögliche Schüleraktivitäten in Abschn. A.1 und A.5 stehen meist nach einem wichtigen Ergebnis, also einem grauen Kasten. Gemäß dem didaktischen Prinzip, induktiv vorzugehen, ist es natürlich sinnvoll, in einem unterrichtlichen Gedankengang von den Beispielen und Schüleraktivitäten ausgehend zum Allgemeinen zu abstrahieren.

A.1 Die geometrische Reihe und ihre Ableitung

Im Zusammenhang mit wiederholten Bernoulli-Versuchen oder anderen stochastischen Vorgängen kann es theoretisch beliebig lange dauern, bis ein bestimmtes Ereignis eintritt. So kommen in Kap. 4, 8, 9 und 10 Zufallsgrößen vor, die jeden der Werte $k = 1, 2, \ldots$ mit positiver Wahrscheinlichkeit annehmen können. Für eine solche Zufallsgröße erhält man den Erwartungswert nach der Regel „Bilde die Summe aus Wert mal Wahrscheinlichkeit" gemäß

$$E(X) = \sum_{k=1}^{\infty} k \cdot P(X = k). \tag{A.1}$$

Man muss also den Wert einer unendlichen Reihe kennen. Beschreibt etwa X die Anzahl unabhängiger Bernoulli-Versuche mit gleicher Trefferwahrscheinlichkeit p bis zum ersten Treffer, so gilt $P(X = k) = (1-p)^{k-1} p$, $k \geq 1$, und die Bestimmung von $E(X)$ gemäß (A.1) führt auf die Ableitung der geometrischen Reihe (siehe (A.5)). Ein in Kap. 9 vorgestelltes Beispiel zeigt, dass (entgegen jeglicher Intuition!) in (A.1) auch der Fall $E(X) = \infty$ eintreten kann.

© Der/die Herausgeber bzw. der/die Autor(en), exklusiv lizenziert durch Springer-Verlag GmbH, DE, ein Teil von Springer Nature 2021
N. Henze et al., *Stochastik rezeptfrei unterrichten*,
https://doi.org/10.1007/978-3-662-62744-0

Im Folgenden legen wir dar, wie wichtige Reihenwerte auch ohne tieferes Wissen aus der Analysis auf Schulniveau motiviert werden können.

Die Reihe $1 + x + x^2 + x^3 + \dots$

Die Reihe

$$1 + x + x^2 + x^3 + \dots = \sum_{k=0}^{\infty} x^k$$

heißt *geometrische Reihe*. Sie konvergiert genau dann, wenn die Bedingung $|x| < 1$ erfüllt ist. Dann gilt

$$\sum_{k=0}^{\infty} x^k = \frac{1}{1-x} \quad \text{für } |x| < 1. \tag{A.2}$$

In der Stochastik ist x oft eine Wahrscheinlichkeit oder eine Potenz davon und damit positiv, sodass sogar $0 < x < 1$ erfüllt ist.

Gleichung (A.2) lässt sich durch Ausmultiplizieren und anschließendes Nachdenken herleiten: Wir multiplizieren den Ausdruck $1 + x + x^2 + \dots + x^n$ mit $1 - x$ und verwenden das Distributivgesetz. Damit ergibt sich

$$\left(1 + x + x^2 + \dots + x^n\right)(1-x) = 1 + x + x^2 + \dots + x^n - x - x^2 - x^3 - \dots - x^{n+1}$$

$$= 1 - x^{n+1}.$$

Dabei haben sich viele Terme, und zwar alle außer dem ersten und dem letzten, gegenseitig weggehoben.

Für jedes x mit $x \neq 1$ gilt also die (*endliche*) *geometrische Summenformel*

$$1 + x + \dots + x^n = \frac{1 - x^{n+1}}{1-x}. \tag{A.3}$$

Ist $|x| < 1$, so gilt $x^{n+1} \to 0$ für $n \to \infty$.

An dieser Stelle können Sie Ihre Schüler für $x = 0{,}5$ die ersten Folgenglieder $x^1, x^2, x^3, \dots$ berechnen lassen und sie fragen, ob sie eine Vermutung haben, was passiert, wenn man immer weitere Folgenglieder hinzunimmt. Dann liegt die Frage nahe, ab dem wievielten Glied die Folgenglieder nur noch ein Millionstel von 0 entfernt sind, also der Wert höchstens $0{,}000001$ beträgt.

Wir erhalten

$$\left(\sum_{k=0}^{\infty} x^k\right)(1-x) = 1, \quad |x| < 1,$$

also folgendes Resultat:

Für $|x| < 1$ gilt

$$\sum_{k=0}^{\infty} x^k = \frac{1}{1-x}.$$

Damit haben wir für die unendliche Reihe eine geschlossene Formel.

Auch in diesem Zusammenhang sind Schüleraktivitäten möglich. So könnte ein Auftrag lauten, die Terme

- $\left(1 + x + x^2\right) \cdot (1 - x),$
- $\left(1 + x + x^2 + x^3\right) \cdot (1 - x),$
- $\left(1 + x + x^2 + x^3 + \ldots + x^8\right) \cdot (1 - x)$

auszumultiplizieren und dann so weit wie möglich zu vereinfachen. Dann könnte man fragen, was sich (ohne Rechnung) für

- $\left(1 + x + x^2 + x^3 + \ldots + x^{100}\right) \cdot (1 - x)$

und

- $\left(1 + x + x^2 + x^3 + \ldots + x^n\right) \cdot (1 - x)$

ergibt.

Die Reihe $1 + 2x + 3x^2 + 4x^3 + \ldots$

Wie nach (A.1) bemerkt, treten auch Reihen der Form

$$1 + 2x + 3x^2 + \ldots = \sum_{k=1}^{\infty} k x^{k-1} \tag{A.4}$$

auf. Für diese Reihe gibt es ebenfalls eine geschlossene Formel, die wir nun herleiten.

Die geometrische Reihe ist eine Potenzreihe mit dem Konvergenzradius 1. Sie lässt sich im offenen Intervall $(-1, 1)$ gliedweise ableiten, d. h., es gilt

$$\left(\sum_{k=0}^{\infty} x^k\right)' = \sum_{k=0}^{\infty} \left(x^k\right)' = \sum_{k=1}^{\infty} k x^{k-1}, \quad |x| < 1.$$

Setzen wir hier ganz links innerhalb der Klammer den Ausdruck auf der rechten Seite von (A.2) ein, so folgt

$$\left(\frac{1}{1-x}\right)' = \sum_{k=0}^{\infty} k x^{k-1}.$$

Die Ableitung auf der linken Seite können wir mithilfe der Kettenregel erhalten, und es ergibt sich damit folgendes Resultat:

Für jedes x mit $|x| < 1$ gilt

$$\sum_{k=0}^{\infty} k x^{k-1} = \frac{1}{(1-x)^2}. \tag{A.5}$$

Es ist aber auch möglich, ohne Differentiation zu diesem Ergebnis zu gelangen: Dazu multiplizieren wir $1 + 2x + 3x^2 + \ldots + n x^{n-1}$ mit $1 - x$. Es ergibt sich

$$
\begin{aligned}
(1 + 2x + 3x^2 + \ldots + n x^{n-1})(1-x) &= 1 + 2x + 3x^2 + \ldots + n x^{n-1} \\
&\quad -x - 2x^2 - 3x^3 - \ldots - n x^n \\
&= 1 + x + x^2 + \ldots + x^{n-1} - n x^n.
\end{aligned} \tag{A.6}
$$

Diesen Ausdruck multiplizieren wir ebenfalls mit $1 - x$ und erhalten

$$
\begin{aligned}
\left(1 + x + x^2 + \ldots + x^{n-1} - n x^n\right)(1-x) &= 1 + x + x^2 + \ldots + x^{n-1} - n x^n \\
&\quad -x - x^2 - x^3 - \ldots - x^n + n x^{n+1} \\
&= 1 - x^n - n x^n + n x^{n+1} \\
&= 1 - x^n - (1-x) n x^n.
\end{aligned} \tag{A.7}
$$

Falls $|x| < 1$, so gelten

$$x^n \to 0 \quad \text{und} \quad n x^n \to 0 \quad \text{für} \quad n \to \infty.$$

Damit folgt aus (A.6) und (A.7)

$$\lim_{n \to \infty} \left(1 + 2x + 3x^2 + \ldots + n x^{n-1}\right)(1-x)^2 = 1$$

$$\iff \lim_{n \to \infty} \left(1 + 2x + 3x^2 + \ldots + n x^{n-1}\right) = \frac{1}{(1-x)^2},$$

und wir erhalten

$$\sum_{k=1}^{\infty} k x^{k-1} = \frac{1}{(1-x)^2}.$$

A.2 Harmonische Zahlen und Euler-Mascheroni-Konstante

Die *n-te harmonische Zahl* H_n ist durch

$$\mathrm{H}_n := 1 + \frac{1}{2} + \frac{1}{3} + \ldots + \frac{1}{n}, \quad n \geq 1,$$

definiert. Für die Folge $(\mathrm{H}_n)_{n \geq 1}$ gilt

$$\lim_{n\to\infty} (H_n - \ln n) = C, \tag{A.8}$$

wobei $C = 0{,}57721\ldots$ die nach L. Euler (1707–1783) und L. Mascheroni (1750–1800) (sprich: „Maskeroni") benannte sogenannte *Euler–Mascheroni-Konstante* bezeichnet. Euler hat die ersten 15 Dezimalstellen von C berechnet. Mascheroni konnte vier weitere richtige Dezimalstellen hinzufügen. Bis heute (2020) sind mehr als 10^6 Dezimalstellen von C bekannt, aber man weiß noch nicht, ob C rational oder irrational ist. Ein einfacher Beweis der Konvergenz der Folge $(H_n - \ln n)$ findet sich im Video A.1.

Aus (A.8) folgt insbesondere

$$\sum_{k=1}^{\infty} \frac{1}{k} = \infty,$$

also die Divergenz der *harmonischen Reihe*. Letztere ergibt sich auch ohne Zuhilfenahme von (A.8), denn für jedes $n \geq 1$ gilt ja

$$\frac{1}{2^n+1} + \frac{1}{2^n+2} + \ldots + \frac{1}{2^{n+1}} \geq \frac{1}{2}.$$

Weiterführendes rezeptfreies Material

Video A.1: „Harmonische Zahlen und Euler-Mascheroni-Konstante"

`https://www.youtube.com/watch?v=6BAFVb5mXdk`

A.3 Die Wallis-Produktdarstellung für die Kreiszahl π

Von J. Wallis (1616–1703), der unter anderem das Symbol ∞ einführte, stammt die berühmte Produktdarstellung

$$\pi = \lim_{n\to\infty} \frac{2^2 \cdot 4^2 \cdot \ldots \cdot (2n)^2}{1^2 \cdot 3^2 \cdot \ldots \cdot (2n-1)^2} \cdot \frac{1}{n}$$

für die Kreiszahl π. Einen Beweis dieses frappierenden Resultats für einen Leistungskurs enthält das am Ende dieses Abschnitts aufgeführte Video A.2.

Interessanterweise kommt dabei π nur dadurch ins Spiel, dass die Länge des Intervalls von 0 bis $\frac{\pi}{2}$ gleich $\frac{\pi}{2}$ ist. Aus obiger Darstellung folgt durch Ziehen der Wurzel und Übergang zum Kehrwert die Limesbeziehung

$$\frac{1}{\sqrt{\pi}} = \lim_{n\to\infty} \binom{2n}{n} \left(\frac{1}{2}\right)^{2n} \cdot \sqrt{n}$$

für die maximale Einzelwahrscheinlichkeit der Binomialverteilung $\mathrm{Bin}(2n; \frac{1}{2})$.

Weiterführendes rezeptfreies Material

Video A.2: „Die Wallis-Produktdarstellung für die Kreiszahl Pi"

`https://www.youtube.com/watch?v=4VZVF-G3ctE&t=3s`

A.4 Kreisteilungsfolge

Wir wählen n Punkte auf einem Kreisrand. Dann wird jeder dieser Punkte mit jedem anderen durch eine Strecke verbunden. Die einzige Einschränkung ist, dass sich in einem Punkt nie mehr als zwei Strecken schneiden.

In wie viele Teile wird das Kreisinnere unterteilt?

Bezeichnet a_n die Anzahl der entstehenden Teile, so stellt man durch Zeichnen und Zählen schnell fest, dass $a_1 = 1$, $a_2 = 2$, $a_3 = 4$, $a_4 = 8$ und $a_5 = 16$ gelten. Das nächste Folgenglied ist jedoch nicht 32! Mit der Festsetzung $\binom{n}{j} := 0$, falls $n < j$, gilt vielmehr

$$a_n = 1 + \binom{n}{2} + \binom{n}{4}, \quad n \geq 1.$$

Weiterführendes rezeptfreies Material

Video A.3: „Die Kreisteilungsfolge $1, 2, 4, 8, 16, \ldots$"

`https://www.youtube.com/watch?v=t__Ld2rMgTs`

A.5 Stirling-Zahlen erster Art

Die nach J. Stirling (1692–1770) benannten *Stirling-Zahlen erster Art* spielen eine wichtige Rolle in der Kombinatorik, und sie treten an verschiedenen Stellen auf. Die Stirling-Zahlen erster Art sind für jede natürliche Zahl n und jedes $k \in \{1, \ldots, n\}$ definiert durch die *Randbedingungen*

$$\begin{bmatrix} n \\ 1 \end{bmatrix} := (n-1)!, \quad \begin{bmatrix} n \\ n \end{bmatrix} := 1 \tag{A.9}$$

und die *Rekursionsformel*

$$\begin{bmatrix} n \\ k \end{bmatrix} = \begin{bmatrix} n-1 \\ k-1 \end{bmatrix} + (n-1) \begin{bmatrix} n-1 \\ k \end{bmatrix}, \quad n \geq 2, \ k \in \{2, \ldots, n-1\}. \tag{A.10}$$

Es ist $\begin{bmatrix} n \\ k \end{bmatrix}$ die Anzahl der Permutationen der Zahlen $1, \ldots, n$, die in k Zyklen zerfallen (siehe das Beispiel (5.12) und die anschließenden Betrachtungen). Aus diesem Grund wird

$\left[\begin{smallmatrix}n\\k\end{smallmatrix}\right]$ auch n *Zyklus* k gelesen. In Kap. 5 haben wir gesehen, dass die Anzahl der Rekorde in einer Permutation der Zahlen $1,\dots,n$ ebenfalls die Randbedingungen (A.9) und die Rekursionsformel (A.10) erfüllt. Somit ist $\left[\begin{smallmatrix}n\\k\end{smallmatrix}\right]$ auch die Anzahl der Rekorde in einer solchen Permutation. Da jede der insgesamt $n!$ Permutationen entweder einen Rekord oder zwei Rekorde oder … oder n Rekorde besitzt, folgt nach der Summenregel der Kombinatorik

$$\sum_{k=1}^{n}\begin{bmatrix}n\\k\end{bmatrix}=n!.$$

Tabelle A.1 zeigt einige der Stirling-Zahlen erster Art.

Tab. A.1. Stirling-Zahlen erster Art

n	$\left[\begin{smallmatrix}n\\1\end{smallmatrix}\right]$	$\left[\begin{smallmatrix}n\\2\end{smallmatrix}\right]$	$\left[\begin{smallmatrix}n\\3\end{smallmatrix}\right]$	$\left[\begin{smallmatrix}n\\4\end{smallmatrix}\right]$	$\left[\begin{smallmatrix}n\\5\end{smallmatrix}\right]$	$\left[\begin{smallmatrix}n\\6\end{smallmatrix}\right]$	$\left[\begin{smallmatrix}n\\7\end{smallmatrix}\right]$	$\left[\begin{smallmatrix}n\\8\end{smallmatrix}\right]$	$\left[\begin{smallmatrix}n\\9\end{smallmatrix}\right]$
1	1								
2	1	1							
3	2	3	1						
4	6	11	6	1					
5	24	50	35	10	1				
6	120	274	225	85	15	1			
7	720	1764	1624	735	175	21	1		
8	5040	13068	13132	6769	1960	322	28	1	
9	40320	109584	118124	67284	22449	4536	546	36	1

In Tab. A.1 erkennt man einige Zahlen wie 3, 6, 10, 15, 21 und 28, die auch im Pascalschen Dreieck auftreten, und zwar als $\binom{n}{2}$ für $n\in\{3,4,\dots,8\}$. Gilt vielleicht für jedes $n\geq 2$ die Beziehung

$$\begin{bmatrix}n\\n-1\end{bmatrix}=\binom{n}{2}?\tag{A.11}$$

An dieser Stelle könnten Sie unter Umständen eine Schüleraktivität starten. Die linke Seite von (A.11) ist ja die Anzahl der Permutationen der Zahlen $1,2,\dots,n$, die $n-1$ Rekorde haben. Auf der rechten Seite von (A.11) steht die Anzahl aller Möglichkeiten, aus n Objekten zwei auszuwählen. Was hat das miteinander zu tun? Wenn man für den Fall $n=4$ alle Permutationen, die genau drei Rekorde haben, notiert und sich fragt, an welcher Stelle die 4 stehen kann, so sieht das Ergebnis folgendermaßen aus:

$$1\ 2\ 3\ 4$$

$$\overline{2\ 3\ 4\ 1}$$

$$1\ 3\ 4\ 2$$

$$1\ 2\ 4\ 3$$

$$1\ 3\ 2\ 4$$

$$2\ 3\ 1\ 4$$

$$2\ 1\ 3\ 4$$

Es sind $\binom{4}{2} = 6$ Permutationen; also gilt $\binom{4}{2} = \left[\begin{smallmatrix}4\\3\end{smallmatrix}\right]$. Jede dieser Permutationen korrespondiert zu genau einer zweielementigen Teilmenge von $\{1,2,3,4\}$, und zwar sind dies (in der Reihenfolge der Permutationen) die Teilmengen $\{1,4\}$, $\{2,4\}$, $\{3,4\}$, $\{2,3\}$, $\{1,3\}$ und $\{1,2\}$. Die Konstruktion einer Permutation mit genau drei Rekorden zu einer Teilmenge $\{i,j\}$ mit $i < j$ geschieht so, dass in dieser Permutation i direkt rechts von j steht und die (falls vorhanden) übrigen Zahlen, die kleiner als j sind, aufsteigend sortiert links von j stehen. Die (falls vorhanden) übrigen Zahlen, die größer als j sind, stehen aufsteigend sortiert rechts von i. Diese Konstruktionsvorschrift ordnet allgemein einer zweielementigen Teilmenge $\{i,j\}$ von $\{1,\ldots,n\}$ (genau) eine Permutation von $1,\ldots,n$ zu. Auf diese Weise entsteht etwa im Fall $n = 8$ und $i = 3$ sowie $j = 6$ die Permutation $(1,2,4,5,6,3,7,8)$. Diese hat $7 (= 8 - 1)$ Rekorde.

Ausmultiplizieren von Linearfaktoren

Wir betrachten für eine reelle Zahl x das aus n Faktoren bestehende Produkt

$$x \cdot (x+1) \cdot (x+2) \cdot \ldots \cdot (x+n-1).$$

Als Funktion von x liegt hier ein Polynom (ganzrationale Funktion) vom Grad n vor. Wenn wir ausmultiplizieren und nach Potenzen von x sortieren, entsteht eine Summe, und die Vorfaktoren vor den Potenzen von x sind gerade die Stirling-Zahlen erster Art. Es gilt also

$$x \cdot (x+1) \cdot (x+2) \cdot \ldots \cdot (x+n-1) = \sum_{j=1}^{n} \begin{bmatrix} n \\ j \end{bmatrix} x^j. \qquad \text{(A.12)}$$

Diese Eigenschaft lässt sich mithilfe von (A.9) sowie (A.10) und den Festsetzungen $\begin{bmatrix} n \\ 0 \end{bmatrix} := 0$ sowie $\begin{bmatrix} n \\ j \end{bmatrix} := 0$, falls $n < j$, mithilfe vollständiger Induktion über n beweisen.

Auch in diesem Zusammenhang sind Schüleraktivitäten denkbar. So könnten Schüler die Terme $x \cdot (x+1) \cdot (x+2)$ und $x \cdot (x+1) \cdot (x+2) \cdot (x+3)$ ausmultiplizieren und jeweils nach Potenzen von x sortieren, wobei beim zweiten Term auf das vorherige Ergebnis zurückgegriffen werden kann. Die Lösungen sind

$$x \cdot (x+1) \cdot (x+2) = 2x + 3x^2 + x^3,$$
$$x \cdot (x+1) \cdot (x+2) \cdot (x+3) = 6x + 11x^2 + 6x^3 + x^4,$$

und die Koeffizienten 2, 3, 1 bzw. 6, 11, 6, 1 sind Stirling-Zahlen erster Art (vgl. Tab. A.1).

Da es Stirling-Zahlen erster Art gibt, liegt die Frage nahe, ob zumindest auch Stirling-Zahlen zweiter Art existieren. Das ist in der Tat der Fall. Die *Stirling-Zahl zweiter Art* $\left\{ {n \atop k} \right\}$ ist definiert als die Anzahl der Möglichkeiten, eine n-elementige Menge in k nichtleere paarweise disjunkte Teilmengen zu zerlegen (siehe z. B. [9], Abschnitt 6.1).

A.6 Erzeugende Funktionen

Erzeugende Funktionen sind ein mächtiges Werkzeug in der Kombinatorik, etwa bei der Analyse rekursiv definierter Folgen, und in der diskreten Stochastik. Die *erzeugende Funktion einer reellen Zahlenfolge* $a := (a_k)_{k \geq 0}$ ist die durch

$$G_a(t) := \sum_{k=0}^{\infty} a_k t^k$$

definierte Potenzreihe. Dabei wird der Konvergenzradius von G_a als positiv vorausgesetzt. Die Folge a ist durch G_a eindeutig bestimmt.

Ist X eine nichtnegative ganzzahlige Zufallsgröße, so ist die *erzeugende Funktion* (der Verteilung) *von* X durch die (auf jeden Fall) für jedes t mit $|t| \leq 1$ konvergente Potenzreihe

$$G_X(t) := \sum_{k=0}^{\infty} P(X = k) t^k$$

definiert. Die erzeugende Funktion von X ist also diejenige der Zahlenfolge $(P(X = k))_{k \geq 0}$. Nimmt X nur endlich viele Werte an, so ist G_X ein Polynom. Dieser Fall trifft auf eine Zufallsgröße X mit der Binomialverteilung $\mathrm{Bin}(n; p)$ zu. Mit (12.1) und dem allgemeinen binomischen Lehrsatz gilt genauer

$$G_X(t) = \sum_{k=0}^{n} \binom{n}{k} p^k (1-p)^{n-k} t^k = \sum_{k=0}^{n} \binom{n}{k} (pt)^k (1-p)^{n-k}$$
$$= (1 - p + pt)^n.$$

Einen Überblick über die mit erzeugenden Funktionen verbundenen Möglichkeiten geben [15], Kap. 25, sowie die rezeptfreien Videos A.4 und A.5.

Weiterführendes rezeptfreies Material

Video A.4: „Erzeugende Funktionen Teil 1"

`https://www.youtube.com/watch?v=qBsPuk7MhNc`

Video A.5: „Erzeugende Funktionen Teil 2"

`https://www.youtube.com/watch?v=9YdT3FOKHuM`

A.7 Der Erwartungswert (allgemeines Konzept)

Ist X eine Zufallsvariable auf einem allgemeinen Wahrscheinlichkeitsraum $(\Omega, \mathcal{A}, P)$ (die auch die Werte ∞ und $-\infty$ annehmen darf), so definiert man den *Erwartungswert von X* in Verallgemeinerung von (1.10) als Integral

$$E(X) := \int_\Omega X(\omega) P(d\omega). \tag{A.13}$$

Man geht dabei so vor, dass man zunächst für eine Indikatorfunktion $X = \mathbf{1}_A$ mit $A \in \mathcal{A}$ die rechte Seite von (A.13) in Übereinstimmung mit (1.11) als $P(A)$ festlegt. Ist X eine endliche Linearkombination von Indikatorfunktionen der Gestalt $X = \sum_{j=1}^k a_j \mathbf{1}\{A_j\}$, wobei $a_1, \ldots, a_k$ *nichtnegative* reelle Zahlen und die A_j aus $\mathcal{A}$ sind, also eine sogenannte *Elementarfunktion*, so setzt man „das Integral einfach linear fort", definiert also für diese Zufallsgröße X

$$E(X) := \int_\Omega X(\omega) P(d\omega) := \sum_{j=1}^k a_j P(A_j).$$

In einem nächsten Schritt macht man sich zunutze, dass jede *nichtnegative* Zufallsvariable X der (punktweise) Limes einer aufsteigenden Folge (X_n) von Elementarfunktionen ist. Eine mögliche, durch Zerlegung des Wertebereichs $[0, \infty]$ von X entstehende solche Folge ist

$$X_n := \sum_{j=0}^{n2^n-1} \frac{j}{2^n} \mathbf{1}\left\{ \frac{j}{2^n} \le X < \frac{j+1}{2^n} \right\} + n\mathbf{1}\{X \ge n\}. \tag{A.14}$$

Für jedes $\omega \in \Omega$, für das $j/2^n \le X(\omega) < (j+1)/2^n$ gilt, ist also $X_n(\omega) := j/2^n$ gesetzt, $j \in \{0, \ldots, n2^n - 1\}$. Weiter gilt $X_n(\omega) := n$, falls die Ungleichung $X(\omega) \ge n$ erfüllt ist. Insbesondere gilt also $|X_n(\omega) - X(\omega)| < 1/2^n$, falls $X(\omega) < n$.

Man definiert jetzt $E(X) := \lim_{n \to \infty} E(X_n)$. Dabei hängt dieser Grenzwert (der auch gleich unendlich sein darf) nicht von der konkreten Folge (X_n) von Elementarfunktionen ab, die X von unten approximiert.

In einem letzten Schritt löst man sich von der Nichtnegativität, indem eine beliebige Zufallsvariable X gemäß $X = X^+ - X^-$ mit $X^+ := \max(X, 0)$, $X^- := -\min(X, 0)$ als Differenz des *Positiv-* und *Negativteils* von X geschrieben wird. Gelten $E(X^+) < \infty$ und $E(X^-) < \infty$, so existiert nach Definition der Erwartungswert von X, und man setzt dann

$$E(X) := E(X^+) - E(X^-).$$

Dieser Aufbau liegt allgemein dem Konzept zugrunde, ein Integral bezüglich eines Maßes zu definieren, und er führt im Spezialfall des Borel–Lebesgue-Maßes auf das Lebesgue-Integral (siehe z. B. [17], Abschnitt 8.5).

Ist X eine (absolut) stetige Zufallsvariable mit der (Lebesgue-)Dichte f, so geht (A.13) als „stetiges Analogon" von (1.14) in

$$E(X) = \int_{-\infty}^{\infty} x \cdot f(x)\, dx \tag{A.15}$$

über. Dabei existiert der Erwartungswert genau dann, wenn $\int_{-\infty}^{\infty} |x| \cdot f(x)\,dx < \infty$ gilt. Wie (1.14) ist natürlich (A.15) nur eine konkrete Rechenvorschrift, die im Gegensatz zu (A.13) nicht erkennen lässt, warum die Erwartungswertbildung auch für Zufallsvariablen auf einem allgemeinen Wahrscheinlichkeitsraum linear ist.

Warum entsteht aus (A.14) und der Definition $E(X) = \lim_{n \to \infty} E(X_n)$ Gleichung (A.15)? Hierzu nehmen wir der Einfachheit halber an, dass die Dichte f stetig ist, und wir betrachten nur den Positivteil $X^+ = \max(X, 0)$ von X. Ausgehend von (A.14) mit X_n^+ und X^+ anstelle von X_n bzw. X gilt dann

$$
\begin{aligned}
E(X_n^+) &= \sum_{j=1}^{n \cdot 2^n} \left(\frac{j-1}{2^n} \cdot \int_{\frac{j-1}{2^n}}^{\frac{j}{2^n}} f(x)\,dx \right) + n \cdot \int_n^{\infty} f(x)\,dx \\
&\leq \sum_{j=1}^{n \cdot 2^n} \int_{\frac{j-1}{2^n}}^{\frac{j}{2^n}} x \cdot f(x)\,dx + \int_n^{\infty} x \cdot f(x)\,dx \\
&= \int_0^{\infty} x \cdot f(x)\,dx.
\end{aligned}
$$

Zusammen mit der Abschätzung

$$
\begin{aligned}
E(X_n^+) &\geq \sum_{j=1}^{n \cdot 2^n} \int_{\frac{j-1}{2^n}}^{\frac{j}{2^n}} x \cdot f(x)\,dx - \sum_{j=1}^{n \cdot 2^n} \int_{\frac{j-1}{2^n}}^{\frac{j}{2^n}} \left(x - \frac{j-1}{2^n} \right) \cdot f(x)\,dx \\
&\geq \int_0^n x \cdot f(x)\,dx - \frac{1}{2^n} \sum_{j=1}^{n \cdot 2^n} \int_{\frac{j-1}{2^n}}^{\frac{j}{2^n}} f(x)\,dx \\
&= \int_0^n x \cdot f(x)\,dx - \frac{1}{2^n} \int_0^n f(x)\,dx \\
&\geq \int_0^n x \cdot f(x)\,dx - \frac{1}{2^n}
\end{aligned}
$$

ergibt sich dann

$$
E(X^+) = \lim_{n \to \infty} E(X_n^+) = \int_0^{\infty} x \cdot f(x)\,dx.
$$

Eine völlig analoge Betrachtung für X^- liefert die Darstellung

$$
E(X^-) = -\int_{-\infty}^{0} x \cdot f(x)\,dx.
$$

Wegen $E(X) = E(X^+) - E(X^-)$ folgt hieraus (A.15).

B

Lösungsvorschläge zu den Aufgaben

Dieses Kapitel enthält mehr oder weniger detaillierte Lösungshinweise zu allen Aufgaben der Kap. 2 – 12. Die Nummerierung beginnt also mit B.2, da es zu Kap. 1 keine Aufgaben gibt. Wir betonen, dass wir die Aufgaben bewusst nicht durchgängig mit Operatoren wie „berechne", „ermittle" etc. formuliert haben. Deren Verwendung ist unser Meinung nach insbesondere in Prüfungen, also Klassenarbeiten, sinnvoll. Auch im Unterricht sind Operatoren hilfreich, aber sie können das Denken – das Wichtigste im Mathematikunterricht – einschränken, wenn man sich ausschließlich darauf fokussiert. Eine immer wieder eingestreute „W-Frage" kommt dem natürlichen Fragen und Denken gleich und ist – wie im Unterrichtsgespräch auch – eine gute Abwechslung.

B.2 Schnüre blind verknoten

Lösung 2.1

a) Die Verteilung von V_3 kann mit einem ähnlichen Baumdiagramm wie in Abb. 2.2 erhalten werden. Es ergibt sich

$$P(V_3 = 1) = \frac{2}{6}, \quad P(V_3 = 2) = \frac{3}{6}, \quad P(V_3 = 3) = \frac{1}{6}.$$

Für den Erwartungswert gilt

$$E(V_3) = 1 \cdot \frac{2}{6} + 2 \cdot \frac{3}{6} + 3 \cdot \frac{1}{6} = \frac{11}{6} = 1 + \frac{1}{2} + \frac{1}{3}.$$

b) Analog erhalten wir die Verteilung von V_4 zu

$$P(V_4 = 1) = \frac{6}{24}, \quad P(V_4 = 2) = \frac{11}{24}, \quad P(V_4 = 3) = \frac{6}{24}, \quad P(V_4 = 4) = \frac{1}{24},$$

und der Erwartungswert von V_4 besitzt die Gestalt

$$E(V_4) = 1 \cdot \frac{6}{24} + 2 \cdot \frac{11}{24} + 3 \cdot \frac{6}{24} + 4 \cdot \frac{1}{24} = \frac{50}{24} = 1 + \frac{1}{2} + \frac{1}{3} + \frac{1}{4}.$$

c) Sei $p_{n,k} := P(V_n = k)$. Wenn man $n + 1$ Schnüre verknotet, so gibt es für das Ereignis, genau k Ringe zu erhalten, zwei Möglichkeiten: Liefert die erste Verknotung einen

N. Henze et al., *Stochastik rezeptfrei unterrichten*,
https://doi.org/10.1007/978-3-662-62744-0

Ring, was mit Wahrscheinlichkeit $\frac{1}{n+1}$ passiert, so benötigt man bei den restlichen n Verknotungen $k-1$ weitere Ringe. Ergibt die erste Verknotung jedoch keinen Ring (die Wahrscheinlichkeit hierfür ist $\frac{n}{n+1}$), so müssen sich bei den n weiteren Verknotungen k Ringe ergeben. Diese Überlegungen führen zur Rekursionsformel

$$p_{n+1,k} = \frac{1}{n+1}p_{n,k-1} + \frac{n}{n+1}p_{n,k}, \quad k \in \{2,\ldots,n\}.$$

d) Bezeichnet A_j das Ereignis, dass die j-te Verknotung einen Ring ergibt ($j = 1,\ldots,n$), so gilt

$$V_n = \mathbf{1}\{A_1\} + \cdots + \mathbf{1}\{A_n\}.$$

Da vor der j-ten Verknotung $n - (j-1)$ grüne Enden frei sind und davon nur eines für einen Ring günstig ist, gilt $P(A_j) = \frac{1}{n-(j-1)}$, $1 \le j \le n$, und damit

$$E(V_n) = P(A_1) + \cdots + P(A_n) = 1 + \frac{1}{2} + \cdots + \frac{1}{n}.$$

Randbemerkung: Wenn Sie bereits Kap. 5 gelesen haben, wird Ihnen auffallen, dass in beiden Situationen sowohl der Erwartungswert als auch die Rekursionsformel übereinstimmen. Die Anzahl der Rekorde in einer rein zufälligen Permutation der Zahlen $1,\ldots,n$ und die Zufallsgröße V_n besitzen dieselbe Verteilung.

Lösung 2.2

a) Das Ereignis $\{V_n = 1\}$ tritt genau dann ein, wenn nur die letzte Verknotung einen Ring ergibt. Die Wahrscheinlichkeit hierfür ist

$$P(V_n = 1) = \frac{n-1}{n} \cdot \frac{n-2}{n-1} \cdot \frac{n-3}{n-2} \cdot \ldots \cdot \frac{2}{3} \cdot \frac{1}{2} = \frac{1}{n}.$$

b) Das Ereignis $\{V_n = n\}$ tritt genau dann ein, wenn jede Verknotung einen Ring liefert. Die Wahrscheinlichkeit hierfür ist

$$P(V_n = n) = \frac{1}{n} \cdot \frac{1}{n-1} \cdot \ldots \cdot \frac{1}{3} \cdot \frac{1}{2} \cdot 1 = \frac{1}{n!}.$$

Lösung 2.3
Nach den beiden Verknotungen auf der linken Seite der Faust liegt die nachstehend abgebildete Situation vor.

Greift man sich jetzt eines der vier Enden und verknotet es mit einem rein zufällig gewählten anderen Ende, so entstehen (nach der danach feststehenden Verknotung) mit der Wahrscheinlichkeit $\frac{1}{3}$ zwei Ringe, und mit der Wahrscheinlichkeit $\frac{2}{3}$ ergibt sich ein Ring.

Lösung 2.4

Nach den Verknotungen auf der linken Seite der Faust liegt die nachstehend abgebildete Situation vor. Aus Platzgründen ist die Abbildung um $90°$ gedreht dargestellt. Stellen Sie sich also vor, oben ist links und unten ist rechts.

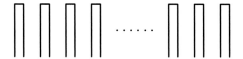

Diese Situation ist aber die gleiche wie zu Beginn von Kap. 2, nur mit dem Unterschied, dass allgemein n und nicht speziell vier Schnüre vorliegen. Die Verteilung von W_n ist also die gleiche wie die von V_n.

Lösung 2.5

Es handelt sich hierbei um die klassische „Drei-mindestens-Aufgabe". Die Wahrscheinlichkeit, beim rein zufälligen Verknoten der Enden von drei Schnüren einen (großen) Ring zu erhalten, ist $p := \frac{1}{5} \cdot \frac{1}{3} = \frac{1}{15}$. Die Wahrscheinlichkeit, bei n-maliger unabhängiger Wiederholung dieses stochastischen Vorgangs (verknote die Enden von drei Schnüren rein zufällig) mindestens einmal einen Ring zu erhalten, ist nach Übergang zum Gegenereignis gleich $1 - (1 - p)^n$. Die geforderte Ungleichung $1 - (1 - p)^n \geq 0,9$ ist gleichbedeutend mit

$$n \geq \frac{\ln 0,1}{\ln(1 - p)}.$$

Setzt man für $1 - p$ den Wert $\frac{14}{15}$ ein, so ergibt sich für die rechte Seite dieser Ungleichung auf drei Nachkommastellen gerundet der Wert $33,374$. Es müssen also mindestens 34-mal drei Schnüre zufällig verknotet werden, damit sich mit der Mindestwahrscheinlichkeit $0,9$ mindestens einmal nur *ein* Ring ergibt.

B.3 Der verwirrte Passagier

Lösung 3.1

Aus der Tabelle der möglichen Sitzverteilungen (Tab. 3.2) lässt sich ablesen, in wie vielen Fällen der betreffende Passagier auf dem ihm zugewiesenen Platz sitzt. Die zugehörigen Wahrscheinlichkeiten werden addiert.

a) Passagier 3 (der vorletzte) sitzt in vier Fällen auf Platz 3, also berechnen wir

$$\frac{1}{4} + \frac{1}{12} + \frac{1}{12} + \frac{1}{4} = \frac{2}{3}.$$

b) Passagier 2 (der drittletzte) sitzt in vier Fällen auf Platz 2, also ergibt sich

$$\frac{1}{4} + \frac{1}{8} + \frac{1}{8} + \frac{1}{4} = \frac{3}{4}.$$

Diese Werte ergeben sich auch, indem man die zitierte Beziehung (3.1) für $n = 4$ betrachtet und $j = 3$ bzw. $j = 2$ setzt.

Lösung 3.2

Mithilfe von Tab. 3.2 ergeben sich

$$P(A_2) \cdot P(A_3) = \frac{3}{4} \cdot \frac{2}{3} = \frac{1}{2} = \frac{1}{4} + \frac{1}{4} = P(A_2 \cap A_3),$$

$$P(A_3) \cdot P(A_4) = \frac{2}{3} \cdot \frac{1}{2} = \frac{1}{3} = \frac{1}{4} + \frac{1}{12} = P(A_3 \cap A_4),$$

$$P(A_2) \cdot P(A_4) = \frac{3}{4} \cdot \frac{1}{2} = \frac{3}{8} = \frac{1}{4} + \frac{1}{8} = P(A_2 \cap A_4),$$

$$P(A_2) \cdot P(A_3) \cdot P(A_4) = \frac{3}{4} \cdot \frac{2}{3} \cdot \frac{1}{2} = \frac{1}{4} = P(A_2 \cap A_3 \cap A_4).$$

Damit sind die Ereignisse A_2, A_3 und A_4 stochastisch unabhängig.

Lösung 3.3

Gesucht ist die Wahrscheinlichkeit dafür, dass Passagier 3 seinen Platz erhält unter der Bedingung, dass Passagier 1 falsch sitzt. Wir suchen also die Wahrscheinlichkeit $P_{\overline{A_1}}(A_3)$, die mithilfe der Gleichung

$$P_{\overline{A_1}}(A_3) = \frac{P(A_3 \cap \overline{A_1})}{P(\overline{A_1})} \tag{B.1}$$

berechnet werden kann. Da Passagier 1 seinen Platz rein zufällig wählt, sitzt er mit der Wahrscheinlichkeit $P(\overline{A_1}) = \frac{3}{4}$ auf einem falschen Platz. Die Wahrscheinlichkeit im Zähler der rechten Seite von (B.1) kann mithilfe von Tab. 3.2 ermittelt werden, was zu

$$P(A_3 \cap \overline{A_1}) = \frac{1}{12} + \frac{1}{12} + \frac{1}{4} = \frac{5}{12}$$

führt. Für die bedingte Wahrscheinlichkeit ergibt sich also

$$P_{\overline{A_1}}(A_3) = \frac{\frac{5}{12}}{\frac{3}{4}} = \frac{5}{9} \approx 0,556.$$

Lösung 3.4

Gesucht ist die bedingte Wahrscheinlichkeit $P(A_4|\overline{A_1} \cap \overline{A_2})$. Nach Definition der bedingten Wahrscheinlichkeit gilt

$$P(A_4|\overline{A_1} \cap \overline{A_2}) = \frac{P(A_4 \cap \overline{A_1} \cap \overline{A_2})}{P(\overline{A_1} \cap \overline{A_2})}.$$

Aus Tab. 3.2 entnimmt man, dass die Sitzverteilungen, in denen Passagiere 1 und 2 falsch sitzen, in den Zeilen 2, 3, 4 und 5 aufgeführt sind. Es gilt somit

$$\mathrm{P}(\overline{A}_1 \cap \overline{A}_2) = \frac{1}{12} + \frac{1}{24} + \frac{1}{24} + \frac{1}{12} = \frac{1}{4}.$$

Das Ereignis $A_4 \cap \overline{A}_1 \cap \overline{A}_2$ tritt für die beiden Sitzverteilungen in Zeile 2 und 3 von Tab. 3.2 ein. Es folgt

$$\mathrm{P}(A_4 | \overline{A}_1 \cap \overline{A}_2) = \frac{\frac{1}{12} + \frac{1}{24}}{\frac{1}{4}} = \frac{1}{2}.$$

Lösung 3.5

Es sei F_4 die Anzahl falsch platzierter Passagiere. Das Ereignis $\{F_4 = 0\}$ tritt für die Sitzverteilung in der ersten Zeile von Tab. 3.2 ein, das Ereignis $\{F_4 = 2\}$ für die Sitzverteilungen in den Zeilen 2, 7 und 8, das Ereignis $\{F_4 = 3\}$ für die Sitzverteilungen in den Zeilen 3, 5 und 6 und das Ereignis $\{F_4 = 4\}$ für die Sitzverteilung in Zeile 4 von Tab. 3.2. Addiert man die Wahrscheinlichkeiten der jeweiligen Sitzverteilungen, so ergibt sich

$$\mathrm{P}(F_4 = 0) = \frac{6}{24}, \quad \mathrm{P}(F_4 = 2) = \frac{11}{24}, \quad \mathrm{P}(F_4 = 3) = \frac{6}{24}, \quad \mathrm{P}(F_4 = 4) = \frac{1}{24}.$$

Randbemerkung: Interessanterweise treten in den Zählern der Brüche Stirling-Zahlen erster Art auf (siehe Abschn. A.5).

B.4 Glücksrad

Lösung 4.1

a) Wir setzen $p := 0,45$. Es soll berechnet werden, wie viele Drehungen Bettina für den Fall, dass Anja ihren Sektor verfehlt, erlaubt sein müssen, damit ihre Gewinnwahrscheinlichkeit größer als $0,5$ ist. Sei hierzu $\mathrm{P}_k(B)$ die Wahrscheinlichkeit, dass Bettina nach k Drehungen des Rades *zum ersten Mal* ihren Sektor trifft, $k \geq 1$. Die Wahrscheinlichkeit, dass Anja ihren Sektor verfehlt, danach Bettina $(k-1)$-mal in Folge nicht trifft, aber bei der k-ten Drehung Erfolg hat, ist

$$\mathrm{P}_k(B) = (1-p)p^{k-1}(1-p) = (1-p)^2 p^{k-1}.$$

Die Wahrscheinlichkeit, dass Bettina nach *maximal n Drehungen* ihren Sektor trifft, ist somit

$$\mathrm{P}_1(B) + \ldots + \mathrm{P}_n(B) = (1-p)^2 \left(1 + p + p^2 + \ldots + p^{n-1}\right). \tag{B.2}$$

Eine numerische Auswertung dieser Summen für $p = 0,45$ ergibt jeweils auf vier Nachkommastellen gerundet die Wert $0,3025$ ($n=1$), $0,4386$ ($n=2$), $0,4999$ ($n=3$) und $0,5274$ ($n=4$). Bettina muss also mindestens viermal drehen dürfen, damit das Spiel für sie vorteilhaft ist.

b) Wir machen uns die in a) erhaltenen Ergebnisse zunutze. Nach der endlichen geometrischen Summenformel (A.3) sowie (B.2) folgt, dass Bettina mit der Wahrscheinlichkeit

$$(1-p)^2\left(1+p+p^2+\ldots+p^{n-1}\right)=(1-p)\left(1-p^n\right)$$

gewinnt, wenn sie an die Reihe kommt und maximal n-mal drehen darf. Wir suchen also die kleinste Zahl n mit der Eigenschaft

$$(1-p)\left(1-p^n\right)>\frac{1}{2}. \qquad\text{(B.3)}$$

Wegen $1-p>\frac{1}{2}$ und der Tatsache, dass p^n für $n\to\infty$ gegen null konvergiert, gibt es ein solches n, und dieses kann mithilfe eines Computers durch Probieren gefunden werden. Die nachstehende Tabelle gibt für einige Werte von p das jeweilige kleinste n mit der Eigenschaft (B.3) an.

p	0,45	0,46	0,47	0,48	0,49	0,495	0,499
n	4	4	4	5	6	7	9

Lösung 4.2

Die Lösung dieser Aufgabe kann in Abschn. 4.1 nachgelesen werden.

Lösung 4.3

a) Anja gewinnt in der ersten Runde mit der Wahrscheinlichkeit $p+(1-p)p$. Die Wahrscheinlichkeit, dass Bettina in der ersten Runde gewinnt, ist gleich $(1-p)^3$, denn sie erhält ja mit der Wahrscheinlichkeit $(1-p)^2$ (mit der Anja zweimal ihren Sektor verfehlt) das Recht zu drehen, und dann muss sie ihren Sektor treffen. Die Gewinnwahrscheinlichkeiten beider Spielerinnen in der ersten Runde sind also gleich, wenn die Gleichung

$$(1-p)^3=p+(1-p)p$$

erfüllt ist, und wegen $(1-p)^3=1-3p+3p^2-p^3$ folgt die Behauptung.

b) Das Spiel geht genau dann in eine zweite Runde, wenn Anja zweimal ihren Sektor verfehlt (die Wahrscheinlichkeit hierfür ist $(1-p)^2$) und danach Bettina den Sektor von Anja trifft, was mit Wahrscheinlichkeit p passiert. Wegen der stochastischen Unabhängigkeit von Ereignissen, die sich auf verschiedene Drehungen beziehen, folgt die Behauptung.

c) Für das Polynom f gelten $f(0)=-1$ und $f(1)=1$. Somit besitzt f mindestens eine Nullstelle im Intervall $(0,1)$. Für die Ableitung ergibt sich $f'(x)=3x^2-8x+5$. Somit ist $f'(x)>0$ für jedes x im Intervall $(0,1)$, und es gibt genau eine Nullstelle p von f in diesem Intervall. Wegen

$$f\left(\frac{1}{5}\right)=\frac{1}{125}-\frac{4}{25}=-\frac{19}{125}<0,\quad f\left(\frac{1}{4}\right)=\frac{1}{64}>0$$

gilt $\frac{1}{5}<p<\frac{1}{4}$. Mit dem Startwert $x_0=0,22$ liefert das Newton-Verfahren nach zwei Iterationsschritten die auf vier Dezimalstellen genaue Näherungslösung $p\approx0,2451$.

B.5 Rekorde in zufälligen Permutationen

Lösung 5.1

Für drei Zahlen besteht die Ergebnismenge Ω aus den folgenden $3! = 6$ Permutationen:

$$\Omega = \{(1,2,3),(1,3,2),(2,1,3),(2,3,1),(3,1,2),(3,2,1)\}.$$

Ein einziger Rekord tritt genau dann auf, wenn die 3 an erster Stelle steht, was für die beiden letzten Permutationen der Fall ist. Bei den an zweiter, dritter und vierter Stelle stehenden Permutationen liegen jeweils zwei Rekorde vor, und die erste Permutation weist drei Rekorde auf. Da alle Permutationen die gleiche Wahrscheinlichkeit besitzen (Laplace-Modell), müssen nur die günstigen Fälle gezählt und durch die Anzahl aller möglichen Fälle geteilt werden. Es gilt also

$$P(R_3 = 1) = \frac{2}{6} = \frac{1}{3}, \quad P(R_3 = 2) = \frac{3}{6} = \frac{1}{2}, \quad P(R_3 = 3) = \frac{1}{6}.$$

Lösung 5.2

Es werden zwei alternative Lösungswege vorgestellt.

Lösungsweg 1: Wir machen eine Fallunterscheidung nach der Position der Zahl 3. Wenn die 1 vor der 3 stehen soll und die 3 vor der 4, so gibt es für die 3 die folgenden Fälle

$$\text{I:} \left(\ast, 3, \ast, \ast, \ast \right)$$
$$\text{II:} \left(\ast, \ast, 3, \ast, \ast \right)$$
$$\text{III:} \left(\ast, \ast, \ast, 3, \ast \right)$$

Im Fall I gibt es für die 1 eine und für die 4 drei mögliche Positionen. Im Fall II existieren für 1 und 4 jeweils zwei mögliche Positionen, und im Fall III gibt es für die 1 drei und für die 4 eine mögliche Position. Zusammen sind dies zehn Möglichkeiten. Da die 2 und die 5 auf jeweils zwei Weisen platziert werden können, ergibt sich die Antwort 20.

Lösungsweg 2: Es gibt $\binom{5}{3} = 10$ Möglichkeiten, die drei Positionen für die Zahlen 1, 3 und 4 auszuwählen. Wenn diese Wahl getroffen ist, existiert nur eine Möglichkeit, die Zahlen auf die Positionen zu verteilen, da die Reihenfolge durch die Aufgabenstellung vorgegeben ist. Da in jedem dieser Fälle die 2 und die 5 auf zwei Weisen verteilt werden können, ist die gesuchte Anzahl der Permutationen gleich 20.

Lösung 5.3

a)

	A_1	$\overline{A_1}$	
A_2	$\frac{1}{2}$	0	$\frac{1}{2}$
$\overline{A_2}$	$\frac{1}{2}$	0	$\frac{1}{2}$
	1	0	

b) Es gilt $P(A_1) \cdot P(A_2) = 1 \cdot \frac{1}{2} = P(A_1 \cap A_2)$.

c) Die Lösung dieser Aufgabe kann ausführlich im Unterabschnitt „Die Rekordereignisse sind paarweise unabhängig" auf S. 78 sowie in Abschn. 5.2 nachgelesen werden.

Lösung 5.4

a) $5! = 120$.

b) Genau ein Rekord tritt auf, wenn die 5 an der ersten Stelle steht, wofür es $4! = 24$ Permutationen gibt.

c) Steht die 5 an der dritten Stelle, so treten genau dann zwei Rekorde auf, wenn die erste Zahl größer als die zweite ist. Es gibt $\binom{4}{2} = 6$ Möglichkeiten, aus den vier Zahlen 1, 2, 3 und 4 zwei auszuwählen und diese beiden vor die 5 zu setzen, wobei die größere der beiden Zahlen zuerst kommt. Für jeden dieser sechs Fälle existieren dann zwei Möglichkeiten, die beiden übrigen Zahlen nach der 5 zu platzieren. Insgesamt gibt es also zwölf Permutationen mit genau zwei Rekorden, bei denen die 5 an der dritten Stelle steht.

Lösung 5.5

a) Aus Symmetriegründen gilt $P(A_2) = \frac{1}{2}$, denn es gibt genauso viele Permutationen $(a_1, \ldots, a_5)$ mit $a_2 < a_3$ wie mit $a_2 > a_3$, nämlich jeweils 60 Stück. Weiter gilt $P(A_2 \cap A_3) = \frac{1}{6}$, denn für genau 20 Permutationen gilt $a_2 < a_3 < a_4$. Diese Permutationen erhält man, wenn man aus den Zahlen $1, \ldots, 5$ drei auswählt (wofür es $\binom{5}{3}$ $(= 10)$ Möglichkeiten gibt) und nach aufsteigender Größe sortiert auf die Stellen 2, 3 und 4 im 5-Tupel platziert. Dann hat man noch zwei Möglichkeiten, die übrigen beiden Zahlen auf die erste und die letzte Stelle im 5-Tupel zu verteilen. Das Stochastik-Gespür argumentiert einfach damit, dass – ganz egal, welche Zahlen auf den Plätzen 2, 3 und 4 des Tupels liegen – nur eine der 6 $(= 3!)$ möglichen Reihenfolgen dieser Zahlen strikt aufsteigend ist.

b) Da mit der gleichen Begründung wie bei A_2 auch $P(A_4) = \frac{1}{2}$ (und ebenso $P(A_3) = \frac{1}{2} = P(A_1)$) gilt, müssen wir die Gleichung $P(A_2 \cap A_4) = \frac{1}{4}$ zeigen, um die stochastische Unabhängigkeit von A_2 und A_4 nachzuweisen. Die für das Ereignis $A_2 \cap A_4$ günstigen Permutationen $(a_1, \ldots, a_5)$ erfüllen die Ungleichungen $a_2 < a_3$ und $a_4 < a_5$. Es gibt $\binom{5}{2} = 10$ Möglichkeiten, aus den Zahlen $1, \ldots, 5$ zwei für a_2 und a_3 mit $a_2 < a_3$ auszuwählen. Für jede dieser Auswahlen gibt es $\binom{3}{2} = 3$ Möglichkeiten, aus den übrigen drei Zahlen zwei für a_4 und a_5 mit $a_4 < a_5$ auszuwählen. Die übrig gebliebene Zahl kommt dann auf den noch freien ersten Platz im 5-Tupel. Es gibt also $10 \cdot 3 = 30$ günstige Permutationen für das Ereignis $A_2 \cap A_4$, und somit folgt $P(A_2 \cap A_4) = \frac{30}{120} = \frac{1}{4}$, was zu zeigen war.

c) Da die Anzahl der Anstiege die Indikatorsumme $X := \mathbf{1}\{A_1\} + \mathbf{1}\{A_2\} + \mathbf{1}\{A_3\} + \mathbf{1}\{A_4\}$ ist, folgt mit der Additivität der Erwartungswertbildung und $P(A_j) = \frac{1}{2}$, $j \in \{1, 2, 3, 4\}$, das Resultat $E(X) = 2$.

B.6 Bingo! Lösung eines Wartezeitproblems

Lösung 6.1

a) Bei einem r aus n-Lotto gibt es insgesamt $\binom{n}{r}$ Auswahlen von r Gewinnzahlen. Die größte dieser Gewinnzahlen ist genau dann höchstens gleich k, wenn sich alle r Gewinnzahlen unter den Zahlen $1, \ldots, k$ befinden. Die für das Eintreten des Ereignisses $\{X \leq k\}$ günstigen Auswahlen sind also diejenigen, bei denen r Zahlen aus $1, \ldots, k$ ausgewählt werden, und dafür gibt es $\binom{k}{r}$ Möglichkeiten.

b) Wegen $P(X = k) + P(X \leq k - 1) = P(X \leq k)$ kann man Aufgabenteil a) verwenden. Es folgt

$$P(X = k) = P(X \leq k) - P(X \leq k - 1) = \frac{\binom{k}{r} - \binom{k-1}{r}}{\binom{n}{r}}.$$

Nach der Rekursionsformel für die Binomialkoeffizienten (vgl. S. 23; die man auch durch direkte Rechnung mithilfe von Fakultäten bestätigen kann) gilt

$$\binom{k}{r} = \binom{k-1}{r} + \binom{k-1}{r-1},$$

und daraus folgt die Behauptung.

Lösung 6.2

a) Das beschriebene Ereignis ist gleichbedeutend damit, dass die beiden ersten gezogenen Zahlen *nicht* auf dem Spielschein stehen. Nach der ersten Pfadregel ist die Wahrscheinlichkeit dafür gleich

$$\frac{3}{5} \cdot \frac{2}{4} = \frac{6}{20} = \frac{3}{10}.$$

b) Wir können ohne Einschränkung annehmen, dass auf dem Spielschein die Zahlen 1 und 2 stehen. Im dritten Zug kann man *Bingo!* rufen, wenn eine dieser Zahlen im dritten Zug auftritt und die andere vorher gezogen wird. Da es für diese Frage nur auf die Nummern der ersten drei gezogenen Kugeln ankommt, können wir als Ergebnismenge alle $5 \cdot 4 \cdot 3 = 60$ Tripel (i_1, i_2, i_3) betrachten, wobei i_k die Nummer der k-ten gezogenen Kugel angibt, $k = 1, 2, 3$. Die für das betrachtete Ereignis günstigen Tripel haben entweder die Gestalt $(2, m, 1)$ oder $(m, 2, 1)$ oder $(1, m, 2)$ oder $(m, 1, 2)$, wobei $m \in \{3, 4, 5\}$. Da es jeweils drei solche Tripel gibt, existieren insgesamt $4 \cdot 3 = 12$ günstige Fälle, und somit ist die gesuchte Wahrscheinlichkeit gleich $\frac{12}{60} = \frac{1}{5}$.

c) Wir nehmen wie in c) an, dass die Zahlen auf dem Spielschein die Nummern 1 und 2 tragen. Da wir jetzt alle fünf Ziehungen betrachten müssen, ist als Ergebnismenge die Menge Ω aller $5! = 120$ Permutationen $(a_1, \ldots, a_5)$ der Zahlen $1, \ldots, 5$ geeignet. Das Ereignis $\{X_2 - X_1 = 3\}$ tritt genau dann ein, wenn eine Permutation der Gestalt $(1, k, m, 2, n)$, $(2, k, m, 1, n)$, $(k, 1, m, n, 2)$ oder $(k, 2, m, n, 1)$ vorliegt. In jedem dieser vier Fälle gibt es $3! = 6$ Möglichkeiten, die Zahlen 3, 4 und 5 für k, m und n hinzuschreiben. Insgesamt sind also $4 \cdot 6 = 24$ Permutationen günstig, und es folgt $P(X_2 - X_1 = 3) = \frac{24}{120} = \frac{1}{5}$.

d) Die Zufallsgröße X_2 kann die Werte 2, 3, 4 und 5 annehmen. Legen wir wie in d) als Ergebnismenge die Permutationen der Zahlen $1, \ldots, 5$ zugrunde, so besteht das Ereignis $\{X_2 = 2\}$ aus den Permutationen der Gestalt $(1, 2, k, m, n)$ und $(2, 1, k, m, n)$, und davon gibt es $2 \cdot 3! = 12$ Stück. Es gilt also $P(X_2 = 2) = \frac{12}{120} = \frac{1}{10}$. Die Wahrscheinlichkeit des Ereignisses $\{X_2 = 3\}$ wurde in Teil b) zu $P(X_2 = 3) = \frac{1}{5}$ ermittelt. Für das Ereignis $\{X_2 = 4\}$ sind diejenigen Permutationen günstig, die die Gestalt $(1, k, m, 2, n)$ oder $(k, 1, m, 2, n)$ oder $(k, m, 1, 2, n)$ besitzen. Dazu kommen noch einmal so viele, die jeweils durch Vertauschen von 1 und 2 entstehen. Da man jeweils k, m und n auf $3! = 6$ Weisen vertauschen kann, gibt es $2 \cdot 6 \cdot 3 = 36$ Fälle für das Ereignis $\{X_2 = 4\}$, und es folgt $P(X_2 = 4)\} = \frac{36}{120} = \frac{3}{10}$. Zu guter Letzt gilt $P(X_2 = 5) = \frac{2}{5}$, denn dafür muss im letzten Zug eine der beiden Kugeln mit den Nummern 1 und 2 gezogen werden, und dafür sind zwei Fälle von insgesamt fünf günstig. Wer rechnen möchte, kann dieses Resultat auch über die Gleichung $P(X_2 = 2) + \ldots + P(X_2 = 5) = 1$ erhalten.

Mit den Werten $P(X_2 = j)$, $j = 2, 3, 4, 5$, ergibt sich nun

$$E(X) = 2 \cdot \frac{1}{10} + 3 \cdot \frac{1}{5} + 4 \cdot \frac{3}{10} + 5 \cdot \frac{2}{5} = 4.$$

Nach Definition der Varianz gilt

$$V(X_2) = (2-4)^2 \cdot \frac{1}{10} + (3-4)^2 \cdot \frac{1}{5} + (4-4)^2 \cdot \frac{3}{10} + (5-4)^2 \cdot \frac{2}{5} = 1.$$

Lösung 6.3

Wir nehmen ohne Einschränkung an, dass auf dem Spielschein die Zahlen 1, 2 und 3 stehen. Das Ereignis $\{X \leq 4\}$ tritt genau dann ein, wenn diese Zahlen alle unter den ersten vier gezogenen Zahlen vertreten sind. Es gibt insgesamt $\binom{n}{4}$ gleich wahrscheinliche Möglichkeiten, aus den Zahlen $1, \ldots, n$ vier für die ersten vier Ziehungen auszuwählen (wobei wir nicht auf die Reihenfolge achten). Die günstigen Vierer-Auswahlen sind die, bei denen zusätzlich zu den Zahlen 1, 2 und 3 nur noch eine weitere der übrigen $n-3$ Zahlen ausgewählt werden muss. Da es hierfür $n-3$ Möglichkeiten gibt, folgt

$$P(X \leq 4) = \frac{n-3}{\binom{n}{4}} = \frac{24}{n(n-1)(n-2)}.$$

Somit erfüllt n die Gleichung $n(n-1)(n-2) = 120$, woraus $n = 6$ folgt.

B.7 Das Pólyasche Urnenmodell

Lösung 7.1

Die Wahrscheinlichkeit kann mithilfe eines Baumdiagramms berechnet werden.

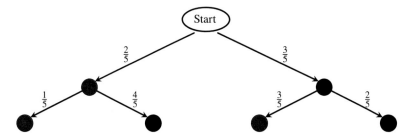

Abb. B.1. Baumdiagramm für das Ziehen mit Zurücklegen einer weiteren Kugel derselben Farbe

Anhand von Abb. B.1 sind die Wahrscheinlichkeiten direkt mithilfe der Pfadregeln erhält-lich. Kürzt man das Ziehen einer roten Kugel mit r und das einer schwarzen Kugel mit s ab, so folgt

$$p(r,r) = \frac{2}{5} \cdot \frac{1}{5} = \frac{2}{25}, \quad p(r,s) = \frac{2}{5} \cdot \frac{4}{5} = \frac{8}{25},$$
$$p(s,r) = \frac{3}{5} \cdot \frac{3}{5} = \frac{9}{25}, \quad p(s,s) = \frac{3}{5} \cdot \frac{2}{5} = \frac{6}{25}.$$

Die Wahrscheinlichkeit, im zweiten Zug eine rote Kugel zu ziehen, ist also

$$p(r,r) + p(s,r) = \frac{2}{25} + \frac{9}{25} = \frac{11}{25}.$$

Lösung 7.2

Gesucht ist die Wahrscheinlichkeit, dass dreimal hintereinander ein roter Stein entnommen wird. Vor der ersten Entnahme sind ein roter Stein und fünf weitere Steine vorhanden, sodass einer von sechs Ausgängen günstig ist. Wird ein roter Stein entnommen, so werden dieser und ein weiterer roter Stein zurückgelegt. Vor der zweiten Entnahme sind somit zwei von sieben und vor der dritten Entnahme drei von acht Ausgängen günstig. Die Wahrscheinlichkeit, dreimal einen roten Stein zu entnehmen, ist somit

$$\frac{1}{6} \cdot \frac{2}{7} \cdot \frac{3}{8} = \frac{6}{336} = \frac{1}{56}.$$

Lösung 7.3

Es sei A_j das Ereignis, dass die beim j-ten Mal ausgeloste Person ein Junge ist, $j = 1, 2$. Gesucht ist die bedingte Wahrscheinlichkeit $P(A_1|A_2)$. Nach Definition der bedingten Wahrscheinlichkeit gilt

$$P(A_1|A_2) = \frac{P(A_1 \cap A_2)}{P(A_2)},$$

und außerdem ist $P(A_2) = \frac{r}{r+s}$ bekannt. Weiter gilt $P(A_1 \cap A_2) = P(A_1)P(A_2|A_1)$. Wegen $P(A_1) = \frac{r}{r+s}$ und $P(A_2|A_1) = \frac{s+1}{r+s+1}$ ergibt sich

$$P(A_1|A_2) = \frac{r+s}{r} \cdot \frac{r}{r+s} \cdot \frac{s+1}{r+s+1} = \frac{s+1}{r+s+1} \quad (= P(A_2|A_1)).$$

Lösung 7.4

Da nach dem Ziehen einer roten Kugel (Ereignis A_1) c weitere rote Kugeln in die Urne gelegt werden, besteht die Urne vor dem zweiten Zug aus $r + c$ roten von insgesamt $5 + c$ Kugeln. Es gilt also

$$P(A_2|A_1) = \frac{2 + c}{5 + c}.$$

Dieser Bruch ist genau dann gleich $\frac{1}{2}$, wenn $c = 1$ gilt.

B.8 Wann zeigt auch der letzte Würfel eine Sechs?

Lösung 8.1

Es ist

$$
\begin{aligned}
P(X_2 = 2) &= P(X_2 \le 2) - P(X_2 \le 1) = (1 - q^2)^2 - (1 - q)^2 \\
&= 1 - 2q^2 + q^4 - (1 - 2q + q^2) = q^4 - 3q^2 + 2q.
\end{aligned}
$$

Lösung 8.2

Es sei W_j die Anzahl der Würfe, bis Tetraeder j eine Vier zeigt, $j = 1, 2$. Dann ist $X_2 :=$ $\max(W_1, W_2)$ die Anzahl der Würfe, bis jedes der beiden Tetraeder eine Vier gezeigt hat.

a) Es gilt

$$P(W_j > 3) = \left(1 - \frac{1}{4}\right)^3 = \frac{27}{64}$$

und somit $P(W_j \le 3) = \frac{37}{64}$, $j = 1, 2$. Wegen der stochastischen Unabhängigkeit der Zufallsgrößen W_1 und W_2 folgt

$$P(X_2 \le 3) = P(W_1 \le 3)P(W_2 \le 3) = \left(\frac{37}{64}\right)^2 \approx 0,3342.$$

b) In gleicher Weise wie oben gilt $P(W_j > 2) = \frac{9}{16}$, $j = 1, 2$, und damit

$$P(X_2 \le 2) = P(W_1 \le 2)P(W_2 \le 2) = \left(\frac{7}{16}\right)^2 \approx 0,1914.$$

Hieraus folgt $P(X_2 = 3) = P(X_2 \le 3) - P(X_2 \le 2) \approx 0,1428$.

Lösung 8.3

a) n Personen führen unabhängig voneinander Bernoulli-Versuche mit gleicher Treffer-wahrscheinlichkeit p durch, wobei jede so viele Versuche macht, bis der erste Treffer aufgetreten ist. Die Zufallsgröße X_n gibt die maximale Versuchsanzahl bis zum jeweils ersten Treffer dieser n Personen an. Dann ist $P(X_n \leq k)$ die Wahrscheinlichkeit, dass diese maximale Versuchsanzahl höchstens gleich k ist. Diese maximale Versuchsanzahl ist genau dann höchstens gleich k, wenn jede der n Personen höchstens k Versuche bis zum ersten Treffer benötigt. Für jede einzelne Person ist diese Wahrscheinlichkeit gleich eins minus der Wahrscheinlichkeit, dass mehr als k Versuche bis zum ersten Treffer erforderlich sind, also die ersten k Versuche jeweils Nieten ergeben. Letztere Wahrscheinlichkeit ist gleich $(1-p)^k$. Der Exponent n tritt deshalb auf, weil die Wahrscheinlichkeit $1-(1-p)^k$ nur für eine Person gilt und die n Personen unabhängig voneinander agieren.

b) Auf der linken Seite des Gleichheitszeichens steht die Wahrscheinlichkeit, dass die maximale Versuchsanzahl bis zum ersten Treffer genau k beträgt. Auf der rechten Seite steht nach den in a) angestellten Überlegungen $P(X_n \leq k) - P(X_n \leq k-1)$. Da sich die beiden Ereignisse $\{X_n \leq k-1\}$ und $\{X_n = k\}$ ausschließen und in der Vereinigung das Ereignis $\{X_n \leq k\}$ ergeben, gilt $P(X_n \leq k) = P(X_n \leq k-1) + P(X_n = k)$. Jetzt muss man diese Gleichung nur noch nach $P(X = k)$ auflösen, was die angegebene Identität liefert.

Lösung 8.4

Wir versuchen, gleich die allgemeine Frage zu beantworten. Es liegen n faire Würfel vor. Die Wahrscheinlichkeit, dass auch der letzte dieser Würfel nach höchstens k Würfen eine Sechs zeigt, ist gleich

$$\left(1-\left(\frac{5}{6}\right)^k\right)^n.$$

Es gilt

$$\left(1-\left(\frac{5}{6}\right)^k\right)^n \geq \alpha \iff 1-\left(\frac{5}{6}\right)^k > \alpha^{1/n}$$

$$\iff \left(\frac{5}{6}\right)^k < 1-\alpha^{1/n}$$

$$\iff k \cdot \ln\left(\frac{5}{6}\right) < \ln\left(1-\alpha^{1/n}\right)$$

$$\iff k > \frac{\ln\left(1-\alpha^{1/n}\right)}{\ln\left(\frac{5}{6}\right)}.$$

Für den speziellen Fall $n=4$ und $\alpha=0,95$ ergibt sich $k > 23,93$ und damit $k \geq 24$.

Lösung 8.5

Wir unterscheiden die Würfel gedanklich und ordnen ihnen die Nummern 1, 2 und 3 zu.

a) Die Wahrscheinlichkeit, dass die Augenzahl des j-ten Würfels höchstens gleich 4 ist, beträgt $\frac{4}{6}$, $j=1,2,3$. Wegen der stochastischen Unabhängigkeit von Ereignissen, die sich auf unterschiedliche Würfel beziehen, ist die gesuchte Wahrscheinlichkeit gleich $(4/6)^3 = \frac{8}{27}$.

b) In direkter Verallgemeinerung von a) ist die gesuchte Wahrscheinlichkeit gleich $(k/6)^3$, $k = 1,\ldots,6$.

c) Bezeichnet die Zufallsvariable X die größte Augenzahl, so gilt nach b) $P(X \le k) = (k/6)^3$, $k = 1,\ldots,6$. Da das Ereignis $\{X \le k\}$ die Vereinigung der sich ausschließenden Ereignisse $\{X \le k-1\}$ und $\{X = k\}$ ist, folgt

$$P(X = k) = P(X \le k) - P(X \le k-1) = \frac{k^3 - (k-1)^3}{216}, \quad k = 1,\ldots,6.$$

B.9 Überraschungen bei einem Wartezeitproblem

Lösung 9.1

Das Ereignis $\{X > 2\}$ tritt genau dann ein, wenn die beiden ersten Ziehungen jeweils eine schwarze Kugel ergeben. Nach der ersten Pfadregel gilt

$$P(X > 2) = \frac{s}{s+1} \cdot \frac{s+1}{s+2} = \frac{s}{s+2}.$$

Die Gleichung $\frac{s}{s+2} = \frac{1}{2}$ ist nach Hochmultiplizieren der Nenner gleichbedeutend mit $2s = s+2$, woraus $s = 2$ folgt.

Lösung 9.2

Das Ereignis $\{X > n\}$ bedeutet, dass n-mal hintereinander eine schwarze Kugel gezogen wird. Da zu Beginn eine rote und drei schwarze Kugeln vorhanden sind und jeweils eine schwarze Kugeln zusätzlich zurückgelegt wird, gilt

$$P(X > n) = \frac{3}{4} \cdot \frac{4}{5} \cdot \ldots \cdot \frac{n+1}{n+2} \cdot \frac{n+2}{n+3} = \frac{3}{n+3}.$$

Die Ungleichung

$$\frac{3}{n+3} < \frac{1}{10}$$

ist gleichbedeutend mit $30 < n+3$, und somit folgt $n \ge 28$.

Lösung 9.3

Nach Gleichung (9.13) sowie $E(Y_s|R) = 1$ und (9.14) folgt

$$\begin{aligned}
E(Y_s) &= E(Y_s|R) \cdot \frac{2}{s+2} + E(Y_s|S) \cdot \frac{s}{s+2} \\
&= \frac{2}{s+2} + \left(1 + E(Y_{s+1})\right) \cdot \frac{s}{s+2} \\
&= 1 + \frac{s}{s+2} E(Y_{s+1})
\end{aligned}$$

und damit die Behauptung.

Lösung 9.4

Wir wissen, dass $E(Y_1) = 2$ gilt, und zusätzlich gilt die Rekursionsformel

$$E(Y_{s+1}) = \frac{s+2}{s} \cdot \left(E(Y_s) - 1 \right). \tag{B.4}$$

Hieraus soll gefolgert werden, dass für jedes $s \geq 1$ die Gleichung

$$E(Y_s) = s + 1 \tag{B.5}$$

erfüllt ist. Der Beweis erfolgt durch vollständige Induktion über s. Wegen $E(Y_1) = 2$ gilt (B.5) für $s = 1$. Dieser Sachverhalt ist der sogenannte *Induktionsanfang*. Wir nehmen jetzt an, dass Gleichung (B.5) für ein s gilt. Diese Annahme wird als *Induktionsannahme* bezeichnet. Was wir noch zeigen müssen ist, dass *unter dieser Annahme* die Gleichung (B.5) auch für $s + 1$ gilt. Dieser Nachweis heißt *Induktionsschluss*. Hierzu kombinieren wir die Gleichungen (B.4) und (B.5) und erhalten

$$
\begin{aligned}
E(Y_{s+1}) &= \frac{s+2}{s} \cdot \left(E(Y_s) - 1 \right) \\
&= \frac{s+2}{s} \cdot \left(s + 1 - 1 \right) = s + 2 = (s+1) + 1.
\end{aligned}
$$

Somit gilt (B.5) auch für $s + 1$ anstelle von s, und das war zu zeigen.

B.10 Muster bei Bernoulli-Folgen – Erwartungswerte

Lösung 10.1

a) Das Ereignis $\{W_{01} = 2\}$ tritt genau dann ein, wenn die Bernoulli-Folge mit 01 beginnt, und die Wahrscheinlichkeit hierfür ist qp. Damit das Ereignis $\{W_{01} = 3\}$ eintritt, gibt es nur die beiden günstigen Anfänge 101 und 001 der Bernoulli-Versuche. Die Wahrscheinlichkeiten hierfür sind $p^2 p$ bzw. $q^2 p$. Addiert man diese Wahrscheinlichkeiten, so folgt wegen $p + q = 1$ die Behauptung.

b) Die für das Eintreten des Ereignisses $\{W_{01} = 4\}$ günstigen Anfangsverläufe der Bernoulli-Versuche sind 0001, 1001 und 1101. Addiert man die zugehörigen Wahrscheinlichkeiten pq^3, $p^2 q^2$ und $p^3 q$, so folgt mit Ausklammern von pq und der Gleichung $1 = (p+q)^2 = p^2 + 2pq + q^2$ die Behauptung.

c) Die für das Eintreten des Ereignisses $\{W_{01} = 5\}$ günstigen Anfangsverläufe der Bernoulli-Versuche sind 00001, 10001, 11001 und 11101. Addiert man die zugehörigen Wahrscheinlichkeiten pq^4, $p^2 q^3$, $p^3 q^2$ und $p^4 q$, so folgt nach Ausklammern von pq die Behauptung.

Lösung 10.2

Die für das Ereignis $\{W_{01} = k\}$ günstigen Anfangsverläufe der Bernoulli-Versuche sind genau diejenigen, bei denen für ein n mit $0 \leq n \leq k - 2$ auf n Einsen $n - k - 1$ Nullen und dann eine Eins folgt. Da Treffer und Niete gleich wahrscheinlich sind, besitzt jeder dieser $k - 1$ günstigen Anfangsverläufe der Länge k die Wahrscheinlichkeit $1/2^k$. Somit folgt

$$P(W_{01} = k) = (k - 1) \left(\frac{1}{2}\right)^k, \quad k = 2, 3, \ldots$$

Lösung 10.3

Da W_{11} genau dann die Werte 2 bzw. 3 annimmt, wenn die Bernoulli-Versuche mit 11 bzw. 011 starten, gelten

$$P(W_{11} = 2) = \frac{1}{4} = \frac{f_1}{2^2}, \quad P(W_{11} = 3) = \frac{1}{8} = \frac{f_2}{2^3}.$$

Somit gilt die zu zeigende Gleichung

$$P(W_{11} = k) = \frac{f_{k-1}}{2^k} \tag{B.6}$$

für $k = 2$ und $k = 3$. Damit das Ereignis $\{W_{11} = 4\}$ eintritt, müssen die Bernoulli-Versuche mit 1011 oder 0011 beginnen, und wegen $f_3 = 2$ gilt (B.6) auch für $k = 4$. Anhand des Falls $k = 4$ wird auch die allgemeine Struktur deutlich. Damit für $k \geq 5$ das Ereignis $\{W_{11} = k\}$ eintritt, gibt es zwei Arten von günstigen Anfangsverläufen $(a_1, a_2, \ldots, a_{k-2}, 1, 1)$ der Bernoulli-Versuche. Entweder gilt $a_1 = 0$, d.h., der erste Versuch ist eine Niete, oder es gelten $a_1 = 1$ und $a_2 = 0$, d.h., der erste Versuch liefert einen Treffer, auf den eine Niete folgt (der Anfang $a_1 = a_2 = 1$ ist nicht möglich, da sonst $W_{11} = 2$ gelten würde). Im ersten Fall bildet die Sequenz $(a_2, \ldots, a_{k-2}, 1, 1)$ einen günstigen Anfangsverlauf für das Ereignis $\{W_{11} = k - 1\}$, und im zweiten Fall ist $(a_3, \ldots, a_{k-2}, 1, 1)$ ein günstiger Anfangsverlauf für das Ereignis $\{W_{11} = k - 2\}$.

Bezeichnet allgemein g_k die Anzahl der für das Ereignis $\{W_{11} = k\}$ günstigen Anfangsverläufe der Bernoulli-Folge, so gilt

$$P(W_{11} = k) = \frac{g_k}{2^k}, \quad k \geq 2.$$

Dabei erfüllt die Folge $(g_k)_{k \geq 2}$ die Anfangsbedingungen $g_2 = g_3 = 1$ sowie die Rekursionsformel $g_k = g_{k-1} + g_{k-2}$, $k \geq 4$. Hieraus folgt $g_k = f_{k-1}$ für jedes $k \geq 2$, denn die Folge $(f_{k-1})_{k \geq 2}$ der Fibonacci-Zahlen genügt den gleichen Anfangsbedingungen und der gleichen Rekursionsformel.

Lösung 10.4

Die Ereignisse $A_1 = \{X_1 = 1\}$, $A_2 = \{X_1 = 0, X_2 = 1\}$ und $A_3 = \{X_1 = X_2 = 0\}$ schließen sich paarweise aus, und sie schöpfen alle möglichen Fälle für den Anfang der Bernoulli-Folgen aus. Weiter gelten $P(A_1) = p$, $P(A_2) = pq$ und $P(A_3) = q^2$. Um die Formel

$$E(W_{001}) = \sum_{k=1}^{3} P(A_k) E_{A_k}(W_{001}) \tag{B.7}$$

vom totalen Erwartungswert für W_{001} anwenden zu können, benötigen wir die in dieser Formel auftretenden bedingten Erwartungswerte. Schreiben wir kurz $a := E(W_{001})$, so gelten $E(W_{001}|A_1) = 1 + a$ und $E(W_{001}|A_2) = 2 + a$, da man unter der Bedingung A_1 bzw. A_2 einen bzw. zwei mitzuzählende vergebliche Versuche gemacht hat und danach wieder in der Ausgangssituation ist. Unter der Bedingung A_3 sind zwei (mitzuzählende) Nieten aufgetreten, und danach wartet man auf den ersten Treffer. Es gilt also $E(W_{001}|A_3) = 2 + \frac{1}{p}$, sodass Gleichung (B.7) die Gestalt

$$a = p(1+a) + pq(2+a) + q^2 \left(2 + \frac{1}{p}\right)$$

annimmt. Hieraus folgt das zu zeigende Resultat mithilfe direkter Rechnung unter Ausnutzung von $p + q = 1$.

B.11 Muster bei Bernoulli-Folgen – Konkurrierende Muster

Lösung 11.1

a) Die Wahrscheinlichkeit ist $\frac{3}{4}$, denn das komplementäre Ereignis, also „11 vor 01", tritt genau dann ein, wenn die Bernoulli-Versuche mit 11 beginnen, und die Wahrscheinlichkeit hierfür ist $\frac{1}{4}$.

b) Das Muster 1111 tritt genau dann vor 0111 auf, wenn die Bernoulli-Versuche mit 1111 starten. Die gesuchte Wahrscheinlichkeit ist also $1 - \frac{1}{16} = \frac{15}{16}$.

Lösung 11.2

Die Wahrscheinlichkeit, dass die Bernoulli-Versuche mit 11 beginnen und damit das Muster 11 vor 01 auftritt, ist gleich p^2. Die Gleichung $p^2 = \frac{1}{2}$ liefert $p = 1/\sqrt{2} \approx 0,707$. In Aufgabenteil b) muss $p^4 = \frac{1}{2}$ gelten, und damit ist p gleich der vierten Wurzel aus $\frac{1}{2}$ und somit approximativ gleich $0,841$.

Lösung 11.3

Es sei $A_0 := \{\omega \in \Omega : a_1 = a_2 = 0\}$ das Ereignis, dass die Bernoulli-Versuche mit 00 starten. Weiter sei für $k \geq 1$

$$A_k := \{\omega \in \Omega : a_1 = \ldots = a_k = 1, a_{k+1} = a_{k+2} = 0\}$$

das Ereignis, dass auf die erste Null direkt eine weitere Null folgt *und die erste Null im (k + 1)-ten Versuch auftritt*. Dann schließen sich die Ereignisse $A_0, A_1, A_2, \ldots$ paarweise aus, und es gilt $A = \cup_{k=0}^{\infty} A_k$. Weiter gilt

$$P(A_k) = \left(\frac{1}{2}\right)^{k+2}, \quad k \geq 0.$$

Mit der Summenformel (A.2) für die geometrische Reihe folgt dann

$$P(A) = \sum_{k=0}^{\infty} \left(\frac{1}{2}\right)^{k+2} = \frac{1}{4} \sum_{j=0}^{\infty} \left(\frac{1}{2}\right)^{j} = \frac{1}{2}.$$

Lösung 11.4

Der Zustandsgraph besitzt die in Abb. B.2 angegebene Gestalt:

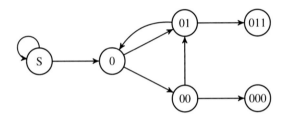

Abb. B.2. Zustandsgraph für die konkurrierenden Muster 000 und 011

Wir argumentieren ganz ähnlich wie auf Seite 167 und bezeichnen mit x bzw. y bzw. z bzw. u die Wahrscheinlichkeiten, dass Absorption in 011 stattfindet, also das Muster 011 vor dem Muster 000 auftritt, *wenn wir im obigen Graphen von den Knoten* S *bzw.* 0 *bzw.* 01 *bzw.* 00 *aus starten*. Dann gelten

$$x = \frac{x}{2} + \frac{y}{2}, \quad y = \frac{z}{2} + \frac{u}{2}, \quad z = \frac{1}{2} + \frac{y}{2}, \quad u = \frac{z}{2}.$$

Dabei ist die erste Gleichung erfüllt, weil man von S startend mit gleicher Wahrscheinlichkeit in S bleibt oder zum Knoten 0 gelangt. Die zweite Gleichung beschreibt den Sachverhalt, dass vom Knoten 0 gleich wahrscheinliche Übergänge in die Knoten 01 bzw. 00 stattfinden. Die dritte Gleichung gilt, weil vom Knoten 01 ausgehend mit gleicher Wahrscheinlichkeit $\frac{1}{2}$ entweder Absorption in 011 stattfindet oder ein Übergang zum Knoten 0 erfolgt. Schließlich ist die letzte Gleichung erfüllt, weil man von 00 ausgehend mit gleicher Wahrscheinlichkeit $\frac{1}{2}$ entweder mit Wahrscheinlichkeit 0 Absorption in 011 stattfindet (weil man sich im Knoten 000 befindet) oder im Knoten 01 angekommen ist. Aus obigen vier Gleichungen ergibt sich $x = \frac{3}{5}$.

Lösung 11.5

Der Zustandsgraph besitzt die in Abb. B.3 angegebene Gestalt:

Dieser Graph sieht asymmetrisch aus, und man möchte auf den ersten Blick meinen, dass die beiden Muster nicht mit gleicher Wahrscheinlichkeit $\frac{1}{2}$ vor dem jeweils anderen Muster auftreten. Der Pfeil vom Knoten 01 zum Knoten 1 ist aber de facto ein Pfeil von 01 zu

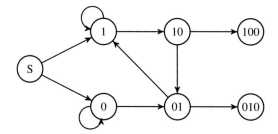

Abb. B.3. Zustandsgraph für die konkurrierenden Muster 010 und 100

10, denn vom Knoten 1 aus gesehen „nützen weitere Einsen dem Muster 010 nichts". Irgendwann kommt aber die erste Null, und dann hat man den Knoten 10 erreicht. Analog zu Aufgabe 11.4 seien x bzw. y bzw. z bzw. u bzw. v die Wahrscheinlichkeiten, dass Absorption in 100 stattfindet, also das Muster 100 vor dem Muster 010 auftritt, *wenn wir im Graphen von Abb. B.3 von den Knoten S bzw. 1 bzw. 0 bzw. 10 bzw. 01 aus starten.* Dann gelten

$$x = \frac{y}{2} + \frac{z}{2}, \quad y = \frac{y}{2} + \frac{u}{2}, \quad z = \frac{z}{2} + \frac{v}{2}, \quad u = \frac{1}{2} + \frac{v}{2}, \quad v = \frac{y}{2}.$$

Aus der zweiten und der dritten Gleichung erhält man $u = y$ bzw. $v = z$, und damit geht die letzte Gleichung in $y = 2z$ über. Multipliziert man beide Seiten der vierten Gleichung mit 2, so liefert das bisher Erreichte $4z = 2y = 1 + z$ und damit $z = \frac{1}{3}$. Wegen $\frac{y}{2} = z = \frac{1}{3}$ ergibt sich jetzt aus der ersten Gleichung das Resultat $x = \frac{1}{2}$.

B.12 Wissenswertes zur Binomialverteilung

Lösung 12.1

Für eine Lösung durch Rechnung bezeichnen wir die Trefferwahrscheinlichkeit mit p. Dabei können wir wegen $1 \le k \le m + n - 1$ annehmen, dass $0 < p < 1$ gilt. Modelliert die Zufallsgröße X die Anzahl der Treffer in den ersten m Versuchen und Y diejenige aus den sich anschließenden n Versuchen, so ist nach der bedingten Wahrscheinlichkeit $P(X = \ell | X + Y = k)$ gefragt. Da $X + Y$ nach dem in Abschn. 12.8 aufgeführten Additionsgesetz die Binomialverteilung $\text{Bin}(m + n; p)$ besitzt und X und Y stochastisch unabhängig sind und die Binomialverteilungen $\text{Bin}(m; p)$ bzw. $\text{Bin}(n; p)$ besitzen, gilt

$$
\begin{aligned}
\mathrm{P}(X = \ell \mid X + Y = k) &= \frac{\mathrm{P}(X = \ell, X + Y = k)}{\mathrm{P}(X + Y = k)} \\[2ex]
&= \frac{\mathrm{P}(X = \ell)\mathrm{P}(Y = k - \ell)}{\mathrm{P}(X + Y = k)} \\[2ex]
&= \frac{\binom{m}{\ell} p^\ell (1-p)^{m-\ell} \binom{n}{k-\ell} p^{k-\ell} (1-p)^{n-(k-\ell)}}{\binom{m+n}{k} p^k (1-p)^{m+n-k}} \\[2ex]
&= \frac{\binom{m}{\ell}\binom{n}{k-\ell}}{\binom{m+n}{k}}.
\end{aligned}
\tag{B.8}
$$

Dabei wurde beim zweiten Gleichheitszeichen verwendet, dass Y und Y stochastisch unabhängig sind und

$$
\{\, X = \ell \,\} \cap \{X + Y = k\} = \{X = \ell\} \cap \{Y = k - \ell\}
$$

gilt.

Wir haben auf diese Weise die gestellte Frage durch Rechnen beantwortet, aber haben wir damit irgendeine Einsicht über Meister Zufall gewonnen? Wohl kaum. Es fällt ja zunächst auf, dass das in (B.8) stehende Ergebnis nicht von p abhängt. Des Weiteren springt ins Auge, dass es sich bei dem in (B.8) stehenden Ausdruck um Wahrscheinlichkeiten im Zusammenhang mit einer *hypergeometrischen Verteilung* (siehe S. 115) handelt. Warum ist das der Fall? Hätten wir die Frage vielleicht auch mit Stochastik-Gespür beantworten können?

Ja, und zwar wie folgt: Wenn in insgesamt $m + n$ unabhängigen Bernoulli-Versuchen genau k Treffer aufgetreten sind, verteilen sich diese k Treffer aus Symmetriegründen rein zufällig auf k der $m + n$ Plätze, wenn man die Versuche gedanklich von 1 bis $m + n$ durchnummeriert und ihnen Plätze zuweist. Im Nenner von (B.8) steht die Anzahl aller Möglichkeiten, aus diesen $m + n$ Plätzen k auszuwählen und mit einer Eins, die für den Treffer steht, zu besetzen. Die anderen $m + n - k$ Plätze erhalten Nullen zugewiesen. Die für die in der Aufgabe gestellte Frage günstigen aller gleich wahrscheinlichen $\binom{m+n}{k}$ Fälle sind dadurch beschrieben, dass man von den m Plätzen, die zu den ersten m Bernoulli-Versuchen korrespondieren, ℓ auswählt und jeweils mit einer Eins belegt. Für jede dieser Auswahlen muss man dann aus den verbleibenden Plätzen $k - \ell$ für die noch fehlenden Einsen auswählen. So weit die Stochastik-Gespür-Lösung!

Der Zusammenhang mit der hypergeometrischen Verteilung fällt wie Schuppen von den Augen, wenn man sich vorstellt, eine Urne enthalte $m + n$ Kugeln, von denen m rot und n schwarz sind. Man zieht rein zufällig ohne Zurücklegen k dieser Kugeln. Die Wahrscheinlichkeit, dabei genau ℓ rote Kugeln zu ziehen, ist gleich dem in (B.8) stehenden Ausdruck. In unserem Fall entsprechen den (gedanklich durchnummerierten) roten Kugeln die Plätze von 1 bis m. So schön kann Stochastik sein!

Lösung 12.2

Bettina kann jedes Mal gleichzeitig mit Anja werfen. Deutet man sowohl das Auftreten einer Sechs als auch das Werfen von Wappen als Treffer, so ist die Anzahl der Wappen gleich der Anzahl der erzielten Doppeltreffer. Da der Doppeltreffer die Wahrscheinlichkeit $\frac{1}{12}$ besitzt, hat die Anzahl der erzielten Wappen die Binomialverteilung $\text{Bin}(n; \frac{1}{12})$.

Lösung 12.3

Es gilt
$$\text{binomcdf}(n, p, k) = P(X \leq k),$$

wobei X die Verteilung $\text{Bin}(n; p)$ besitzt. Setzen wir $Y := n - X$, so folgt

$$P(X \leq k) = P(Y \geq n - k)$$
$$= 1 - P(Y < n - k)$$
$$= 1 - P(Y \leq n - k - 1).$$

Da Y die Binomialverteilung $\text{Bin}(n; 1 - p)$ besitzt (man deute X als eine „Treffer zählende Indikatorsumme"), folgt die Behauptung.

Lösung 12.4

Die mit X bezeichnete zufällige Anzahl der Personen, die am 7. Februar Geburtstag haben, besitzt unter den getroffenen Annahmen die Binomialverteilung $\text{Bin}(365; \frac{1}{365})$. Damit folgt:

a) $P(X = 0) = \left(1 - \dfrac{1}{365}\right)^{365} = 0,3673\ldots$

b) $P(X = 1) = 365 \cdot \dfrac{1}{365} \cdot \left(1 - \dfrac{1}{365}\right)^{364} = 0,3683\ldots$

Die aufgrund des Gesetzes seltener Ereignisse gewonnenen Approximationen dieser Wahrscheinlichkeiten sind wegen $\lambda = 365 \cdot \frac{1}{365} = 1$

$$e^{-1} \cdot \frac{1^0}{0!} = \frac{1}{e} = 0,3678\ldots = e^{-1} \frac{1^1}{1!}.$$

C

Videoverzeichnis

In diesem Anhang finden Sie eine Übersicht der Videos mit Links auf das Digitale Video- und Audio-Archiv (DIVA) des Karlsruher Instituts für Technologie (KIT).

C.1 Einstimmung und fachliche Basis

Video 1.1: „Vorteil für den, der anfängt?"

https://doi.org/10.5445/IR/1000126911

Video 1.2: „Einsen vor der ersten Sechs"

https://doi.org/10.5445/DIVA/2019-968

Video 1.3: „Das Bertrandsche Schubladen-Paradoxon"

https://doi.org/10.5445/IR/1000126912

Video 1.4: „Größer oder kleiner?"

https://doi.org/10.5445/IR/1000126910

Video 1.5: „Das siebte Los"

https://doi.org/10.5445/IR/1000126913

Video 1.6: „Binomialkoeffizienten und Pascalsches Dreieck"

https://doi.org/10.5445/DIVA/2019-978

Video 1.7: „Multinomialkoeffizient und multinomialer Lehrsatz"

https://doi.org/10.5445/DIVA/2019-187

Video 1.8: „Die Multinomialverteilung"

https://doi.org/10.5445/DIVA/2019-260

Video 1.9: „Binomialkoeffizienten: Das Gesetz der oberen Summation"

https://doi.org/10.5445/DIVA/2020-38

N. Henze et al., *Stochastik rezeptfrei unterrichten*, https://doi.org/10.1007/978-3-662-62744-0

C.2 Schnüre blind verknoten

Video 2.1: „Schnur-Enden blind verknoten: wie viele Ringe? (I)"

https://doi.org/10.5445/DIVA/2019-972

Video 2.2: „Schnur-Enden blind verknoten: wie viele Ringe? (II)"

https://doi.org/10.5445/DIVA/2019-973

Video 2.3: „Schnur-Enden blind verknoten: wie viele Ringe? (III)"

https://doi.org/10.5445/DIVA/2020-39

C.3 Der verwirrte Passagier

Video 3.1: „Der verwirrte Passagier"

https://doi.org/10.5445/DIVA/2019-977

C.4 Ein faires Glücksrad mit unterschiedlich großen Sektoren

Video 4.1: „Ein faires Glücksrad mit ungleichen Sektoren"

https://doi.org/10.5445/DIVA/2019-969

C.5 Rekorde bei Temperaturdaten: Alles reiner Zufall?

Video 5.1: „Rekorde in zufälligen Permutationen – Teil 1"

https://doi.org/10.5445/DIVA/2020-108

Video 5.2: „Rekorde in zufälligen Permutationen – Teil 2"

https://doi.org/10.5445/IR/1000118548

Video 5.3: „Die Varianz einer Zählvariablen"

https://doi.org/10.5445/DIVA/2019-191

C.6 Bingo! Lösung eines Wartezeitproblems

Video 6.1: „Bingo! Wir irren uns empor"

https://doi.org/10.5445/DIVA/2020-37

Video 6.2: „Bingo! Lösung eines Wartezeitproblems"

https://doi.org/10.5445/DIVA/2020-36

C.7 Das Pólyasche Urnenmodell

Video 7.1: „Die Pólya-Verteilung"

https://doi.org/10.5445/IR/1000119434

C.8 Wann zeigt auch der letzte Würfel eine Sechs?

Video 8.1: „Wann zeigt auch der letzte Würfel eine Sechs?"

https://doi.org/10.5445/DIVA/2020-106

Video 8.2: „Sammelbilderprobleme – Teil 1"

https://doi.org/10.5445/IR/1000126906

Video 8.3: „Sammelbilderprobleme – Teil 2"

https://doi.org/10.5445/IR/1000126907

C.9 *Überraschungen bei einem Wartezeitproblem

Video 9.1: „Unerwartete Erwartungswerte beim Pólyaschen Urnenmodell"

https://doi.org/10.5445/IR/1000122643

C.10 *Muster bei Bernoulli-Folgen – Erwartungswerte

Video 10.1: „Muster in Bernoulli-Versuchen: Erwartungswerte I"

https://doi.org/10.5445/IR/1000122609

Video 10.2: „Muster in Bernoulli-Versuchen: Erwartungswerte II"

https://doi.org/10.5445/IR/1000122611

C.11 *Muster bei Bernoulli-Folgen – Konkurrierende Muster

Video 11.1: „Bernoulli-Versuche: Paradoxes bei konkurrierenden Mustern"

https://doi.org/10.5445/IR/1000122677

C.12 *Wissenswertes zur Binomialverteilung

Video 12.1: „Das Maximum beim Stabdiagramm der Binomialverteilung"

https://doi.org/10.5445/DIVA/2020-105

Video 12.2: „Stabdiagramme ade – nur noch Histogramme???"

https://doi.org/10.5445/DIVA/2020-40

Video 12.3: „Zentraler Grenzwertsatz für die Binomialverteilung (Veranschaulichung)"

https://doi.org/10.5445/DIVA/2019-306

Video 12.4: „Zentraler Grenzwertsatz für die Binomialverteilung: Optimale Fehlerabschätzung"

https://doi.org/10.5445/DIVA/2019-263

Video 12.5: „Die Poisson-Verteilung"

https://doi.org/10.5445/DIVA/2019-202

C.13 Fachliche Vertiefung

Video A.1: „Harmonische Zahlen und Euler-Mascheroni-Konstante"

https://doi.org/10.5445/DIVA/2019-976

Video A.4: „Erzeugende Funktionen Teil 1"

https://doi.org/10.5445/IR/1000122671

Video A.5: „Erzeugende Funktionen Teil 2"

https://doi.org/10.5445/IR/1000122673

Video A.2: „Die Wallis-Produktdarstellung für die Kreiszahl Pi"

https://doi.org/10.5445/DIVA/2019-971

Video A.3: „Die Kreisteilungsfolge $1, 2, 4, 8, 16, \ldots$"

https://doi.org/10.5445/IR/1000121007

Literaturverzeichnis

[1]   Björn Beling (2019). Sehen, wo ihr steht. Mit Plickers diagnostizieren und planen. In: *Mathematik lehren* 215, S. 39–41.

[2]   Jakob Bernoulli (1899). *Wahrscheinlichkeitsrechnung (Ars conjectandi)*. Ostwald's Klassiker der exakten Wissenschaften Nr. 107/108. (Erstveröffentlichung 1713). Leipzig: W. Engelmann.

[3]   Béla Bollobás (2006). *The Art of Mathematics: Coffee time in Memphis*. Cambridge: Cambridge University Press.

[4]   Martin Brokate u. a. (2016). *Grundwissen Mathematikstudium. Höhere Analysis, Numerik und Stochastik*. Berlin: Springer Spektrum.

[5]   Regina Bruder und Christina Collet (2011). *Problemlösen lernen im Mathematikunterricht*. Berlin: Cornelsen Scriptor.

[6]   Arthur Engel (1973). *Wahrscheinlichkeitsrechnung und Statistik*. Stuttgart: Klett.

[7]   Arthur Engel (1987). *Stochastik*. Stuttgart: Klett.

[8]   Susanne El Faramawy und Lioba Sernetz (2015). *Kooperatives Lernen im Mathematikunterricht: 44 Methoden für die Sekundarstufe*. Mülheim: Verlag an der Ruhr GmbH.

[9]   Ronald R. Graham, Donald E. Knuth und Oren Patashnik (1994). *Concrete Mathematics, Second Edition*. Reading, Massachusetts: Addison-Wesley.

[10] Bernd Grave und Rüdiger Thiemann (2010). Erfahrungen mit Blütenaufgaben. Komplexe Aufgaben zugänglich machen. In: *Mathematik lehren* 162, S. 18–21.

[11] Norbert Henze (2001). Muster in Bernoulli-Ketten. In: *Stochastik in der Schule* 21(2), S. 2–10.

[12] Norbert Henze (2013). Weitere Überaschungen im Zusammenhang mit dem Schnur-Orakel. In: *Stochastik in der Schule* 33(3), S. 18–23.

[13] Norbert Henze (2016). Stochastische Extremwertprobleme im Fächer-Modell II: Maxima von Wartezeiten und Sammelbilderprobleme. In: *Stochastik in der Schule* 36(1), S. 2–9.

[14] Norbert Henze (2018a). *Irrfahrten – Faszination der Random Walks. 2. Auflage*. Berlin: Springer Spektrum.

[15] Norbert Henze (2018b). *Stochastik für Einsteiger. Eine Einführung in die faszinierende Welt des Zufalls. 12. Auflage*. Berlin: Springer Spektrum.

[16] Norbert Henze (2018c). Verständnisorientierter gymnasialer Stochastikunterricht – quo vadis? In: *Stochastik in der Schule* 38(3), S. 12–23.

[17] Norbert Henze (2019). *Stochastik: Eine Einführung mit Grundzügen der Maßtheorie: Inkl. zahlreicher Erklärvideos*. Berlin: Springer-Verlag.

[18] Norbert Henze und Marc P. Holmes (2020). Curiosities regarding waiting times in Pólya's urn model. In: *Trans. A. Razmadze Math. Inst.* 174(2). arXiv:1911.01052, S. 149–145.

[19] Norbert Henze und Hans Humenberger (2011). Stochastische Überraschungen beim Spiel BINGO. In: *Stochastik in der Schule* 31(3), S. 2–11.

[20] Norbert Henze und Günter Last (2010). *Mathematik für Wirtschaftsingenieure und für naturwissenschaftlich-technische Studiengänge. Band 2, 2. Auflage*. Wiesbaden: Vieweg+Teubner Verlag.

© Der/die Herausgeber bzw. der/die Autor(en), exklusiv lizenziert durch
Springer-Verlag GmbH, DE, ein Teil von Springer Nature 2021
N. Henze et al., *Stochastik rezeptfrei unterrichten*,
https://doi.org/10.1007/978-3-662-62744-0

[21] Norbert Henze und Günter Last (2019). Absent-minded Passengers. In: *The Amer. Math. Monthly* 126(10), S. 867–875.

[22] Norbert Henze und Judith Schilling (2019). Ein faires Glücksrad mit unterschiedlich großen Sektoren. In: *Der Mathematikunterricht* 65(6), S. 33–39.

[23] Norbert Henze und Reimund Vehling (2018). Wann zeigt auch der letzte Würfel eine Sechs? In: *Stochastik in der Schule* 38(1), S. 12–20.

[24] Norbert Henze und Reimund Vehling (2019). Der verwirrende Siegeszug des Histogramms in deutsche Klassenzimmer: Sind Stabdiagramme tot? In: *Der Mathematikunterricht* 65(1), S. 33–41.

[25] Wilfried Herget (1997). Wahrscheinlich? Zufall? Wahrscheinlich Zufall ... In: *Mathematik lehren* 85, S. 4–8.

[26] Donald E. Knuth (1992). Two notes on notations. In: *The Amer. Math. Monthly* 99(5), S. 403–422.

[27] Katja Krüger, Hans-Dieter Sill und Christine Sikora (2015). *Didaktik der Stochastik in der Sekundarstufe I*. Berlin: Springer Spektrum.

[28] Shuo-Yen Robert Li (1980). A martingale approach to the study of occurrence of sequence patterns in repeated experiments. In: *The Ann. of Probab.* 8, S. 1171–1176.

[29] Neeldhara Misra (2008). The Missing Boarding Pass. In: *Resonance* 13(7), S. 662–679.

[30] Yared Nigussie (2014). Finding Your Seat Versus Tossing a Coin. In: *The Amer. Math. Monthly* 121(6), S. 545–546.

[31] George Pólya (1930). Sur quelques points de la théorie des probabilités. In: *Annales le l'I.H.P.* 1(2), S. 117–161.

[32] George Pólya (1949). *Schule des Denkens: Vom Lösen mathematischer Probleme*. Tübingen: A. Francke Verlag.

[33] Joscha Prochno und Michael Schmitz (2013). Ein erstaunliches Schnur-Orakel. In: *Stochastik in der Schule* 33(1), S. 2–7.

[34] Jürgen Rudolph (2018). A brief review of Mentimeter–A student response system. In: *Journal of Applied Learning and Teaching* 1(1), S. 35–37.

[35] Jona Schulz (2016). *The optimal Berry-Esseen constant in the binomial case*. Universität Trier, Dissertation.

[36] John Stillwell (1994). *Elements of Algebra. Geometry, Numbers, Equations*. New York: Springer.

[37] Uwe-Peter Tietze, Manfed Klika und Hans Wolpers (2002). *Mathematikunterricht in der Sekundarstufe II, Band 3, Didaktik der Stochastik*. Braunschweig/Wiesbaden: Vieweg.

[38] Deutscher Wetterdienst (o. D.). *Wetter und Klima*. Website. https://www.dwd.de abgerufen am 03.02.2020.

[39] Peter Winkler (2004). *Mathematical Puzzles: A Connoisseur's Collection*. A. K. Peters, Natick, MA.

[40] Hans Wußing (2009). *6000 Jahre Mathematik. Eine kulturgeschichtliche Zeitreise – 2. Von Euler bis zur Gegenwart*. Berlin, Heidelberg: Springer Spektrum.

[41] Friedrich Zech (1983). *Grundkurs Mathematikdidaktik*. Weinheim: Beltz.

Stichwortverzeichnis

Printed in the United States
By Bookmasters